ITAT 教/育/部/实/用/型/信/息/技/术/人/才/培/养/系/列/教/材

边用边学

Photoshop图形图像处理与设计

牟春花 王维 编著 全国信息技术应用培训教育工程工作组 审定

人民邮电出版社
北京

图书在版编目（CIP）数据

边用边学Photoshop图形图像处理与设计 / 牟春花，王维编著. -- 北京 : 人民邮电出版社, 2012.1
教育部实用型信息技术人才培养系列教材
ISBN 978-7-115-26626-2

Ⅰ. ①边… Ⅱ. ①牟… ②王… Ⅲ. ①图象处理软件，Photoshop－教材 Ⅳ. ①TP391.41

中国版本图书馆CIP数据核字(2011)第209625号

内 容 提 要

本书以 Photoshop CS3 版本为平台，从实际应用出发，结合 Photoshop 软件的功能，循序渐进地讲述了 Photoshop CS3 在图像处理与设计方面的相关知识和典型应用。

全书共 10 章。第 1 章～第 9 章主要介绍了 Photoshop CS3 的相关知识，主要包括 Photoshop CS3 基础知识、选区的创建与编辑、图像的绘制与修饰、图层的应用、图像色彩的调整、通道与蒙版的应用、文本与路径的应用、滤镜的使用以及自动化处理和输出图像；第 10 章介绍了三折页宣传册设计和饮料包装设计两个综合实例的制作。

本书采用了案例教学法，先举一个例子，再补充和总结相关知识，真正做到“边用边学”。每章在基础知识讲解完后，通过“应用实践”帮助读者巩固所学知识，并掌握将所学知识灵活应用于实际工作的方法。同时每章最后提供了大量习题，主要包括选择题和上机操作题，以便于读者提高知识水平和操作能力。

本书可作为各类院校和企业的培训教材，也可作为各类培训班的教学用书，还可以作为从事 Photoshop 图像处理与设计相关人员的学习参考书。

教育部实用型信息技术人才培养系列教材

边用边学 Photoshop 图形图像处理与设计

◆ 编　　著　牟春花　王　维
审　　定　全国信息技术应用培训教育工程工作组
责任编辑　李　莎

◆ 人民邮电出版社出版发行　　北京市崇文区夕照寺街 14 号
邮编　100061　　电子邮件　315@ptpress.com.cn
网址　http://www.ptpress.com.cn
三河市潮河印业有限公司印刷

◆ 开本：787×1092　1/16
印张：15
字数：391 千字　　2012 年 1 月第 1 版
印数：1 – 4 000 册　　2012 年 1 月河北第 1 次印刷

ISBN 978-7-115-26626-2

定价：35.00 元（附光盘）

读者服务热线：(010)67132692　印装质量热线：(010)67129223
反盗版热线：(010)67171154
广告经营许可证：京崇工商广字第 0021 号

教育部实用型信息技术人才培养系列教材编辑委员会

（暨全国信息技术应用培训教育工程专家组）

出 版 说 明

信息化是当今世界经济和社会发展的大趋势，也是我国产业优化升级和实现工业化、现代化的关键环节。信息产业作为一个新兴的高科技产业，需要大量高素质复合型技术人才。目前，我国信息技术人才的数量和质量远远不能满足经济建设和信息产业发展的需要，人才的缺乏已经成为制约我国信息产业发展和国民经济建设的重要瓶颈。信息技术培训是解决这一问题的有效途径，如何利用现代化教育手段让更多的人接受到信息技术培训是摆在我们面前的一项重大课题。

教育部非常重视我国信息技术人才的培养工作，通过对现有教育体制和课程进行信息化改造、支持高校创办示范性软件学院、推广信息技术培训和认证考试等方式，促进信息技术人才的培养工作。经过多年的努力，培养了一批又一批合格的实用型信息技术人才。

全国信息技术应用培训教育工程（简称ITAT教育工程）是教育部于2000年5月启动的一项面向全社会进行实用型信息技术人才培养的教育工程。ITAT 教育工程得到了教育部有关领导的肯定，也得到了社会各界人士的关心和支持。通过遍布全国各地的培训基地，ITAT 教育工程建立了覆盖全国的教育培训网络，对我国的信息技术人才培养事业起到了极大的推动作用。

ITAT 教育工程被专家誉为“有教无类”的平民教育，以就业为导向，以大、中专院校学生为主要培训目标，也可以满足职业培训、社区教育的需要。培训课程能够满足广大公众对信息技术应用技能的需求，对普及信息技术应用起到了积极的作用。据不完全统计，在过去 11 年中共有 150 余万人次参加了ITAT教育工程提供的各类信息技术培训，其中有近60万人次获得了教育部教育管理信息中心颁发的认证证书。工程为普及信息技术、缓解信息化建设中面临的人才短缺问题做出了一定的贡献。

ITAT 教育工程聘请来自清华大学、北京大学、中国人民大学、中央美术学院、北京电影学院、中国传媒大学等单位的信息技术领域的专家组成专家组，规划教学大纲，制订实施方案，指导工程健康、快速地发展。ITAT 教育工程以实用型信息技术培训为主要内容，课程实用性强，覆盖面广，更新速度快。目前工程已开设培训课程20余类，共计50余门，并将根据信息技术的发展，继续开设新的课程。

本套教材由清华大学出版社、人民邮电出版社、机械工业出版社、北京希望电子出版社等出版发行。根据教材出版计划，全套教材共计 60 余种，内容将汇集信息技术应用各方面的知识。今后将根据信息技术的发展不断修改、完善、扩充，始终保持追踪信息技术发展的前沿。

ITAT教育工程的宗旨是：树立民族IT培训品牌，努力使之成为全国规模最大、系统性最强、质量最好，而且最经济实用的国家级信息技术培训工程，培养出千千万万个实用型信息技术人才，为实现我国信息产业的跨越式发展做出贡献。

全国信息技术应用培训教育工程负责人
系列教材执行主编　**薛玉梅**

编 者 的 话

Photoshop 是功能最强大、应用最广泛的图像处理软件之一，被广泛应用于包装设计、产品造型、平面广告、数码影像处理和效果图后期处理等众多行业，从而让用户能够设计出具有丰富视觉效果的各种创意作品。随着软件版本的不断升级，Photoshop 的图像处理功能更为强大，操作上更为方便，其中 Photoshop CS3 具有良好的工作界面、强大的图像处理功能，以及完善的可扩充性，是目前应用比较广泛的一个版本。

本书从一个图像处理初学者的角度出发，结合大量实例和应用实践进行讲解，全面介绍了 Photoshop CS3 的图像处理功能，让读者在较短的时间内学会并能运用 Photoshop 处理与设计图像，创作出优秀的作品。

写作特点

（1）面向工作流程，强调应用

有不少读者常常抱怨学过 Photoshop 软件却不能够独立完成图形图像处理与设计的任务。这是因为目前的大部分此类图书只注重理论知识的讲解而忽视了应用能力的培养。

对于初学者而言，不能期待一两天就能成为图形图像处理与设计的高手，而是应该踏踏实实地打好基础。而模仿他人的做法就是很好的学习方法，因为“作为人行为模式之一，模仿是学习的结果”，所以在学习的过程中通过模仿各种经典的案例，可快速提高自己的图形图像处理与设计能力。基于此，本书通过细致剖析各类经典的 Photoshop 图形图像处理与设计案例，例如海报、宣传册、商业插画、照片处理和包装设计等，逐步引导读者掌握如何运用 Photoshop 进行图形图像的处理与设计。

同时，为了让读者能真正做到“学了就能干活”，每一个行业的应用案例均紧密结合该领域的工作实际，介绍必备的专业知识。比如介绍海报设计时会介绍海报的写作格式及其内容要求，在介绍灯箱广告时，会介绍灯箱广告的特点等。

（2）知识体系完善，专业性强

本书通过精选实例详细讲解了 Photoshop 软件各种实用功能，比如选区的创建与编辑，图像的绘制与修饰，图层的应用，图像色彩的调整，通道与蒙版的应用，文本与路径的应用，滤镜的使用，图像的自动化处理及输出等。本书最后一章通过两个综合实例——三折页宣传册设计和饮料包装设计带领读者强化巩固所学知识，并掌握平面设计的一般工作流程及方法。本书由资深图形图像处理与设计师精心编写，融会了多年的实战经验和设计技巧。可以说，阅读本书相当于在工作一线实习和进行职前训练。

（3）通俗易懂，易于上手

本书每一章基本上是先通过小实例引导读者了解 Photoshop 软件中各个实用工具的操作步骤，再深入地讲解这些小工具的知识，以使读者更易于理解各种工具在实际工作中的作用及其应用方法，最后通过“应用实践”引领读者体验实际工作中的设计思路、设计方法，以及工作流程。不管是初学者还是有一定基础的读者，只要按照书中介绍的方法一步步学习、操作，都能快速领会运用 Photoshop 进行图形图像处理与设计的精髓。

本书体例结构

本书每一章的基本结构为“本章导读+基础知识+应用实践+ 练习与上机+知识拓展”，旨在帮助读者夯实理论基础，锻炼应用能力，并强化巩固所学知识与技能，从而取得温故知新、举一反三的学习效果。

- 本章导读：简要介绍知识点，明确所要学习的内容，便于读者明确学习目标，分清主次、重点与难点。
- 基础知识：通过小实例讲解 Photoshop 软件中相关工具的应用方法，以帮助读者深入理解各个知识点。
- 应用实践：通过综合实例引导读者提高灵活运用所学知识的能力，并熟悉平面设计的工作流程，掌握运用 Photoshop 处理与设计图形图像的方法。
- 练习与上机：精心设计习题与上机练习。读者可据此检验自己的掌握程度并强化巩固所学知识，提高实际动手能力，拓展设计思维，自我提高。选择题的答案位于本书的附录。对于上机题，则在光盘中提供了相关提示和视频演示。
- 知识拓展：用于介绍相关的行业知识、设计思路与设计要点等，从而使读者设计出的作品更能满足客户的需求且更富有创意。

配套光盘内容及特点

为了使读者更好学习本书的内容，本书附有一张光盘，光盘中收录了以下相关内容。

- 书中所有实例的素材文件和实例效果文件。
- 书中上机综合操作题的操作演示文件。这类文件是 Flash 格式，读者可以使用 Windows Media Player 等播放器直接播放。
- 供考试练习的模拟考试系统，提供相关权威认证考试及各类高等院校考试的试题。
- 介绍印前技术与印刷知识的 PDF 文档。
- PPT 教学课件。
- PDF 格式的教学教案。

本书创作团队

本书由牟春花、王维、肖庆、李秋菊、黄晓宇、蔡长兵、熊春、李凤、高志清、耿跃鹰、蔡飓、马鑫等编著。

为了更好地服务于读者，我们提供了有关本书的答疑服务，若您在阅读本书过程中遇到问题，可以发邮件至 dxbook@qq.com，我们会尽心为你解答。若您对图书出版有所建议或者意见，请发邮件至 lisha@ptpress.com.cn。

编　者

2011 年 10 月

目 录

第1章 Photoshop CS3基础知识

学习目标

利用 Photoshop CS3 进行图像处理与设计工作之前，首先需要了解 Photoshop CS3 的基础知识，包括图形图像处理的基础知识、软件的工作界面和文件的基本操作等，并学会简单图像处理作品的制作，如制作电脑壁纸等。

学习重点

掌握图形图像处理的基础和文件的基本操作，包括位图与矢量图的区别、图像分辨率、色彩模式和文件输出格式，以及文件的新建、存储、打开和关闭等。

主要内容

- 图形图像处理基础
- Photoshop CS3 的工作界面
- 图像文件的基本操作
- 制作精美壁纸

1.1 图形图像处理基础

使用 Photoshop CS3 处理图像之前，需要了解图像处理的基本概念，如位图与矢量图的区别、图像的分辨率和色彩模式，以及文件的输出格式等。

1.1.1 位图与矢量图

位图与矢量图是使用图形图像软件时首先需要了解的基本图像概念，理解这些概念和区别有助于更好地学习和使用 Photoshop CS3。

1. 位图

位图也称点阵图或像素图，由多个像素点构成，能够将灯光、透明度和深度的质量等逼真地表现出来，将位图放大到一定程度，即可看到位图是由一个个小方块的像素组成的。位图图像质量由分辨率决定，单位面积内的像素越多，分辨率越高，图像的效果就越好。

一般用来制作多媒体光盘的图像分辨率为 72 像素/英寸，而用于彩色印刷品的图像，要保证平滑的颜色过渡，则需要设置为 300 像素/英寸。如图 1-1 所示为位图放大前后的效果对比。

图 1-1 位图放大前后的效果对比

2. 矢量图

矢量图又称向量图，以数学上矢量方式的曲线组成，基本组成单元是锚点和路径。无论将矢量图放大多少倍，图像都具有同样平滑的边缘和清晰的视觉效果，但聚焦和灯光的质量很难在一幅矢量图像中获得，且不能很好地表现。

矢量图常常用于制作企业标志或插画，无论用于商业信纸或招贴广告，都可随时缩放，而效果同样清晰。如图 1-2 所示为矢量图放大前后的效果对比。

图 1-2 矢量图放大前后的效果对比

1.1.2 图像分辨率

图像分辨率是指单位面积上的像素数量。通常用像素/英寸或像素/厘米表示，分辨率的高低直接影响图像的效果，单位面积上的像素越多，分辨率越高，图像就越清晰。使用的分辨率过低会导致图像粗糙，在排版打印时图片会变得非常模糊，而使用较高的分辨率则会增加文件的大小，并降低图像的打印速度。

1.1.3 图像的色彩模式

图像的色彩模式是图像处理过程中非常重要的概念，它是图像可以在屏幕上显示的重要前提，常用的色彩模式有 RGB 模式、CMYK 模式、HSB 模式、Lab 模式，灰度模式、索引模式、位图模式、双色调模式和多通道模式等。

色彩模式还影响图像通道的多少和文件大小，每个图像具有一个或多个通道，每个通道都存放着图像中颜色元素的信息。图像中默认的颜色通道数取决于色彩模式。在 Photoshop CS3 中选择【图像】/【模式】命令，在弹出的子菜单中可以查看所有色彩模式，选择相应的命令可在不同的色彩模式之间相互转换。下面分别对各个色彩模式进行介绍。

1. RGB 模式

该模式是由红、绿和蓝 3 种颜色按不同的比例混合而成，也称真彩色模式，是 Photoshop 默认的模式，也是最为常见的一种色彩模式。该色彩模式在“颜色”和“通道”面板中显示的颜色和通道信息如图 1-3 所示。

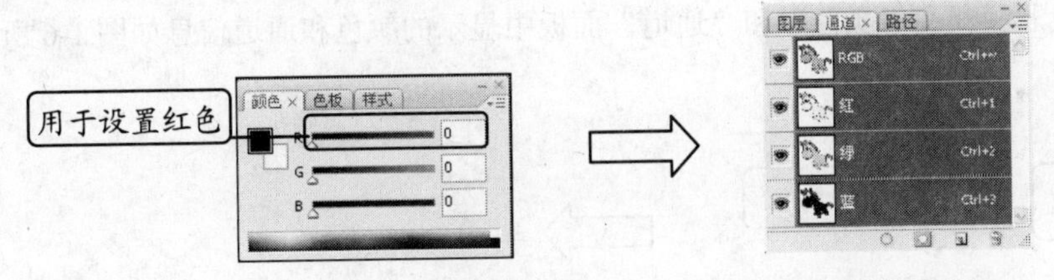

图 1-3　RGB 模式对应的“颜色”和“通道”面板

2. CMYK 模式

CMYK 模式是印刷时使用的一种颜色模式，由 Cyan（青）、Magenta（洋红）、Yellow（黄）和 Black（黑）4 种颜色组成。为了避免和 RGB 三基色中的 Blue（蓝色）发生混淆，其中的黑色用 K 来表示，若在 Photoshop 中制作的图像需要印刷，则必须将其转换为 CMYK 模式。该色彩模式在“颜色”和“通道”面板中显示的颜色和通道信息如图 1-4 所示。

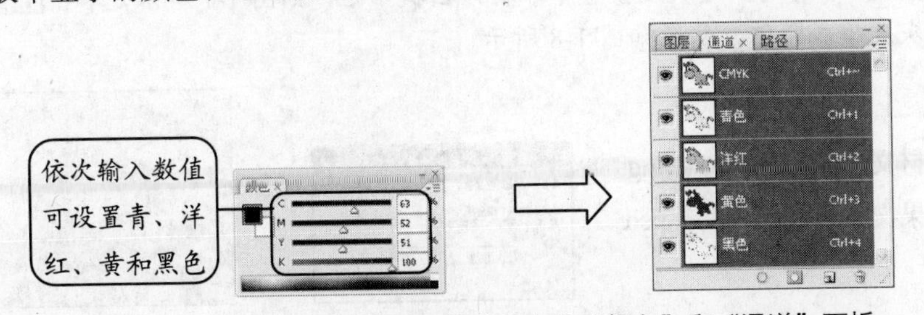

图 1-4　CMYK 模式对应的“颜色”和“通道”面板

3. HSB 模式

HSB 模式是基于人眼对色彩的观察来定义的，所有的颜色都是由色相、饱和度和亮度来描述。其中色相用于调整颜色；饱和度用于调整颜色的深浅；亮度用于调节颜色的明暗。

4. Lab 模式

Lab 模式是国际照明委员会发布的一种色彩模式，由 RGB 三基色转换而来，是用一个亮度分量和两个颜色分量来表示颜色的模式，其中 L 分量表示图像的亮度，a 分量表示由绿色到红色的光谱变化，b 分量表示由蓝色到黄色的光谱变化。该色彩模式在“颜色”和“通道”面板中显示的颜色和通道信息如图 1-5 所示。

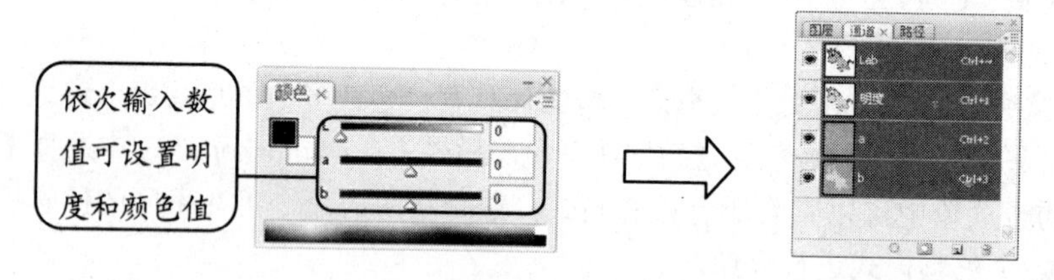

图 1-5　Lab 模式对应的“颜色”和“通道”面板

5. 灰度模式

位图模式只有灰度颜色而没有彩色。在灰度模式图像中，每个像素都有一个 0（黑色）～255（白色）之间的亮度值。当一个彩色图像转换为灰度模式时，图像中的色相及饱和度等有关色彩的信息消失，只留下亮度。该色彩模式在“颜色”和“通道”面板中显示的颜色和通道信息如图 1-6 所示。

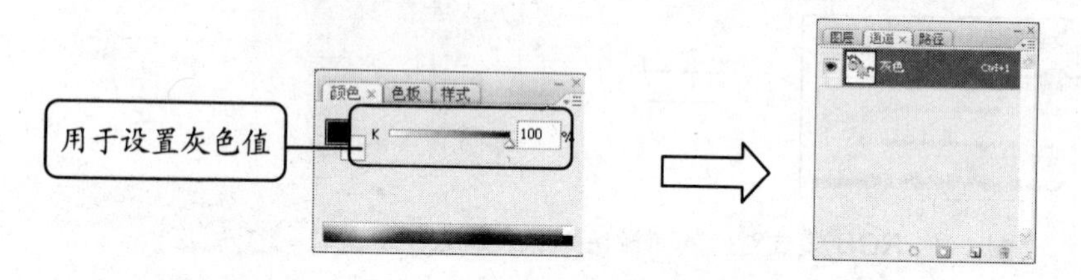

图 1-6　Lab 模式对应的“颜色”和“通道”面板

【例 1-1】将“水果.jpg”图像转换为灰度模式的图像。

Step 1：选择【文件】/【打开】命令，在打开的“打开”对话框中选择“水果.jpg”图像，单击 打开(O) 按钮。

Step 2：选择【图像】/【模式】/【灰度】命令，将弹出提示框，如图 1-7 所示，单击 扔掉 按钮，即可将图像转换为灰度模式图像，效果如图 1-8 所示。

所用素材：素材文件\第 2 章\水果.jpg

完成效果：效果文件\第 2 章\水果.psd

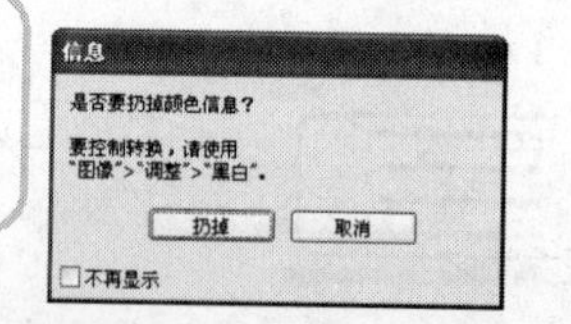

图 1-7　“信息”提示框

图 1-8　“灰度模式”图像效果

6. 索引模式

索引模式是系统预先定义好的一个含有 256 种典型颜色的颜色对照表。当图像转换为索引模式时，系统会将图像的所有色彩映射到颜色对照表中，图像的所有颜色都将在它的图像文件中定义。当打开该文件时，构成该图像的具体颜色的索引值都将被装载，然后根据颜色对照表找到最终的颜色值。

7. 位图模式

位图模式只有黑白两种像素表示图像的颜色模式。只有处于灰度模式或多通道模式下的图像才能转化为位图模式。

8. 双色调模式

双色调模式是用一灰度油墨或彩色油墨来渲染一个灰度图像的模式。双色调模式采用两种彩色油墨来创建由双色调、三色调和四色调混合色阶来组成的图像。在此模式中，最多可向灰度图像中添加四种颜色。

9. 多通道模式

多通道模式图像包含了多种灰阶通道。将图像转换为多通道模式后，系统将根据原图像产生相同数目的新通道，每个通道均由 256 级灰阶组成，常常用于特殊打印。

当将 RGB 色彩模式或 CMYK 色彩模式图像中的任何一个通道删除时，图像模式会自动转换为多通道色彩模式。

1.1.4 文件的输出格式

在 Photoshop 中存储作品时，应选择一种恰当的文件格式进行保存。Photoshop 支持多种文件格式，下面分别介绍常见的文件格式。

- PSD（*.psd）格式：它是由 Photoshop 软件自身生成的文件格式，是唯一能支持全部图像色彩模式的格式。以 PSD 格式保存的图像可以包含图层、通道和色彩模式等信息。
- TIFF（*.tif; *.tiff）格式：支持 RGB、CMYK、Lab、位图和灰度等色彩模式，而且在 RGB、CMYK 和灰度等色彩模式中支持 Alpha 通道的使用。
- BMP（*.bmp; *.rle; *.dib）格式：是标准的位图文件格式，支持 RGB、索引颜色、灰度和位图色彩模式，但不支持 Alpha 通道。
- GIF（*.gif）格式：是 CompuServe 提供的一种格式，此格式可以进行 LZW 压缩，从而使图像文件占用较少的磁盘空间。
- EPS（*.eps）格式：是一种 PostScript 格式，常用于绘图和排版。最显著的优点是在排版软件中能以较低的分辨率预览，在打印时则以较高的分辨率输出。它支持 Photoshop 中所有的色彩模式，但不支持 Alpha 通道。
- JPEG（*.jpg; *.jpeg; *.jpe）格式：主要用于图像预览及网页，该格式支持 RGB、CMYK 和灰度等色彩模式。使用 JPEG 格式保存的图像经过压缩，可使图像文件变小，但会丢失掉部分不易察觉的色彩。
- PDF（*.pdf; *.pdp）格式：是 Adobe 公司用于 Windows、Mac OS、UNIX 和 DOS 系统的一种电子出版格式，包含矢量图和位图，还包含电子文档查找和导航功能。

● PNG（*.png）格式：用于在互联网上无损压缩和显示图像。与 GIF 格式不同，PNG 支持 24 位图像，产生的透明背景没有锯齿边缘。PNG 格式支持带一个 Alpha 通道的 RGB 和 Grayscale 色彩模式，PNG 是用存储 Alpha 通道来定义文件中的透明区域。

1.2 Photoshop CS3 的工作界面

要熟练掌握并运用 Photoshop CS3 来完成各项平面设计工作，必须对其工作界面有一个深入的认识，并熟悉界面各功能部位的作用以及界面中视图的切换等。

1.2.1 认识 Photoshop CS3 的工作界面

启动 Photoshop CS3 后，其工作界面主要由标题栏、菜单栏、工具箱工具、属性栏、图像编辑窗口、面板组和状态栏组成，并且工具箱和浮动面板可以依附在界面两边，也可以拖动自由组合，如图 1-9 所示，下面分别进行介绍。

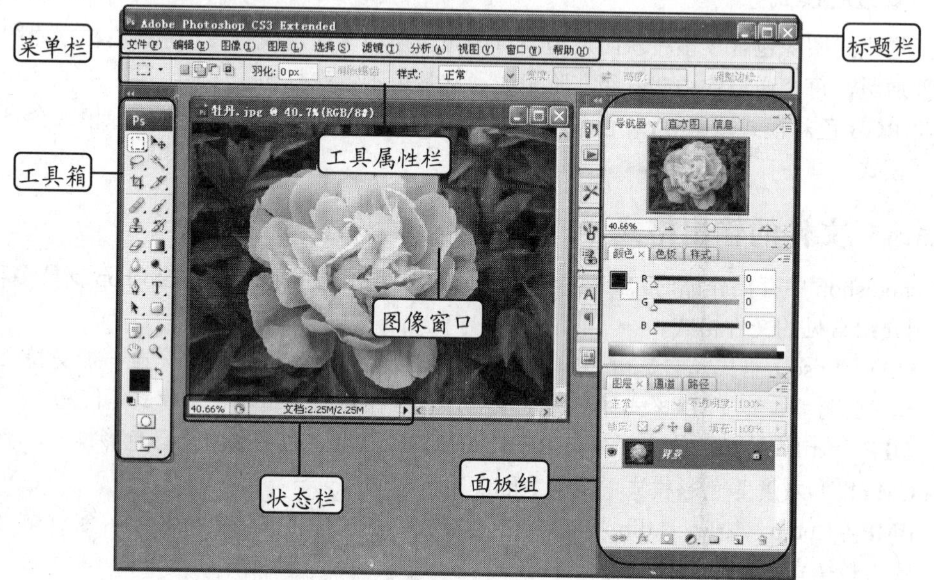

图 1-9　Photoshop CS3 的工作界面

1. 标题栏

标题栏显示了当前 Photoshop 的版本号，其右侧的▁、▣和☒按钮分别用来最小化、还原和关闭工作界面。

2. 菜单栏

菜单栏由“文件”、“编辑”、“图像”、“图层”、“选择”、“滤镜”、“分析”、“视图”、“窗口”和“帮助”10 个菜单项组成，每个菜单项下内置了多个菜单命令。当菜单命令右下侧标有▶符号时，则表示该菜单命令下还有子菜单，如图 1-10 所示为“文件”菜单。

3. 工具箱

工具箱中集合了在图像处理过程中使用最频繁的工具，使用它们可以绘制图像、修饰图像、创建选区和调整图像显示比例等。工具箱的默认位置在工作界面左侧，将鼠标移动到工具箱顶部，可将其拖动到界面中的其他位置。

单击工具箱顶部的折叠按钮，可以将工具箱中的工具以紧凑型排列。单击该工具箱中对应的图标按钮，即可选择该工具。当工具按钮右下角有黑色小三角形时，表示该工具位于一个工作组中，其下还有隐藏的工具，在该工具按钮上按住鼠标左键不放或使用右键单击，可显示该工具组中隐藏的工具，如图 1-11 所示。

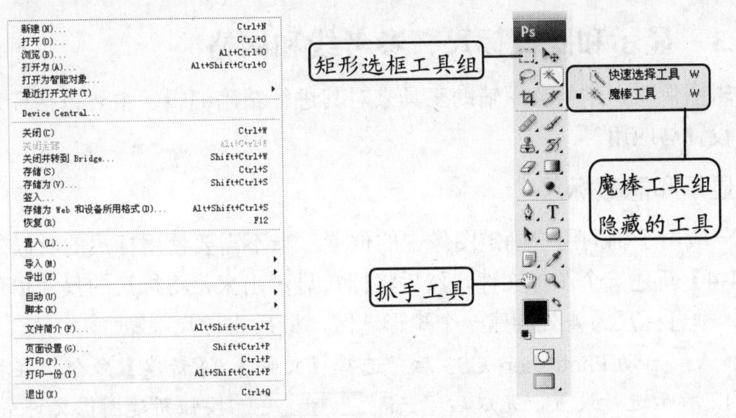

图 1-10　“文件”菜单　　图 1-11　工具箱

4. 工具属性栏

在工具箱中选择工具后，在菜单栏的下方工具属性栏会对应显示当前工具的属性和参数，可以通过这些参数设置来调整工具的属性。

5. 图像窗口

图像窗口是对图像进行浏览和编辑操作的主要场所，图像窗口标题栏主要显示当前图像文件的文件名及文件格式（如 牡丹.jpg）、显示比例（如 @ 40.7%）及图像色彩模式（如 (RGB/8#)）等信息。

6. 面板组

在 Photoshop CS3 中，面板是工作界面中非常重要的一个组成部分，用于进行选择颜色、编辑图层、新建通道、编辑路径和撤销编辑等操作。在 Photoshop CS3 中可以拖动面板，调整其位置。

【例 1-2】将 Photoshop CS3 中的工具箱移动到窗口中间，将“图层”面板移动到窗口左侧。

Step 1：启动 Photoshop CS3 后，将鼠标移动到工具箱的顶部标题栏处，按住鼠标左键不放，将其拖动到窗口中间释放即可。

Step 2：将鼠标移动到“图层”面板顶部，按住鼠标左键拖动到窗口左侧即可。

7. 状态栏

状态栏位于图像窗口的底部，最左端显示当前图像窗口的显示比例，在其中输入数值并按“Enter”键后可改变图像的显示比例，中间显示了当前图像文件的大小。

1.2.2 显示和隐藏面板

为了方便图像的编辑，在 Photoshop CS3 中，可以对面板进行显示和隐藏操作。

【例 1-3】将 Photoshop CS3 中的工具箱移动到窗口中间，显示“历史记录”面板和“图层”面板，然后将“导航器”面板和“颜色”面板隐藏。

Step 1：启动 Photoshop CS3 后，在面板组左侧中单击按钮，显示“历史记录”面板，单击按钮，显示“图层”面板。也可在“窗口”菜单下选择相应的菜单命令来显示或隐藏面板。

Step 2：在“导航器”面板组顶部单击鼠标右键，在弹出的快捷菜单中选择“折叠为图标”命令，即可将“导航器”面板隐藏，利用相同的方法隐藏“颜色”面板。

1.2.3 显示和隐藏标尺、参考线和网格

在编辑图像时，常常会用辅助工具来对其进行精确编辑，主要包括标尺、参考线和网格，下面分别介绍其设置与应用。

1. 显示和隐藏标尺

标尺一般用于辅助用户确定图像中的位置，当不需要使用标尺的时候，可以将其隐藏。

【例 1-4】新建一个图像文件，然后将标尺显示出来，将标尺的尺寸单位设置为像素，然后在水平标尺为 2、垂直标尺为 4 处创建一个矩形选区，最后将标尺隐藏。

Step 1：启动 Photoshop CS3 后，选择【文件】/【新建】命令，在打开的“新建”对话框中按照如图 1-12 所示进行设置，完成后单击 确定 按钮新建图像文件。

Step 2：选择【视图】/【标尺】命令，即可显示标尺，在标尺上单击鼠标右键，在弹出的快捷菜单中选择“像素”命令，即可将标尺单位设置为像素，如图 1-13 所示。

Step 3：在工具箱中选择“矩形选框工具”，在图像窗口中水平标尺为 2、垂直标尺为 4 处拖动绘制选区。

Step 4：选择【文件】/【标尺】命令，即可隐藏标尺，完成后的效果如图 1-14 所示。

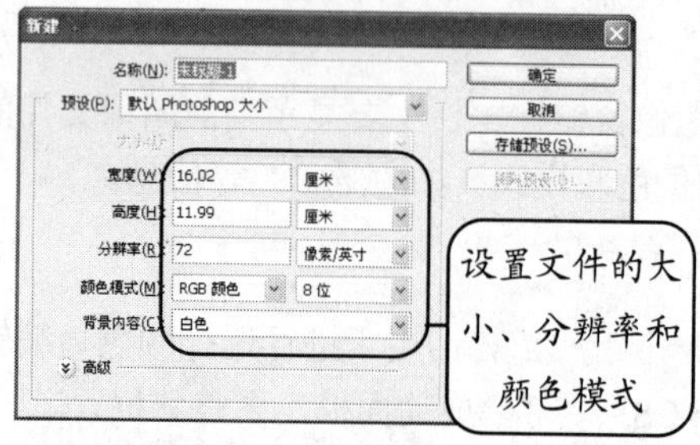

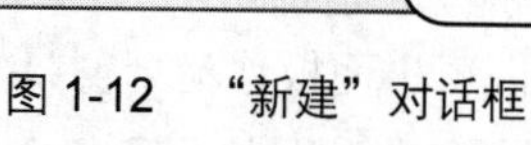

图 1-12 “新建”对话框

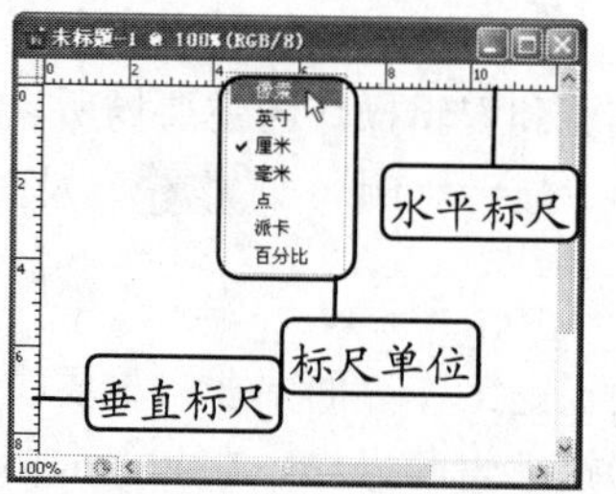

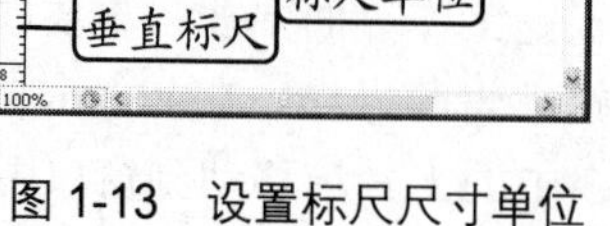

图 1-13 设置标尺尺寸单位

图 1-14 隐藏标尺后的效果

2. 显示和隐藏参考线

参考线是浮动在图像上的直线，只用于给设计者提供参考位置，不会被打印出来。

【例 1-5】新建一个图像文件，然后在图像中创建一条水平标尺为 3 的参考线，一条垂直标尺为 4 的参考线，然后将参考线隐藏。

Step 1：选择【文件】/【新建】命令，新建一个默认大小的图像文件。

Step 2：选择【视图】/【新建参考线】命令，打开“新建参考线”对话框，在“取向”选项组

中选中“垂直”单选项，在“位置”文本框中输入“4 厘米”，如图 1-15 所示。

Step 3：单击 确定 按钮，即可新建一条垂直标尺为 4 厘米的参考线，效果如图 1-16 所示。

Step 4：将鼠标移动到水平标尺上，按住鼠标左键不放，向下拖动至水平标尺 3 厘米处释放，即可创建参考线，如图 1-17 所示。

Step 5：选择【视图】/【显示】/【参考线】命令，即可将参考线隐藏，效果如图 1-18 所示。

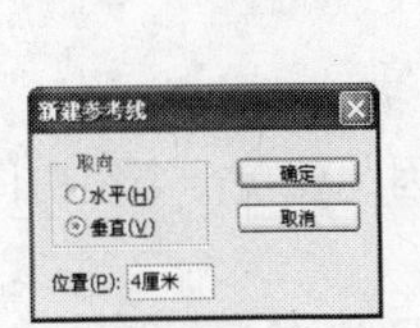

图 1-15 “新建参考线”对话框

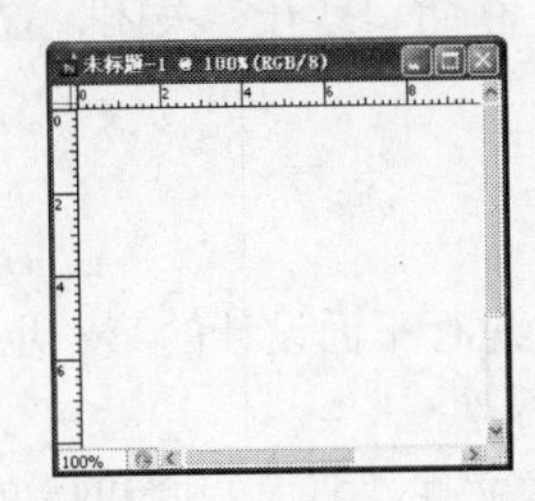

图 1-16 创建垂直参考线

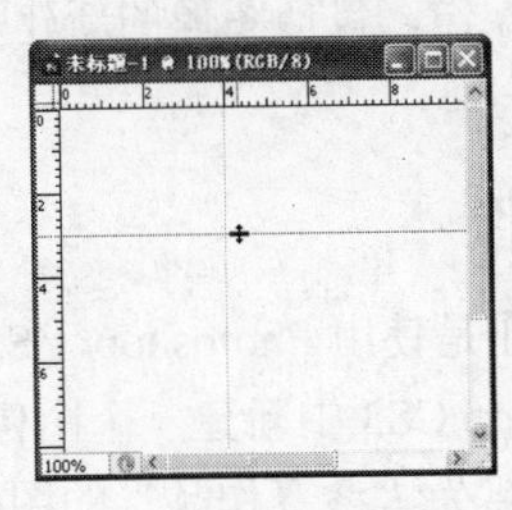

图 1-17 创建水平参考线

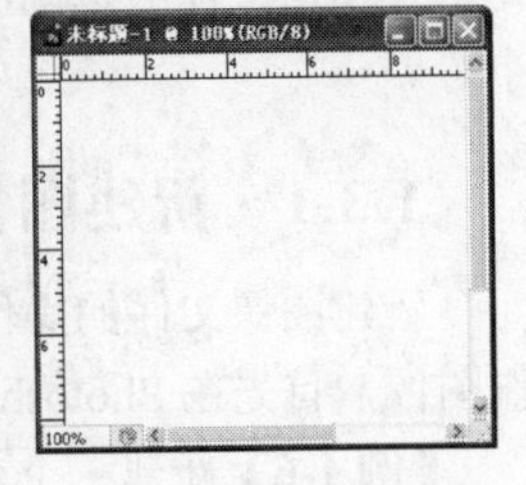

图 1-18 隐藏考线

提示：若要显示参考线，选择【视图】/【显示】/【参考线】命令即可。

3. 显示和隐藏网格

网格主要用于辅助用户设计图像。选择【视图】/【显示】/【网格】命令即可将网格显示在图像窗口中，如图 1-19 所示。按“Ctrl+K”键可以打开“首选项”对话框，在“常规”下拉列表中选择“参考线、网格和切片”选项，然后在“网格”栏中可设置网格的“颜色”、“样式”、“网格间隔”和“子网格”数量，如图 1-20 所示。

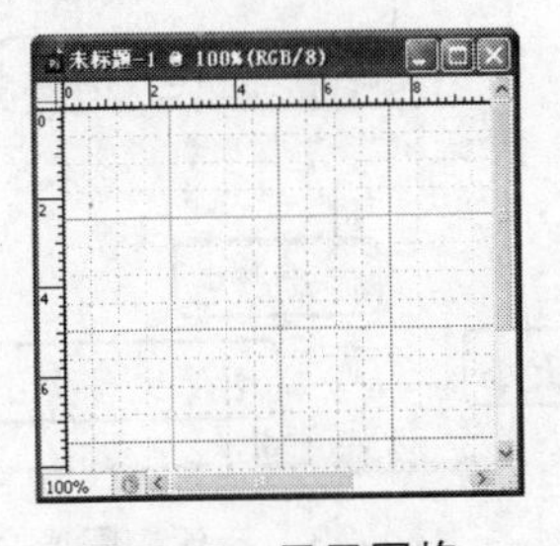

图 1-19 显示网格

图 1-20 设置网格参数

1.2.4 切换视图方式

在 Photoshop CS3 中，提供了 4 种视图模式，分别是标准屏幕模式、最大化视图模式、带有菜单栏的视图模式和全屏模式，可以根据在设计过程中的需要改变视图模式。方法是在工具箱中单击“更改屏幕模式”按钮，在打开的菜单中选择相应的命令即可，如图 1-21 所示。

图 1-21 各种视图模式

1.3 图像文件的基本操作

使用 Photoshop CS3 处理图像的过程就是对图像文件进行操作的过程，因此在学习图像处理前应先掌握图像文件的基础操作，包括图像的新建、存储、打开、关闭、置入和导入及调整图像和画布大小等。

1.3.1 新建图像

新建图像文件的操作是使用 Photoshop CS3 进行平面设计的第一步，因此要在一个空白图像中制作图像，首先在 Photoshop CS3 中新建一个图像文件。

【例 1-6】 新建一个名为“参赛作品”的图像文件，要求宽度和高度分别为 800 像素和 600 像素，分辨率为 72 像素/英寸，颜色模式为 RGB 颜色，8 位，背景为白色。

Step 1: 选择【文件】/【新建】命令或按“Ctrl+N”键，打开“新建”对话框。

Step 2: 在打开的对话框的“名称”文本框中输入“参赛作品”名称，在“宽度”和“高度”数值框中分别输入 800 和 600，在其后的下拉列表框中选择“像素”选项，用于设置图像文件的尺寸，在“分辨率”数值框中输入 72，设置图像分辨率的大小，在“颜色模式”下拉列表框中选择“RGB 颜色”选项，设置图像的色彩模式，在其后面的下拉列表中选择“8 位”选项，在“背景内容”下拉列表中选择“白色”选项，设置图像文件的背景颜色，如图 1-22 所示。

Step 3: 单击 确定 按钮，即可新建一个图像文件，如图 1-23 所示。

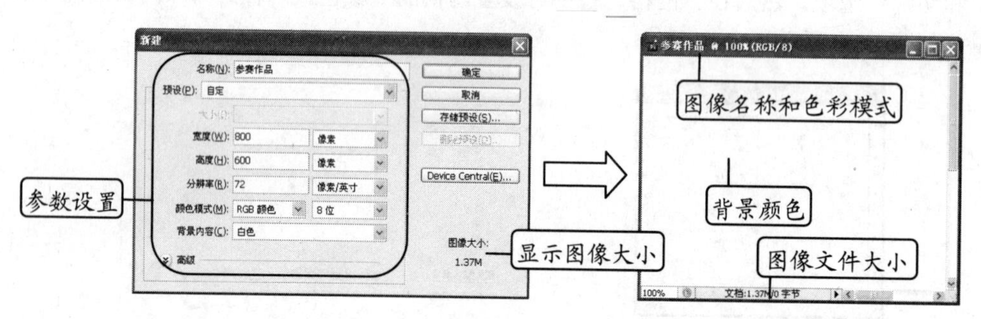

图 1-22 “新建”对话框　　图 1-23 新建的图像文件

【知识补充】 在“新建”对话框中其他各选项的含义如下所述。

- “预设”下拉列表框：该下拉列表框用于设置新建文件的大小尺寸，单击右侧的按钮，在弹出列表中可选择需要的尺寸规格。
- “高级”按钮：单击该按钮，将展开“颜色配置文件”和“像素长宽比”两个下拉列表，如图 1-24 所示。用于设置新建文件的大小尺寸，是对“预设”下拉列表框的补充。
- Device Central(E)... 按钮：单击该按钮，可以进入 Adobe Device Central CS3 界面，如图 1-25 所示，可以直接建立网页、视频和手机内容的尺寸预设值。

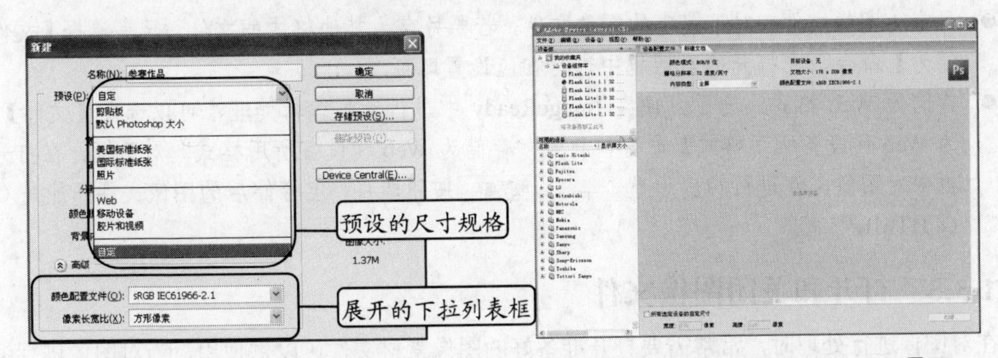

图 1-24　不同尺寸的预设值　　　　图 1-25　Adobe Device Central 界面

1.3.2　存储图像

图像处理完成后或在处理过程中，应随时对编辑的图像文件进行存储，以免因意外情况造成不必要的损失。

【例 1-7】将前面新建的“参赛作品”图像文件以 PSD 格式保存在“D 盘”下。

Step 1：选择【文件】/【存储为】命令，打开“存储为”对话框，在“保存在”下拉列表框中选择磁盘 D，设置文件存储的路径。

Step 2：在“文件名”文本框中输入“参赛作品”，在“格式”下拉列表框中选择“Photoshop（*.PSD;*.PDD）”选项，设置文件存储类型，如图 1-26 所示。

Step 3：单击 保存(S) 按钮，即可将文件保存在指定的位置。

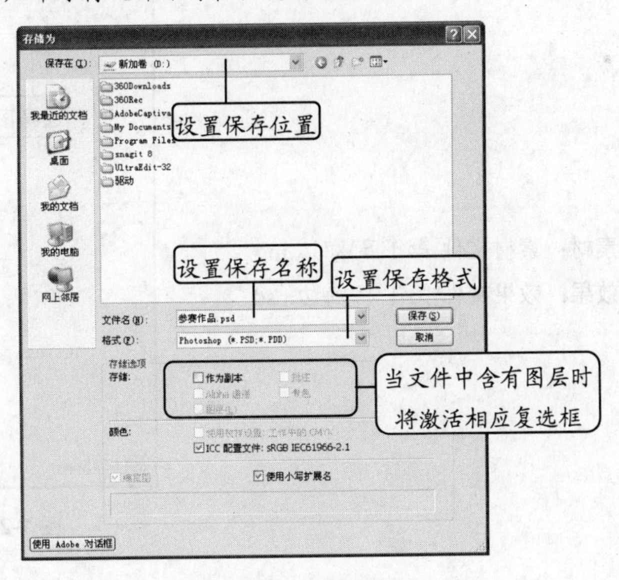

图 1-26　“存储为”对话框

【知识补充】存储图像文件的其他方法和操作如下。

- 直接存储图像：对已存在的图像文件进行编辑，需要再次存储时，按“Ctrl+S”键或选择【文件】/【存储】命令即可。

- 另存为图像文件：对于编辑的图像文件，若要另存为其他格式的文件，只需选择【文件】/【存储为】命令，在打开的对话框中进行相应设置即可。
- 存储为 Web 格式：为了方便在 ImageReady 中进行动画编辑处理，可以选择【文件】/【存储为 Web 和设备所用格式】命令，打开“存储为 Web 和设备所用格式”对话框，在打开的对话框中对图像文件进行相应设置，单击 保存(S) 按钮即可，但存储后的图像文件只能是 GIF 格式或 HTML 格式。

1.3.3　打开和关闭图像文件

在对图像进行处理时，常常需要打开准备好的图像素材文件，以供使用，当对图像进行编辑并保存后，就可以将图像文件关闭，以降低对系统资源的占用，提高计算机处理能力。

【例 1-8】打开光盘提供的素材图像“海边.jpg”，然后将其另存为 PSD 格式的文件，再关闭该图像文件。

Step 1：选择【文件】/【打开】命令或按“Ctrl+O”键，打开“打开”对话框。

Step 2：在打开的对话框的“查找范围”下拉列表框中选择图像的路径，在中间的列表框中选择“海边.jpg”图像文件，如图 1-27 所示。

Step 3：单击 打开(O) 按钮即可打开图像文件。

Step 4：选择【文件】/【存储为】命令，在打开的对话框的“格式”下拉列表框中选择“Photoshop（*.PSD;*.PDD）”选项，然后单击 保存(S) 按钮即可。

Step 5：单击图像窗口标题栏最右端的“关闭”按钮即可关闭图像文件。

所用素材：素材文件\第 1 章\海边.jpg
完成效果：效果文件\第 1 章\海边.psd

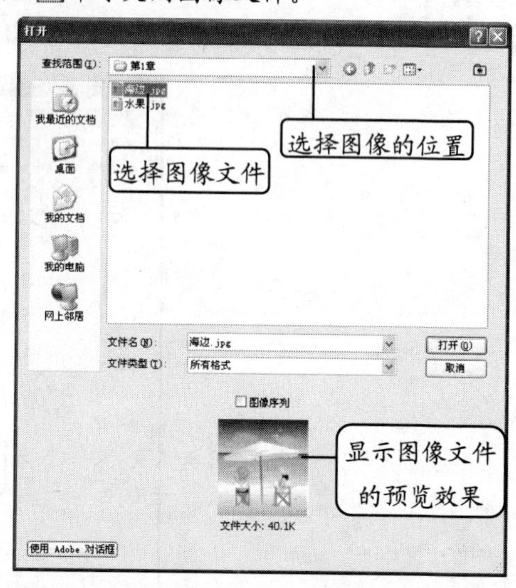

图 1-27　“打开”对话框

提示：在“打开”对话框左下角，单击 使用 Adobe 对话框 按钮，将打开另一种样式的“打开”对话框，这种“打开”方式下图像文件没有预览方式，单击 使用 OS 对话框 按钮可以返回最初的“打开”对话框方式。

【知识补充】关闭图像文件的其他方法如下。

- 选择【文件】/【关闭】命令。
- 按“Ctrl+W”键。
- 按“Ctrl+F4”键

1.3.4 置入和导入图像

在 Photoshop 中可以置入或导入其他格式的文件，以提高图像处理效率。通过“置入”命令可以置入*.AI 和*.EPS 格式的矢量图像文件，其中*.AI 格式是 Illustrator 软件生成的格式，这样可以方便用户在 Illustrator 等软件中绘制图像轮廓；而通过“导入”命令，则可以编辑 GIF 格式的文件，导入扫描仪等设备中的图像以及 PDF 格式的图像文件等。

【例 1-9】在 Photoshop CS3 中新建一个默认大小的图像文件，然后置入“扑克.eps”图像文件。

Step 1：选择【文件】/【新建】命令，在打开的“新建”对话框中的“预设”下拉列表框中选择“Photoshop 默认大小”选项，单击 确定 按钮新建默认大小的图像文件。

Step 2：选择【文件】/【置入】命令，在打开的“置入”对话框中选择“扑克.eps”图像，单击 置入(P) 按钮，即可将图像置入到文件中，如图 1-28 所示。

所用素材：素材文件\第 1 章\扑克.eps

完成效果：效果文件\第 1 章\置入文件.psd

图 1-28 置入图像

1.3.5 调整图像

在图像处理过程中，常会用到调整图像的相关操作，如调整图像大小和位置等，这时可通过图像编辑操作来进行修正。

1. 调整图像大小

图像的大小是指图像文件的数字大小，以千字节（KB）、兆字节（MB）或吉字节（GB）为度量单位，与图像的像素大小成正比。

新建图像文件时，可以通过“新建”对话框调整图像的宽度、高度和分辨率等，同时在“新建”对话框右侧显示了当前新建后文件的大小，当图像文件完成创建后，也可以更改图像文件的大小。

【例 1-10】打开“1.jpg”素材图像，将图像大小调整为原来的一半大小。

Step 1：选择【文件】/【打开】命令，打开“打开”对话框，在其中选择“1.jpg”，单击 打开(O) 按钮，打开“1.jpg”图像文件。

Step 2：在图像窗口中的标题栏上单击鼠标右键，在弹出的快捷菜单中选择“图像大小”命令，打开“图像大小”对话框，按照如图 1-29 所示，设置调整后图像大小的参数，单击 确定 按钮即可。

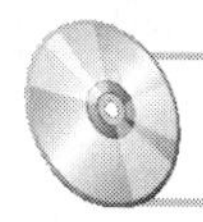

所用素材：素材文件\第 1 章\1.jpg

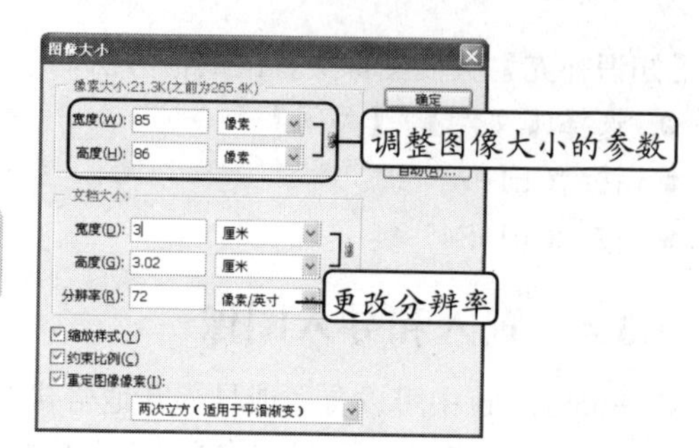

图 1-29　调整图像大小

提示：在“像素大小”或“文档大小”栏中的各个数值框中输入数值可改变图像大小，也可在“分辨率”数值框中重设分辨率来改变图像大小。

2. 调整画布大小

画布大小是指图像周围的工作区，在编辑图像的过程中可以根据需要进行调整。

【例 1-11】 调整“1.jpg”素材图像的画布大小为原来的 2 倍。

所用素材：素材文件\第 1 章\1.jpg　　**完成效果**：效果文件\第 1 章\更改画笔大小.psd

Step 1：选择【文件】/【打开】命令，打开“1.jpg”图像文件。

Step 2：选择【图像】/【画布大小】命令，打开“画布大小”对话框。

Step 3：打开的“画布大小”对话框中修改画布的宽度和高度等参数，如图 1-30 所示。

Step 4：设置完成后单击 确定 按钮即可，调整画布大小前后的效果对比如图 1-31 所示。

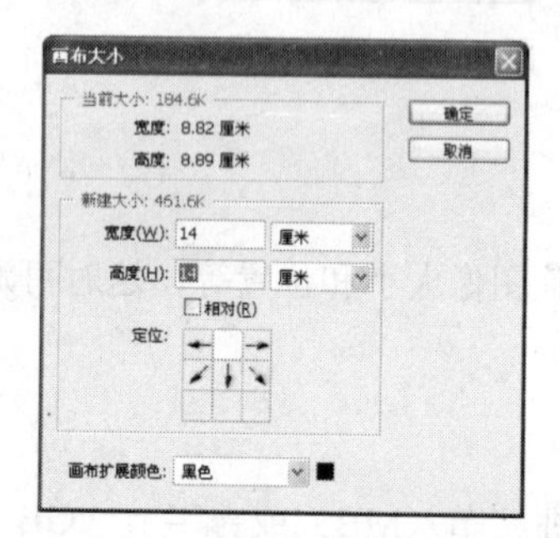

图 1-30　“画布大小”对话框

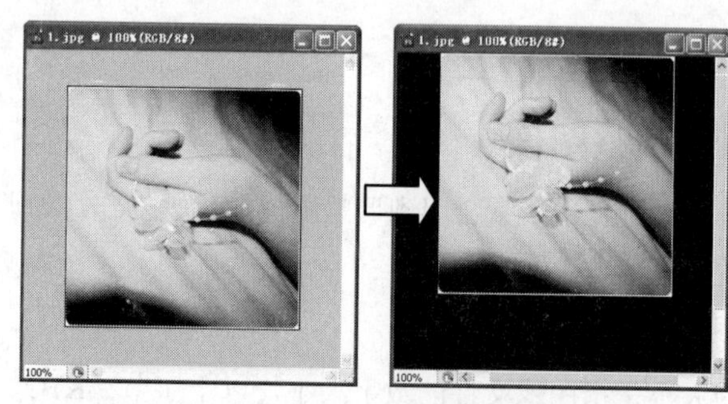

图 1-31　调整“画布大小”前后的效果对比

3. 移动图像

移动图像分为整体移动和局部移动两种，整体移动是指将当前工作图层上的图像从一个地方移动到另一个地方，先选择要移动的对象，然后在工具箱中选择“移动工具”，再在选取的图像上按住鼠标左键并拖至目标位置，释放鼠标即可完成图像的整体移动；局部移动是对图像中的部分图像进行移动，首先使用选区创建工具在图像中创建选区，然后利用“移动工具”完成移动操作。

4. 复制图像

复制图像是对整个图像或图像的部分区域创建副本，可以通过图层、拖动或快捷键等 3 种方法进行复制。在移动图像时按住“Alt”键不放便可复制图像，图层的复制将在后面的章节中具体介绍。

5. 删除图像

对于不需要的图像区域，可以将其删除。删除图像的操作非常简单，只需将要删除的图像内容创建选区，然后选择【编辑】/【清除】命令或按“Delete”键即可清除选区内的图像内容。

【例 1-12】利用复制、移动和删除图像的操作，制作“天鹅湖”效果。

所用素材：素材文件\第 1 章\天鹅.jpg、湖水.jpg

完成效果：效果文件\第 1 章\调整图像.psd

Step 1：选择【文件】/【打开】命令，打开“天鹅.jpg”和“湖水.jpg”文件，双击解锁图层。

Step 2：在工具箱中选择“魔棒工具”，在“天鹅.jpg”素材图像的背景区域单击选择背景，按“Delete”键删除背景区域，效果如图 1-32 所示。

Step 3：按“Ctrl+D”键，取消选区，在工具箱中选择“移动工具”，然后将天鹅拖动到“湖水.jpg”图像文件中，移动到合适位置，如图 1-33 所示。

Step 4：将鼠标移动到天鹅图像上，按住“Atl”键不放，拖动复制一个天鹅图像。

Step 5：选择【编辑】/【变换】/【水平翻转】命令，将图像翻转，然后利用“移动工具”将图像移动到合适位置即可，完成后的最终效果如图 1-34 所示。

图 1-32　删除背景区域

图 1-33　移动图像区域

图 1-34　完成后的最终效果

6. 裁剪图像

使用工具箱中的“裁剪工具”，可以将图像中不需要的部分去掉。

【例 1-13】裁剪“椅子.jpg”图像文件，要求裁剪后只保留椅子高度和宽度的图像。

所用素材：素材文件\第 1 章\椅子.jpg　　完成效果：效果文件\第 1 章\裁剪图像.psd

Step 1：选择【文件】/【打开】命令，打开“椅子.jpg”图像文件。

Step 2：在工具箱中选择“魔棒工具”，在“椅子.jpg”素材图像中拖动绘制一个变换框，然后拖动变换框四周的角点，调整大小到椅子的高度和宽度，效果如图 1-35 所示。

Step 3：在工具属性栏上单击✓按钮，应用裁剪后的效果如图 1-36 所示。

图 1-35　创建裁剪区域

图 1-36　裁剪后的最终效果

1.4 应用实践——制作精美电脑壁纸

壁纸有两种含义，一种是指家庭装饰所用的墙壁贴纸，另一种是指电子产品的屏幕背景图片，其作用都是为了美化视觉而设计的。电子产品的壁纸主流有电脑桌面壁纸和手机桌面壁纸，由于壁纸是根据电子产品的屏幕大小和分辨率来制作的，因此分类较为广泛。如图 1-37 所示为常见的墙壁贴纸和电子产品壁纸。

图 1-37　客厅墙壁贴纸和高清自然风景类电脑壁纸

本例根据客户提供的一些图片素材制作如图 1-38 所示的精美壁纸为例，介绍壁纸的设计流程。相关要求如下所述。

- 制作要求：突出画面温馨、唯美。
- 壁纸尺寸：1280 像素×800 像素。
- 分辨率：72 像素/英寸。
- 色彩模式：RGB。

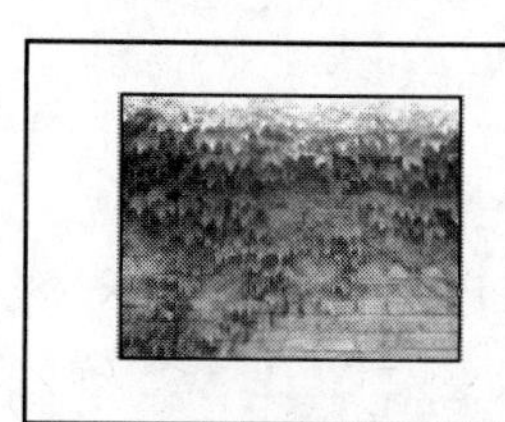

图 1-38　壁纸素材及参考效果

所用素材：素材文件\第 1 章\街道.jpg、墙.jpg

完成效果：效果文件\第 1 章\精美壁纸.psd

1.4.1　确定电脑壁纸的大小与分辨率

电脑壁纸一般分为宽屏壁纸和普屏壁纸两种，常见的电脑壁纸大小与分辨率最佳匹配规格如下所述。

- 宽屏壁纸分辨率为 1280 像素×800 像素的匹配尺寸为 12.1 英寸、13.3 英寸、14.1 英寸和 15.4 英寸。
- 宽屏壁纸分辨率为 1440 像素×900 像素的匹配尺寸为 17 英寸、19 英寸宽屏液晶显示器。
- 普屏壁纸分辨率为 1024 像素×768 像素的匹配尺寸为 15 英寸、17 英寸普屏液晶显示器。
- 普屏壁纸分辨率为 1280 像素×1024 像素的匹配尺寸为 17 英寸、19 英寸普屏液晶显示器。

1.4.2　壁纸创意分析与设计思路

为电脑的桌面设置壁纸可以让电脑屏幕更好看、更漂亮、更有个性，因此在进行壁纸设计时可根据客户的要求进行具体的分析设计，本例设计壁纸主要是体现画面的唯美、温馨的视觉效果，并具有朦胧的美感。

本例的设计思路如图 1-39 所示，首先打开所需的素材图像，然后创建选区，并移动选区内的图像进行编辑，再利用辅助工具添加文字，最后绘制出叶子的形状即可。

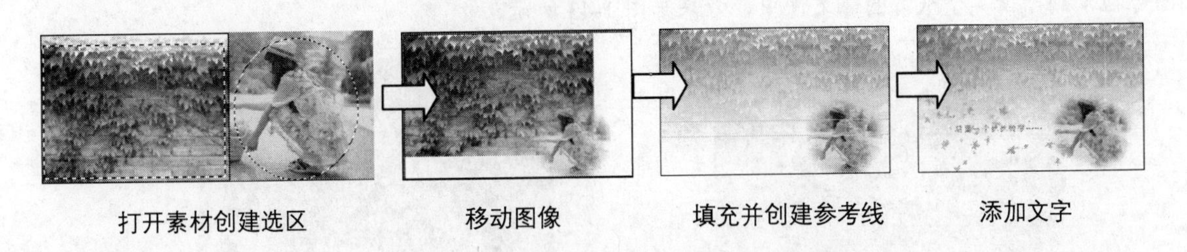

图 1-39　精美壁纸的制作思路

1.4.3　制作过程

1. 创建选区

Step 1：启动 Photoshop CS3，选择【文件】/【新建】命令，打开"新建"对话框，在其中的"名称"文本框中输入"精美壁纸"名称，在"宽度"和"高度"数值框中分别输入 1280 和 800，在其中的下拉列表框中选择"像素"选项，用于设置图像文件的尺寸，在"分辨率"数值框中输入 72，设置图像分辨率的大小，在"颜色模式"下拉列表框中选择"RGB 颜色"选项，设置图像的色彩模式，如图 1-40 所示。

Step 2：单击 确定 按钮，创建图像文件。

Step 3：选择【文件】/【打开】命令，打开"打开"对话框，在其中的"查找范围"下拉列表框中选择图像的路径，在中间的列表框中选择"墙.jpg"图像文件，如图 1-41 所示，单击 打开(O) 按钮打开图像。

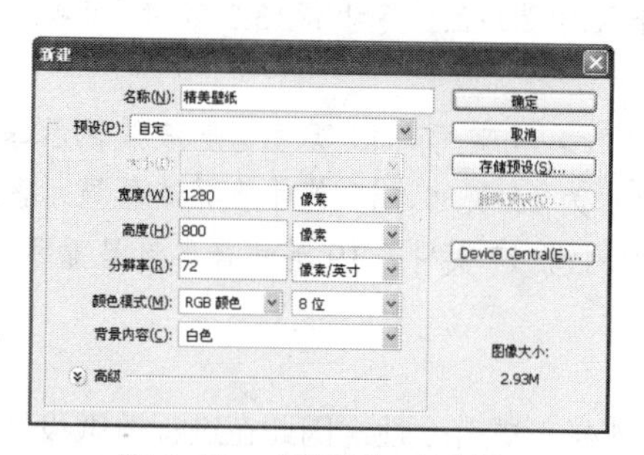

图 1-40 “新建”对话框

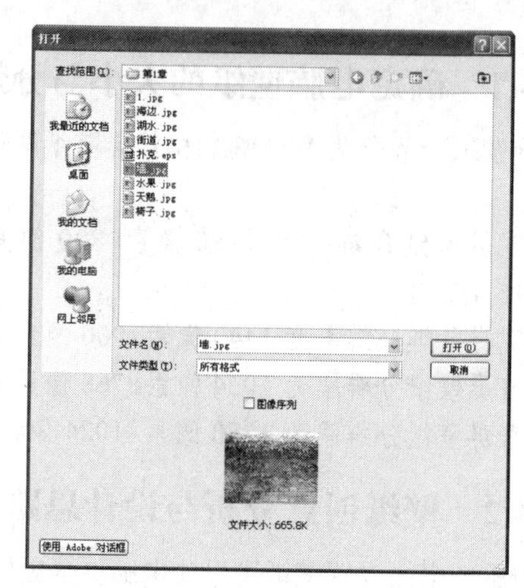

图 1-41 “打开”对话框

Step 4：在“墙.jpg”图像文件中，选择工具箱中的“矩形选框工具”，在图像窗口拖动鼠标创建如图 1-42 所示的矩形选区。

Step 5：调整两个图像窗口，使其都显示在桌面中，在工具箱中选择“移动工具”，将“墙.jpg”图像拖动到“精美壁纸”图像文件中，效果如图 1-43 所示。

图 1-42 创建选区

图 1-43 移动选区内的图像

2. 制作壁纸背景

Step 1：在“精美壁纸”图像窗口中，将鼠标移动到墙图像上，按住“Alt”键不放，同时按住鼠标左键拖动，复制图像，然后将复制的图像移动到合适位置，如图 1-44 所示。

Step 2：选择【编辑】/【变换】/【水平翻转】命令，将图像翻转，如图 1-45 所示。

图 1-44 复制图像

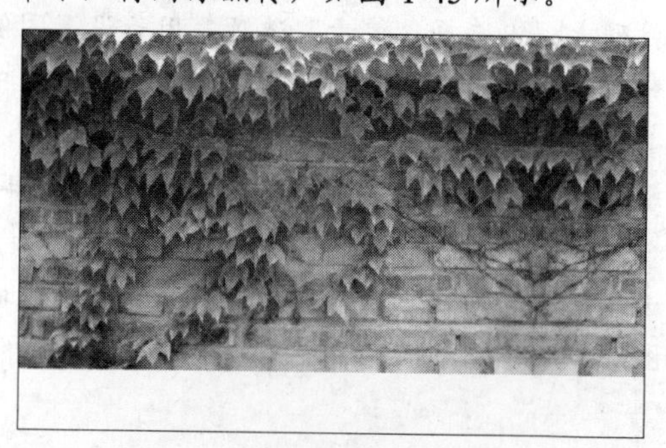

图 1-45 移动并变换图像

Step 3：选择工具箱中的"渐变工具"，在工具选项栏中单击"渐变编辑器"按钮，打开"渐变编辑器"对话框，在其中选择"预设"栏中第 2 种渐变方式，如图 1-46 所示。

Step 4：设置完成后单击确定按钮，然后在图像窗口中自下向上拖动进行渐变填充，效果如图 1-47 所示。

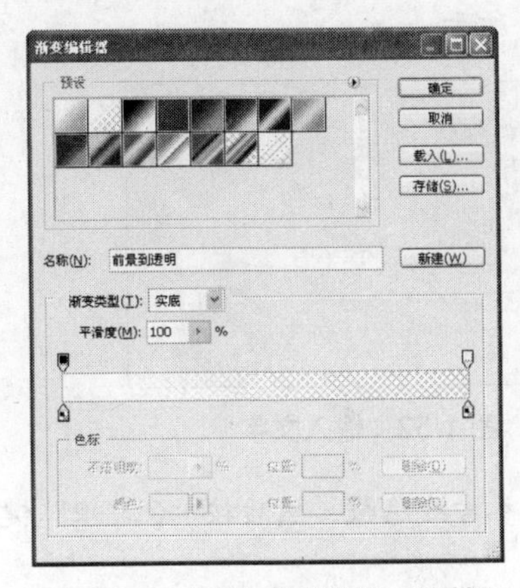

图 1-46 "渐变编辑器"对话框

图 1-47 渐变填充效果

3. 添加其他图像

Step 1：选择【文件】/【打开】命令，打开"街道.jpg"图像文件。

Step 2：选择工具箱中的"椭圆选框工具"，在"街道.jpg"图像窗口中的任务区域创建一个椭圆选区，如图 1-48 所示。

Step 3：按"Ctrl+Alt+D"组合键，打开"羽化"对话框，在其中设置羽化值为 20，羽化选区，如图 1-49 所示。

Step 4：在工具箱中选择"移动工具"，将选区中的人物图像拖动到"精美壁纸"图像文件中，并调整位置，效果如图 1-50 所示。

图 1-48 创建选区

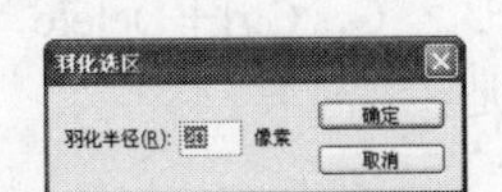

图 1-49 "羽化选区"对话框

图 1-50 移动选区

4. 添加文本

Step 1：选择【视图】/【标尺】命令，显示标尺，然后将鼠标移动到水平标尺上，按住鼠标左键不放向下进行拖动，创建一条参考线。

Step 2：利用相同的方法再创建一条参考线，效果如图 1-51 所示。

Step 3：在工具箱中选择"文字工具"，在工具选项栏中"字体"下拉列表中选择"汉仪雪君体简”字体，在“颜色块”上单击，打开“选择文本颜色”对话框，在其中设置文本颜色为粉红色（R: 224，G: 103，B: 189），然后在第一条参考线上单击，输入文本“春天。”单击属性栏中的✓按钮确认输入文本。

Step 4：在第二条参考线上单击输入“总是一个常常的梦……”文本，然后设置字体为“汉仪丫丫体简”，颜色为黑色，单击✓按钮确认即可，如图 1-52 所示。

图 1-51　创建参考线

图 1-52　输入文字

Step 5：选择【视图】/【显示】/【参考线】命令，将参考线隐藏。然后按“Ctrl+R”键隐藏标尺，完成制作。

5. 保存图像文件

Step 1：选择【文件】/【存储为】命令，在打开的“存储为”对话框中间的列表框中设置文件的保存路径，在“文件名”文本框中输入“精美壁纸”，在“格式”下拉列表框中选择“Photoshop（*.PSD;*.PDD）”选项。

Step 2：设置完成后单击 保存(S) 按钮即可将图像文件保存。

1.5 练习与上机

1. 单项选择题

（1）在 Photoshop CS3 中，复制图像时，在按住（　　）键的同时拖动图像即可实现图像的复制。

A．Alt　　B．Ctrl　　C．Shift　　D．Tab

（2）在删除图像内容时，只需按（　　）键即可清除选区内的图像内容。

A．Shift　　B．Delete　　C．Ctrl＋Delete　　D．Alt+Shift

（3）下列视图方式不属于 Photoshop CS3 的是（　　）。

A．标准屏幕模式

B．最大化屏幕模式

C．带有菜单栏的全屏模式

D．大纲视图模式

2. 多项选择题

（1）以下对新建图像文件的方法叙述正确的有（　　）。

A．启动 Photoshop CS3 后，选择【文件】/【新建】命令

B．按“Ctrl+N”键

C．按“Ctrl+S”键

D．按“Ctrl+D”键

（2）下列选项中属于图像色彩模式的有（　　）。

A．CMYK 模式

B．灰度模式

C．Lab 模式

D．位图模式

E．索引模式

（3）启动 Photoshop 后，若要对原有的图像文件进行处理，首先要打开此文件。在 Photoshop CS3 中通过（　　）操作可以打开图像文件。

A．选择【文件】/【打开】命令

B．按“Ctrl+N”键

C．按“Ctrl+O”键

D．快速双击操作界面灰色空白处

E．按“Ctrl”键的同时快速双击操作界面灰色空白处

（4）Photoshop CS3 支持输出的文件格式有（　　）。

A．PSD（*.psd）格式

B．TIFF（*.tif；*.tiff）格式

C．BMP（*.bmp；*.rle；*.dib）格式

D．PNG（*.png）格式

E．JPEG（*.jpg；*.jpeg；*.jpe）格式

F．PDF（*.pdf；*.pdp）格式

3．简单操作题

（1）根据本章所学知识，调整图像的色彩模式，效果如图 1-53 所示。

提示：通过选择【图像】/【模式】命令下的子菜单进行操作。

所用素材：素材文件\第 1 章\山.jpg

完成效果：效果文件\第 1 章\风景.psd

图 1-53　风景

（2）打开提供的“照片”图像文件，利用“图像大小”命令，调整照片的大小为原来的二分之一，完成后的效果如图 1-54 所示。

提示：先利用“打开”命令打开图像文件，再利用“图像大小”命令调整文件大小。

所用素材：素材文件\第 1 章\照片.jpg

完成效果：效果文件\第 1 章\修改照片.psd

图 1-54　调整图像大小

4. 综合操作题

（1）利用“磁性套索工具”对如图 1-55 所示提供的素材进行选取，要求通过复制和移动图像等操作制作如图 1-56 所示的壁纸效果。

所用素材：素材文件\第 1 章\花 1.jpg、花 2.jpg 花 3.jpg

完成效果：效果文件\第 1 章\宽屏壁纸.psd

图 1-55　各种素材

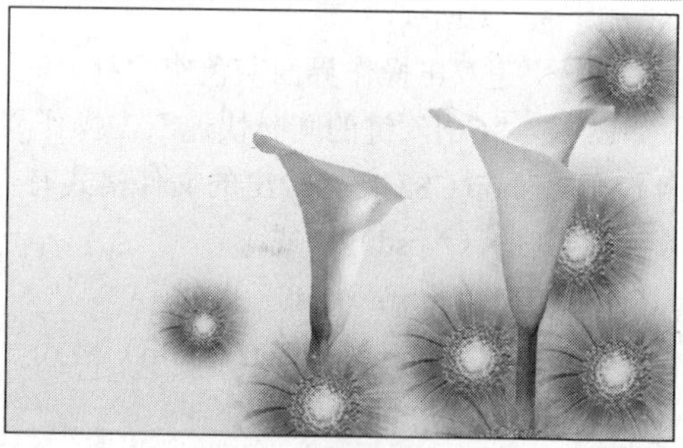

图 1-56　壁纸效果

（2）要求根据如图 1-57 所示提供的两幅图像文件制作艺术边框，要求图像大小为 1024 像素×900 像素，分辨率为 72 像素/英寸，颜色模式为 CMYK 模式。所需素材和参考效果如图 1-58 所示。

所用素材：素材文件\第 1 章\边框.jpg、狗狗.jpg

完成效果：效果文件\第 1 章\艺术边框.psd

图 1-57　各种素材

图 1-58　艺术边框

拓展知识

Photoshop 是 Adobe 公司出品的一款全球标准的图像编辑和照片修饰软件，具有图像处理、数位板绘画和数码照片后期处理等功能，是目前平面设计等行业使用最广泛的应用软件之一。

使用 Photoshop 可以制作出许多意想不到的图像效果，如图 1-59 所示（图片来源于 68ps 联盟）是在 Photoshop CS3 中通过调整图像、创建选区、填充通道和添加图层样式等制作的撕纸效果。如图 1-60 所示的水墨画是通过不同的画笔工具，并设置不同的参数来完成的水墨效果。两幅作品都是在 Photoshop CS3 中从无到有制作而成。

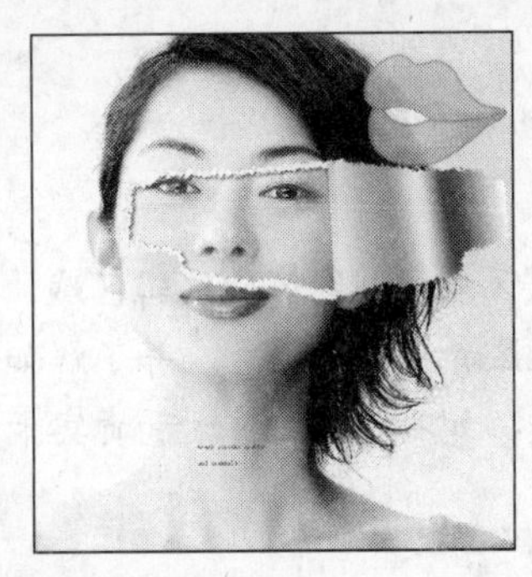

图 1-59　撕脸效果

图 1-60　绘制水墨画

如图 1-61 所示（图片来源于多特软件站）照片转手绘是通过滤镜、图层蒙版、画笔和钢笔工具、描边路径和调整图层等操作完成的。

图 1-61　照片转手绘

第2章 选区的创建与编辑

学习目标

学习在设计中利用选区来控制图像的编辑区域，包括创建选区、移动选区、复制选区、描边选区和填充选区等，并了解如何根据客户需要设计出让客户满意的简单作品，如名片、会员卡和贵宾卡等卡片。

学习重点

掌握利用“选框工具组”、“套索工具组”、“魔棒工具组”和“色彩范围”命令创建选区的方法，以及选区的存储、载入、增减、变换、描边和填充等操作，并能通过对选区的创建和编辑绘制简单的图像。

主要内容

- 创建选区
- 修改选区
- 编辑选区
- 填充选区
- 制作“靓颜美妆”贵宾卡

2.1 创建选区

选区是指通过各种选区绘制工具在图像中创建的全部或部分图像区域，在图像中呈流动的蚂蚁爬行状显示，选区的作用是保护选区外图像不受到影响，即各种操作只对选区内的图像有效。

使用 Photoshop CS3 创建选区可以通过选框工具组、套索工具组、魔棒工具组和“色彩范围”命令来创建。创建选区即是在图像中选择部分区域来进行编辑，这也是进行图像编辑的基础操作，需要熟练掌握。

2.1.1 选框工具组

“选框工具组”由“矩形选框工具”、“椭圆选框工具”、“单行选框工具”和“单列选框工具”组成，主要用于创建规则的选区。如图 2-1 所示。

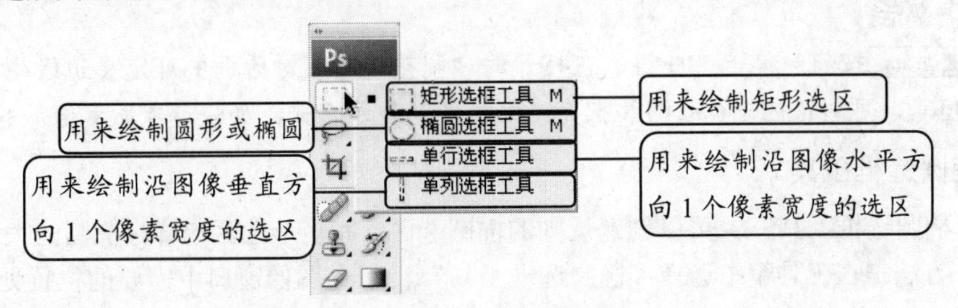

图 2-1　位于工具箱中的 4 个选框工具

1. 矩形选框工具

使用“矩形选框工具”，可以创建规则的矩形选区，矩形的长和宽可以根据需要进行设置，也可以创建固定长宽比的矩形选区，还可以创建边缘平滑的羽化选区。

【例 2-1】利用“矩形选框工具”在图像窗口中绘制一个任意大小的矩形选区，一个羽化值为 20 像素的矩形选区和一个固定比例为 1 的选区。

Step 1：在工具箱中选择“矩形选框工具”，然后在图像窗口中按住鼠标左键不放拖动绘制，即可得到任意大小的矩形选区，如图 2-2 所示。

Step 2：在工具选项栏中的“羽化”文本框中输入羽化值 20，在图像窗口中拖动鼠标绘制，羽化后的矩形选区如图 2-3 所示（此时若填充选区，可看到选区边缘具有柔化的虚边效果）。

Step 3：在“样式”下拉列表中选择“固定比例”选项，在其后的“宽度”和“高度”文本框中输入 1，然后在图像窗口中拖动鼠标，即可绘制固定比例的矩形选区，如图 2-4 所示。

图 2-2　任意大小矩形选区

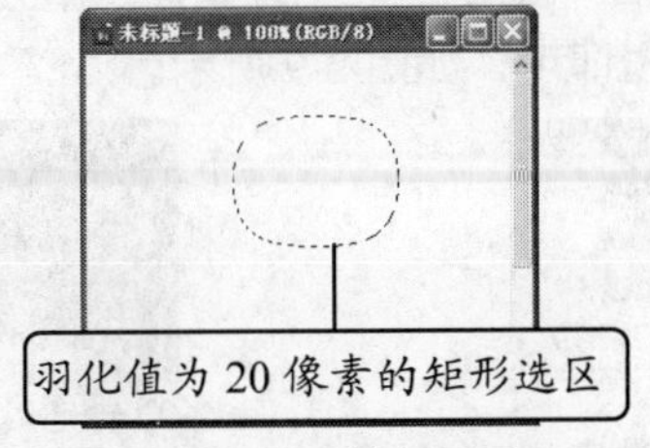

图 2-3　羽化后的矩形选区

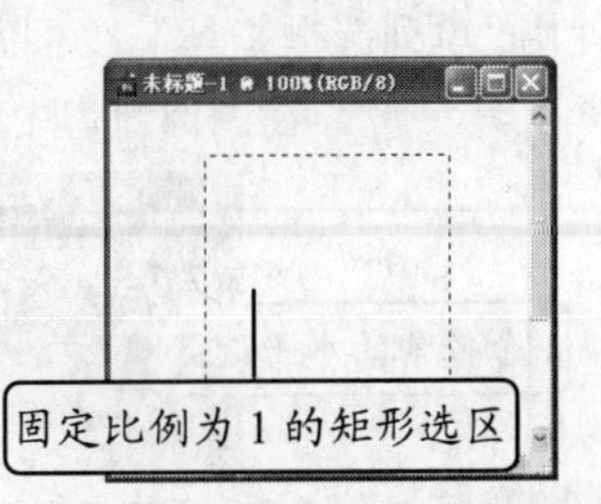

图 2-4　固定比例的矩形选区

提示：在图像窗口中按住“Alt”键的同时拖动鼠标，可以从中心创建选区，按住“Shift”键的同时拖动鼠标，可以绘制正方形选区。

【知识补充】在使用矩形选框工具组创建选区时，可通过对工具选项栏进行设置，来控制选区的效果，如图 2-5 所示。除了上面练习的羽化设置外，其他各选项含义如下。

图 2-5 工具选项栏

- ：单击各个按钮，可以控制选区的增减。“新建选区”按钮表示创建新选区覆盖原选区；“添加到选区”按钮表示创建的选区与已有选区合并；“从选区中减去”按钮表示从原选区中减去重叠部分成为新的选区；“与选区交叉”按钮表示创建的选区与原选区的重叠部分作为新的选区。
- “消除锯齿”复选项：用于消除选区锯齿边缘，该复选项只有在选取了“椭圆选框工具”后才被激活。
- 调整边缘...按钮：单击该按钮，在打开的“调整边缘”对话框中可定义边缘半径、对比度和羽化值等，可对选区进行收缩和扩充，还可选择显示模式，如快速蒙版和蒙版模式等。

2. 椭圆选框工具

使用“椭圆选框工具”可以创建规则的椭圆选区，和矩形选区一样，椭圆的大小可以根据需要进行设置。方法是在工具箱中选择“椭圆选框工具”，在图像窗口中需要的位置处拖动绘制即可，如图 2-6 所示；按住“Alt”键可以从中心创建图形选区，按住“Shift”键可以创建圆形选区，如图 2-7 所示。

图 2-6 椭圆选区

图 2-7 圆形选区

3. 单行选框工具

使用“单行选框工具”可以在图像上创建一个像素的垂直方向选区，方法是在工具箱中选择“单行选框工具”，在图像窗口中单击即可，如图 2-8 所示。

4. 单列选框工具

使用“单列选框工具”可以在图像上创建一个像素的水平方向选区，方法是在工具箱中选择“单列选框工具”，在图像窗口中单击即可，如图 2-9 所示。

图 2-8 单行选区

图 2-9 单列选区

2.1.2　套索工具组

套索工具组由“套索工具”、“多边形套索工具”和“磁性套索工具”组成，主要用于选取图像中的不规则图像区域，如动物和植物等不规则图像。

1. 套索工具

使用“套索工具”可以像使用画笔在图纸上任意绘制线条一样创建手绘类不规则选区。

【例 2-2】利用“套索工具”在图像窗口中创建一个羽化值为 5 的不规则选区。

Step 1：在工具箱中选择“套索工具”，在工具选项栏的“羽化”文本框中输入 5，设置选区的羽化值，再在图像窗口中按住鼠标左键不放并拖动绘制。

Step 2：当鼠标回到起点位置时释放鼠标，即可得到一个沿鼠标移动轮廓的不规则选区，如图 2-10 所示。

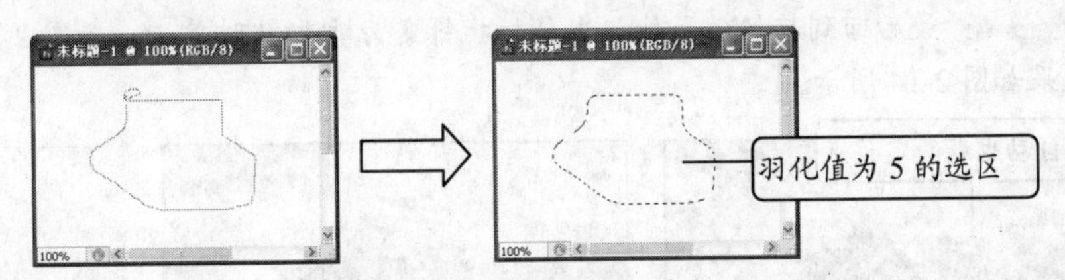

图 2-10　利用“套索工具”创建选区

注意：在为图像创建选区时，最好选区离图像的边缘有一定的距离，可避免鼠标绘制过程中不小心将图像需要的部分未选中在选区中的情况发生。

2. 多边形套索工具

使用“多边形套索工具”可以选取较为精确的不规则图形，尤其适用于选取边界多为直线或边界曲折的复杂图形。

【例 2-3】利用“多边形套索工具”在“电脑.jpg”素材中为电脑显示器的屏幕创建选区。

Step 1：打开“电脑.jpg”图像文件，在工具箱中选择“多边形套索工具”。

Step 2：将鼠标移动到图像中的桌面部分的左上角，单击鼠标左键创建起始点，然后沿着桌面区域移动鼠标，当移动到左下角的转折处时，在转折点上单击鼠标创建多边形的另一个顶点。

Step 3：再继续移动鼠标，选取完成后回到起始点时，当鼠标指针变为形状时，单击鼠标左键，封闭选取区域即可，如图 2-11 所示。

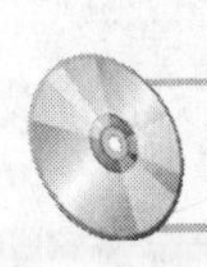

所用素材：素材文件\第 2 章\电脑.jpg

图 2-11　利用“多边形套索工具”创建选区

3. 磁性套索工具

使用“磁性套索工具”可以自动捕捉图像中对比度较大的图像边界，从而快速、准确地选取图像的轮廓区域。

【例 2-4】 利用“磁性套索工具”在“花.jpg”图像文件中创建花朵形状选区。

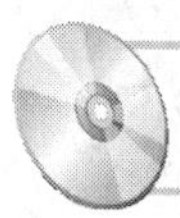

所用素材： 素材文件\第 2 章\花.jpg

Step 1： 打开“花.jpg”图像文件，在工具箱中选择“磁性套索工具”。

Step 2： 将鼠标指针移到花的图像边缘，单击鼠标左键确定起始位置处，拖动鼠标产生一条套索线，并自动附着在图像周围，且每隔一段距离将自动产生一个方形的定位点，如图 2-12 所示。

Step 3： 当拖动到花茎处时，可单击鼠标，手动添加套索定位点，然后继续拖动绘制。

Step 4： 最后回到起始位置处，当鼠标指针变为形状时单击，如图 2-13 所示，闭合套索选区后的效果如图 2-14 所示。

图 2-12 拖动绘制套索线

图 2-13 闭合套索线

图 2-14 选区效果

提示： 使用“磁性套索工具”创建选区时，可能会因鼠标没有移动好而造成生成了一些多余的节点，此时可按“Backspace”键或“Delete”键来删除前面创建的磁性节点，再从删除节点处继续绘制选区。

【知识补充】 选择“磁性套索工具”后，其对应的工具选项栏如图 2-15 所示，其中各选项含义如下。

羽化: 0 px ☑消除锯齿 宽度: 10 px 对比度: 10% 频率: 57 调整边缘...

图 2-15 “磁性套索工具”的选项栏

- 宽度：用于设置套索线能够检测到的边缘宽度，其范围为 0～40 像素。对于颜色对比度较小的图像应设置较小的宽度。
- 对比度：用于设置选取时图像边缘的对比度，取值范围为 1%～100%。设置的数值越大，选取的范围就越精确。
- 频率：用于设置选取时产生的节点数，取值范围为 0～100。

2.1.3　魔棒工具组

魔棒工具组由“快速选择工具”和“魔棒工具”组成，主要用于快速地选取图像中颜色相近的图像区域。

1. 魔棒工具

使用“魔棒工具”可以快速选取具有相似颜色的图像。

【例 2-5】利用“魔棒工具”在“狗狗.jpg”图像中选取狗狗的背景区域。

Step 1：打开“狗狗.jpg”图像文件，在工具箱中选择“魔棒工具”，在工具选项栏中的“容差”文本框中输入 40，用于设置魔棒建立选区的颜色范围，该值越大，选择的颜色范围也越大。

Step 2：在背景区域单击鼠标左键，即可将背景区域选取，如图 2-16 所示。在实际选择图像时，可根据选择效果来调整其容差值的大小。

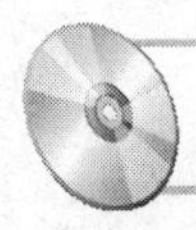

所用素材：素材文件\第 2 章\狗狗.jpg

图 2-16　利用“魔棒工具”创建选区

【知识补充】选择“魔棒工具”后，其工具属性选项栏如图 2-17 所示，其他部分选项含义如下。

容差: 32　☑消除锯齿　☑连续　□对所有图层取样　调整边缘...

图 2-17　“魔棒工具”的工具选项栏

- “连续”复选项：选中该复选项表示只选择颜色相同的连续区域，取消选中时会选取颜色相同的所有区域。
- “对所有图层取样”复选项：当选中该复选项时，使用“魔棒工具”在任意一个图层上单击，此时所有图层上与单击处颜色相似的地方都将被选中。

2. 快速选择工具

使用“快速选择工具”可以在具有强烈颜色反差的图像中快速绘制选区。该工具是“魔棒工具”的快捷版本，是 Photoshop CS3 新增的选择工具，其工具选项栏与“魔棒工具”选项类似。

【例 2-6】利用“快速选择工具”在“白云.jpg”图像中选取云朵的区域。

Step 1：打开“白云.jpg”图像文件，在工具箱中选择“快速选择工具”。

Step 2：在图像窗口的云朵区域拖动鼠标，创建选区，效果如图 2-18 所示。

提示：按“W”键可快速选择“魔棒工具”，按“Shift+W”组合键可在“魔棒工具”和“快速选择工具”间进行切换。

所用素材：素材文件\第 2 章\白云.jpg

图 2-18　利用“快速选择工具”创建选区

2.1.4　“色彩范围”命令

使用“色彩范围”命令创建选区与使用“魔棒工具”创建选区的工作原理相同，都是根据指定颜色的采样点来选取相似颜色区域，在功能上比“魔棒工具”更全面，常用来创建复杂选区。

【例 2-7】利用“色彩范围”命令，在“蒲公英.jpg”图像中选取花朵图像。

所用素材：素材文件\第 2 章\蒲公英.jpg

Step 1：打开“蒲公英.jpg”图像文件，选择【选择】/【色彩范围】命令，打开“色彩范围”对话框。

Step 2：在打开的对话框中选择“吸管工具”，然后在图像中黄色的区域单击取样颜色。

Step 3：选择“添加到选区工具”，继续在花朵图像上单击增加选区，然后在“颜色容差”文本框中输入 65，设置选取颜色的范围值，如图 2-19 所示。

Step 4：颜色选取完成后，单击 确定 按钮即可创建选区，效果如图 2-20 所示。

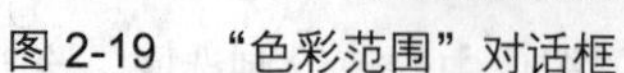

图 2-19　“色彩范围”对话框

图 2-20　利用“色彩范围”命令创建的选区

【知识补充】“色彩范围”对话框中各参数选项含义如下。

- “选择”下拉列表框：该下拉列表框用于设置预设颜色的范围。
- “选择范围”单选项：表示在预览区中将以灰度模式显示选择范围内的图像，白色区域表示被选择的区域，黑色表示没有选择的区域，灰色表示选择的区域为半透明。
- “图像”单选项：表示在预览区内将以原图像的方式显示图像。
- “选区预览”下拉列表框：用于设置在图像窗口中创建的选区的预览方式。其中“无”表示不在图像窗口中显示选取范围的预览图像；“灰度”选项表示在图像窗口中以灰色调显示没有选择的区域；“黑色杂边”选项表示在图像窗口中以黑色显示没有选择的区域；“白色杂边”选项表示在图像窗口中以白色显示没有选择的区域；“快速蒙版”选项表示在图像窗口中以蒙版颜色显示没有选择的区域。

- “反向”复选项：用于实现预览图像窗口中选中区域与没有选中区域之间的相互切换。

2.2 修改选区

创建选区后还可以根据需要对创建的选区进行修改，包括修改选区的位置、大小和形状等。

2.2.1　扩展和收缩选区

若是对创建的选区大小不满意，可对选区进行扩展或收缩。

1. 扩展选区

扩展选区是将原选区在原来基础上扩大。

【例 2-8】用“快速选择工具”为“橘子.jpg”图像中的橘子部分创建选区，将该选区向外扩展 20 像素。

所用素材：素材文件\第 2 章\橘子.jpg

Step 1：打开“橘子.jpg”图像文件，在工具箱中选择“快速选择工具”，然后在图像的橘子区域拖动鼠标创建选区，如图 2-21 所示。

Step 2：选择【选择】/【修改】/【扩展】命令，打开如图 2-22 所示的“扩展选区”对话框，在“扩展量”数值框中输 20，设置选区扩展的数量。

Step 3：完成后单击 确定 按钮，效果如图 2-23 所示。

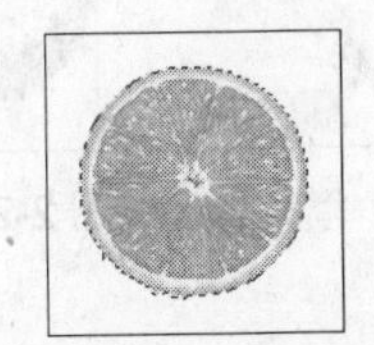

图 2-21　创建选区

图 2-22　“扩展选区”对话框

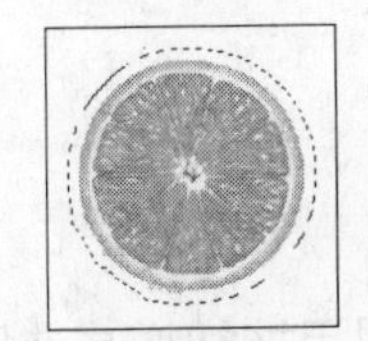

图 2-23　扩展选区后的效果

2. 收缩选区

收缩选区是扩展选区的反向操作，即将选区向内缩小。

【例 2-9】选取“橘子.jpg”图像中的白色背景部分，然后将选区收缩 40 像素。

Step 1：打开“橘子.jpg”图像文件，在工具箱中选择“魔棒工具”，然后在图像白色背景区域单击创建选区，如图 2-24 所示。

Step 2：选择【选择】/【修改】/【收缩】命令，打开如图 2-25 所示的“收缩选区”对话框，在“收缩量”文本框中输入 40，设置选区收缩的数量，然后单击 确定 按钮，效果如图 2-26 所示。

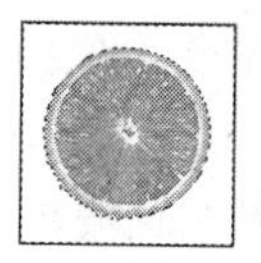

图 2-24　创建选区

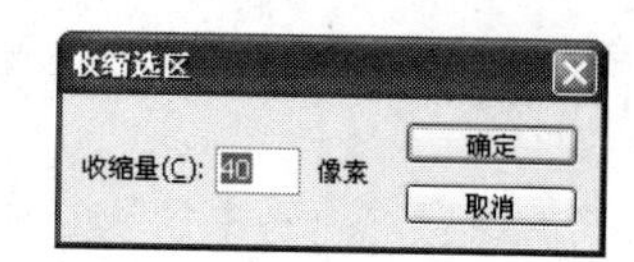

图 2-25　“收缩选区”对话框

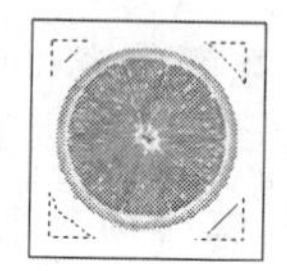

图 2-26　收缩选区后的效果

提示：选择【选择】/【修改】/【边界】命令，可以在原选区边缘的基础上向内或向外进行扩展；选择【选择】/【修改】/【平滑】命令，则可以使选区边缘变得连续而平滑。

2.2.2　增减选区

通过增减选区的方法可以准确地控制选区的范围和形状。增减选区主要有以下几种方法。

1. 利用快捷键增减选区

利用快捷键来增减选区的操作可以节约创建选区的时间。

【例 2-10】快速选取“糕点.jpg”图像中的所有白色区域部分。

Step 1：打开“糕点.jpg”图像文件，在工具箱中选择“魔棒工具”，然后在图像中糕点的白色区域单击创建选区，如图 2-27 所示。

Step 2：按住“Shift”键不放，使用“魔棒工具”依次在糕点的其他白色区域上单击即可，如图 2-28 所示。

Step 3：通过观察发现，选区中有其他的颜色区域，因此在工具箱中选择“套索工具”，然后按住“Alt”键不放，当“套索工具”右下角出现“—”号时，在图像中绘制出需要取消的选区区域，完成后如图 2-29 所示。

所用素材：素材文件\第 2 章\糕点.jpg

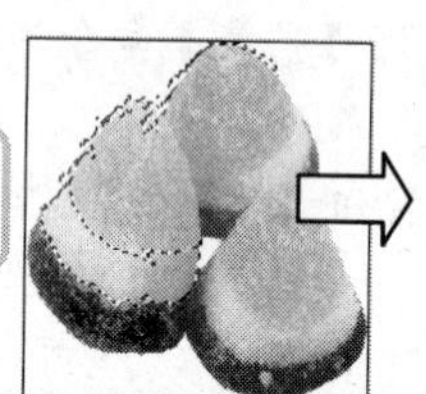

图 2-27　创建选区

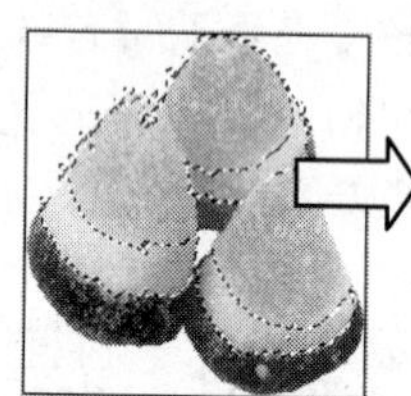

图 2-28　增加选区

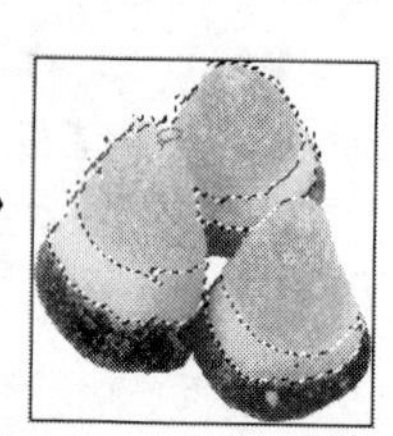

图 2-29　减少选区

2. 利用按钮增减选区

选区创建后可根据工具选项栏中的按钮组来增减选区，各按钮的作用前面已经介绍。操作时只需根据需要单击相应的按钮，然后在图像区域绘制即可。

2.3 编辑选区

在创建选区的过程中，有时创建的选区不能满足实际操作中的需要，这时可以通过编辑工具对选区进行处理，创建符合要求的选区，本节将详细介绍编辑选区的操作，包括羽化选区、描边选区、变换选区、取消选区、载入和存储选区等。

2.3.1 移动选区和选区内的图像

对图像创建选区后，可以对选区或选区内的图像进行移动操作，下面分别介绍。

1. 移动选区

若要移动选区，可以将鼠标移动到创建好的选区中，当鼠标形状变为形状时，按住鼠标左键拖动要需要移动到的位置释放即可，如图 2-30 所示。

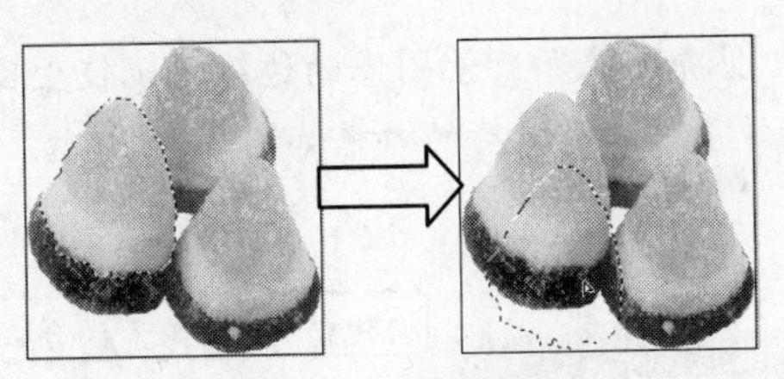

图 2-30 移动选区

提示：使用键盘上的"→"、"↓"、"←"和"↑"键可实现选区的精确移动选取，每按一次，将使选区向指定方向移动 1 个像素的距离，结合"Shift"键一次可以移动 10 个像素的距离。

2. 移动选区内的图像

在编辑时可以根据需要移动选区内的图像，移动时为了不改变原图像，可在原图像上进行复制。

【例 2-11】将"橘子.jpg"图像中的橘子复制并移动到图像的右上角。

Step 1：打开"橘子.jpg"图像文件，在工具箱中选择"快速选择工具"，然后在图像中的橘子部分拖动创建选区，如图 2-31 所示。

Step 2：按"Ctrl+C"键复制图像，再按"Ctrl+V"键粘贴图像，然后在工具箱中选择"移动工具"，将鼠标移动到选区内，当鼠标指针变为形状时，向右拖动即可，完成后的效果如图 2-32 所示。

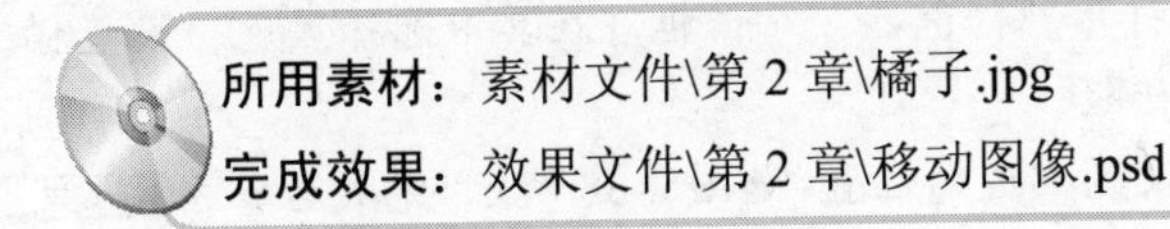

所用素材：素材文件\第 2 章\橘子.jpg
完成效果：效果文件\第 2 章\移动图像.psd

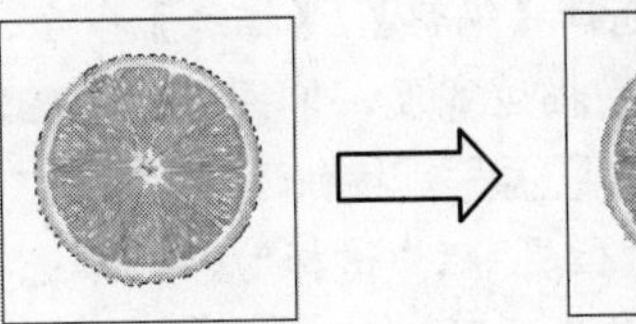

图 2-31 创建选区 图 2-32 复制并移动选区图像

2.3.2 羽化选区

羽化选区可以使选区边缘变得柔和平滑，从而使图像更加自然地过渡到背景图像中，常用于合成图像操作中。除了通过"选择工具"在创建选区前设置羽化值外，也可在创建选区后对选区进行羽化设置。

【例 2-12】利用羽化选区的操作合成两幅贝壳图片，使合成后的图像融为一体。

所用素材：素材文件\第 2 章\贝壳 1.jpg、贝壳 2.jpg
完成效果：效果文件\第 2 章\合成图片.psd

Step 1：打开"贝壳 1.jpg"图像，在工具箱中选择"快速选择工具"，然后在图像中的贝壳上拖动鼠标创建选区，如图 2-33 所示。

Step 2：选择【选择】/【修改】/【羽化】命令或按“Ctrl+Alt+D”快捷组合键，打开“羽化选区”对话框，在其中的“羽化半径”数值框中输入羽化值 10，如图 2-34 所示。

Step 3：单击 确定 按钮，羽化选区，然后打开“贝壳 2.jpg”图像。

Step 4：调整两幅图像的位置，使其都显示在窗口中，然后在工具箱中选择“移动工具”，将“贝壳 1.jpg”图像文件中创建的选区直接拖动到“贝壳 2.jpg”图像文件中，并将图像放在合适的位置即可，如图 2-35 所示。

Step 5：通过观察发现，贝壳图像和背景图像的边缘还比较生硬，因此可以重新设置选区的羽化值为 60，然后将图像移动到背景中，完成后的效果如图 2-36 所示。

图 2-33 创建选区　图 2-34 “羽化选区”对话框　图 2-35 合成图像　图 2-36 再次合成图像

2.3.3 描边选区

描边选区是利用一种颜色沿选区的边缘进行填充的操作。

【例 2-13】利用描边选区的操作为“蝴蝶.jpg”图像进行描边，使蝴蝶的轮廓更加明显。

所用素材：素材文件\第 2 章\蝴蝶.jpg　**完成效果**：效果文件\第 2 章\描边选区.psd

Step 1：打开“蝴蝶.jpg”图像文件，在工具箱中选择“快速选择工具”，然后在图像中的蝴蝶上拖动鼠标创建选区，如图 2-37 所示。

Step 2：选择【编辑】/【描边】命令，打开“描边”对话框，在打开的对话框的“宽度”文本框中输入 3，设置描边宽度，单击颜色块，打开“拾色器”对话框，在其中选择黑色，设置描边的颜色，然后单击 确定 按钮返回“描边”对话框。

Step 3：在“位置”栏中选择“居中”单选项，设置描边的位置，如图 2-38 所示，完成后单击 确定 按钮即可，描边效果如图 2-39 所示。

图 2-37 创建选区

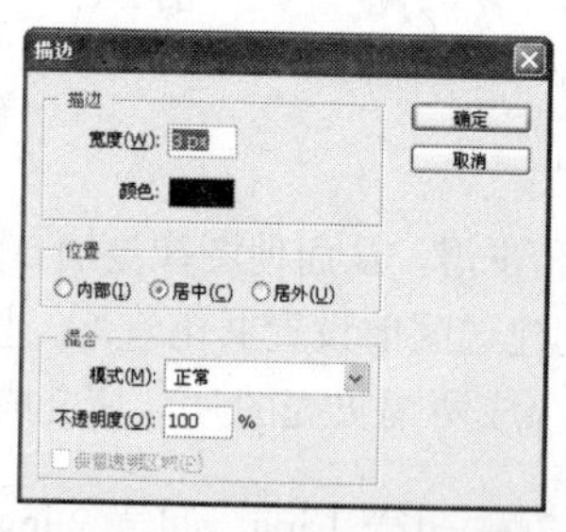

图 2-38 “描边”对话框

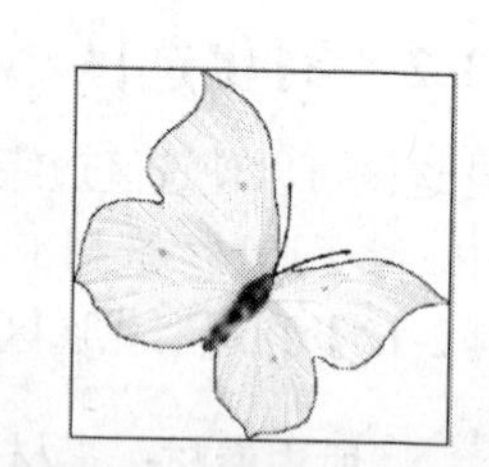

图 2-39 描边选区后效果

提示：在“模式”下拉列表框中的选项与图层混合模式中的相应选项相同，读者可参考 4.2.8 节。

2.3.4　变换选区和选区内的图像

通过变换选区的方法可以改变选区的外形，若要改变图像形状，则可通过变换选区内的图像来实现。

【例 2-14】利用变换选区内的图像操作制作如图 2-40 所示的苹果图像效果。

所用素材：素材文件\第 2 章\苹果.jpg
完成效果：效果文件\第 2 章\两个苹果.psd

图 2-40　两个苹果效果

Step 1：打开“水果.jpg”图像文件，在工具箱中选择“快速选择工具”，然后在图像中的苹果上拖动鼠标创建选区，如图 2-41 所示。

Step 2：选择【编辑】/【拷贝】命令，将选区内的图像复制，然后选择【编辑】/【粘贴】命令，粘贴图像。

Step 3：选择【编辑】/【变换】/【缩放】命令，使图像进入变换状态，在其中拖动变换框四周的控制点，调整图像的大小，然后按住鼠标左键拖动，移动图像到合适位置，如图 2-42 所示。

Step 4：将鼠标移动到控制点上，当其变为形状时，移动鼠标，旋转图像到合适位置，如图 2-43 所示，完成后在工具选项栏中单击✔按钮或按“Enter”键应用变换，完成后的效果如图 2-40 所示。

图 2-41　创建选区

图 2-42　旋转变换

图 2-43　斜切变换

【知识补充】上面练习了图像的缩放变换和旋转变换操作，如果只需对选区进行变换，可以选择【编辑】/【变换选区】命令，再进行变换操作便可，与图像的变换方法是一致的。另外变换选区内的图像也可以选择【编辑】/【自由变换】命令，此时拖动变换框四周的控制点，或在【编辑】/【变换】子菜单中选择相应的命令，对图像进行变换操作。其他变换操作介绍如下。

1. 斜切变换

以选区的一边作为基线进行变换就是斜切变换。选择“斜切”命令后，将鼠标移动到控制点旁边，当鼠标指针变为或形状时，按住鼠标左键不放并拖动，即可实现斜切变换效果，如图 2-44 所示。

2. 扭曲变换

扭曲变换是将选区的各个控制点进行任意位移来带动选区的变换。选择“扭曲”命令后，将鼠标移动到图像的任意控制点上，并按住鼠标左键不放进行拖动，即可实现扭曲变换，如图 2-45 所示。

3. 透视变换

透视变换一般用来调整选区与周围环境间的平衡关系，从不同的角度观察都具有一定的透视关系。选择“透视”命令后，将鼠标移动到变换框的 4 个角的任意控制点上，并按住鼠标左键不放进行水平或垂直拖动，即可实现透视变换，如图 2-46 所示。

4. 变形变换

选择“变形”命令后，变换框内将出现网格线，此时在网格内拖动鼠标即可变形图像；也可单击并拖动网格线两端的黑色实心点，此时实心点处出现一个调整手柄，如图 2-47 所示，此时拖动调整手柄，即可实现图像的精确变形。

图 2-44　斜切选区内图像

图 2-45　扭曲选区内图像

图 2-46　透视选区内图像

图 2-47　变形选区内图像

注意：选区变换完成后，要单击工具选项栏中的 ✓ 按钮，或按“Enter”键确认变换，才可以继续进行下面的操作，若要取消该次的变换操作可单击 ⊘ 按钮。

2.3.5　取消选择和反选选区

在 Photoshop CS3 中应用完选区后，应该及时取消选区，否则以后的操作只能对选区内的图像有效，取消选区的方法是选择【选择】/【取消选择】命令或按“Ctrl+D”键。

若要再次选择选区，可以选择【选择】/【重新选择】命令或按“Ctrl+Alt+D”键，即可重新选择上一次取消后的图像。

提示：若要选择全部图像，可以选择【选择】/【全选】命令或按“Ctrl+A”组合键。

反选选区一般是在创建选区后选择【选择】/【反选】命令或按“Shift+Ctrl+I”键，选取图像中除选区以外的其他图像区域。在实际应用中，一般先用“选框工具”或“套索工具”等选择工具选取图像，再通过“反选”命令间接选取所需的图像。如图 2-48 所示为利用反选操作选取蝴蝶图像前后的效果。

图 2-48　反选选区

2.3.6　存储和载入选区

在图像处理过程中，对于创建好的选区，用户可以将所绘制的选区存储起来，以便于在需要多次使用时，通过载入选区的方法将选区载入到图像窗口中，还可以将存储的选区与当前窗口中的选区进行运算，以得到新的选区。存储和载入选区的方法如下。

【例2-15】利用存储和载入选区的操作选择“海边.jpg”图像中桌子上的橘子和杯子部分。

所用素材：素材文件\第2章\海边.jpg　**完成效果**：效果文件\第2章\存储和载入选区.psd

Step 1：打开“海边.jpg”图像文件，在工具箱中选择“魔棒工具”，在图像窗口中的蓝色背景区域单击鼠标左键，创建选区。

Step 2：选择【选择】/【存储选区】命令，打开“存储选区”对话框，在其中的“名称”文本框中输入选区名称“背景”，其他保持默认，如图2-49所示，单击确定按钮。

Step 3：按“Ctrl+D”键取消选区，然后使用“矩形选框工具”在图像的蓝色背景上拖动绘制选区。

Step 4：选择【选择】/【载入选区】命令，打开“载入选区”对话框，在“操作”栏中选中“与选区交叉”单选项，如图2-50所示，单击确定按钮。

Step 5：减去选区后的效果如图2-51所示。

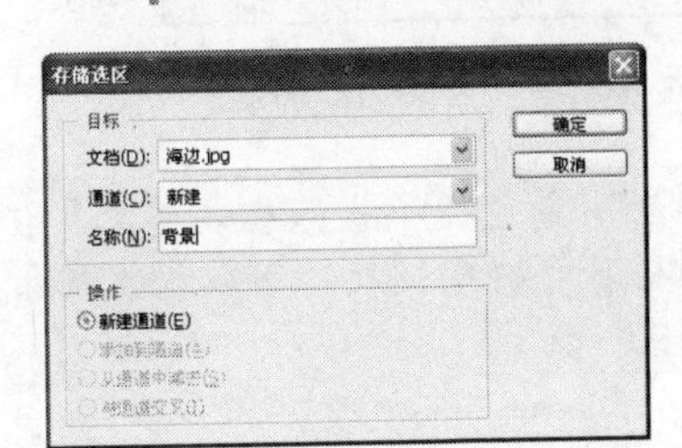

图2-49　“存储选区”对话框

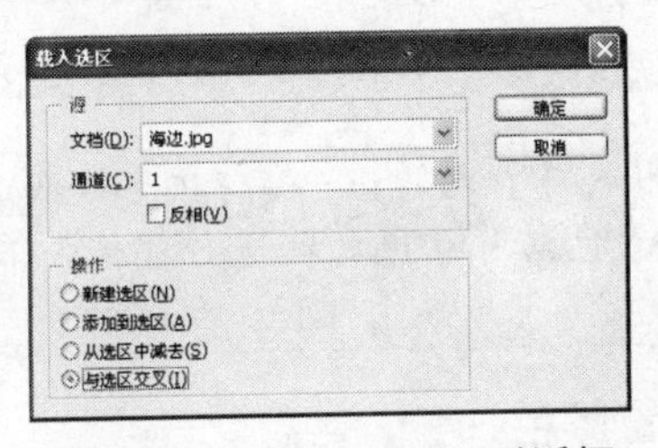

图2-50　“载入选区”对话框

图2-51　交叉选区后的效果

提示：“载入选区”对话框中“操作”栏下的4个选项分别对应矩形选框和魔棒等选区工具选项栏中的按钮组，分别用来实现新建选区、合并选区、减去选区和交叉选区操作。

2.4 填充选区

在处理图像的过程中，有时为了更好地表现图像效果，需对选区填充颜色或图案，本节详细介绍填充选区操作，包括使用“填充”命令填充选区，利用“渐变工具”和“油漆桶工具”填充选区等。

2.4.1　设置前景色和背景色

在对图像进行填充颜色时，需要先设置选区的前景色和背景色。在Photoshop中可以通过“拾色器”对话框、“颜色”面板、“色板”面板、吸管工具和颜色取样器工具等设置颜色，下面分别进行介绍。

1. 通过拾色器设置颜色

在工具箱中单击前景色图标或背景色图标，打开“拾色器”对话框，如图 2-52 所示。在“拾色器”对话框中左侧颜色框中单击鼠标选取颜色，该颜色将显示在右侧上方颜色方框内，同时右侧文本框内显示当前选择颜色的数值。

也可以在右侧的颜色文本框中输入数值来选择颜色，或拖动中间的颜色滑块来改变左侧颜色框中的主色调。

另外，单击 颜色库 按钮，可以打开“颜色库”对话框，如图 2-53 所示。在其中拖动滑块，可以选择颜色的主色调，在左侧颜色框内单击颜色条，可以选择颜色，单击 拾色器(P) 按钮，即可返回到“拾色器”对话框中。

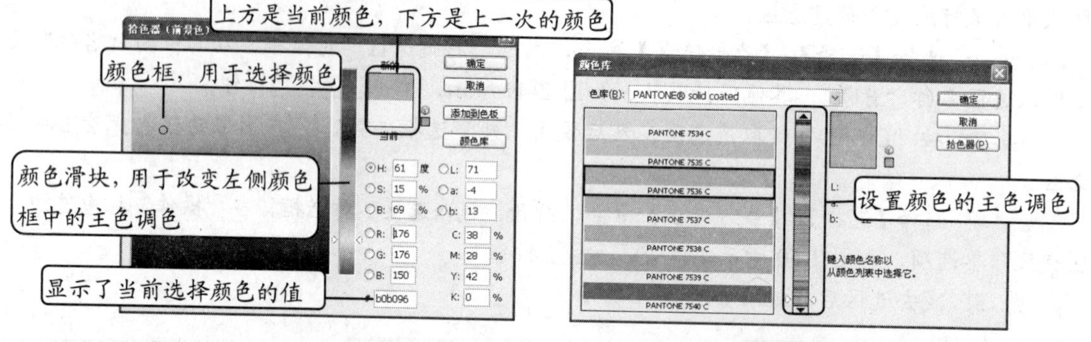

图 2-52　增加选区效果　　　　图 2-53　合成图像前后的对比效果

> **提示：**在英文输入状态下，按“D”键可恢复默认前景和背景色。单击颜色调整工具右上角的↰图标，可在前景色与背景色之间进行替换；单击左下角的■图标，可以设置前景色为黑色，背景色为白色。

2. 通过“颜色”面板设置颜色

选择【窗口】/【颜色】命令或按“F6”键可以打开“颜色”面板，如图 2-54 所示。在“颜色”面板中，用鼠标单击前景色或背景色的图标■，拖动 RGB 的滑块或直接在 RGB 的文本框中输入颜色值，即可改变前景色或背景色。也可直接双击打开“拾色器”对话框进行设置。

在默认状态下，“颜色”面板的颜色模式为 RGB 模式，单击“颜色”面板右上角的≡按钮，弹出如图 2-55 所示的快捷菜单，在其中可根据需要选择颜色模式。

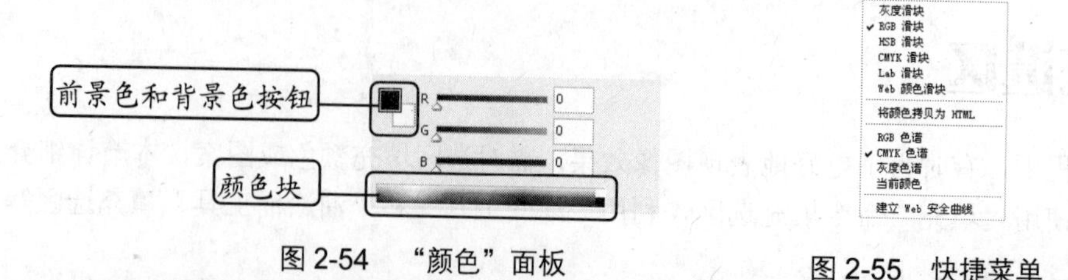

图 2-54　“颜色”面板　　　　图 2-55　快捷菜单

> **提示：**将鼠标移动到“颜色”面板底部的颜色条上，当鼠标变为吸管形状时，单击颜色条上的颜色也可以设置。

3. 通过“色板”面板设置颜色

在“颜色”面板组中单击“色板”选项卡，打开“色板”面板。“色板”面板中包含了许多个颜色块，将鼠标移动到需要选择的颜色块中，当鼠标变为形状时单击该色块，则被选取的颜色为当前前景色，工具箱的前景色将同时改变。按住“Ctrl”键不放并单击，则可以设置为当前背景色。

4. 通过“吸管工具”设置颜色

“吸管工具”主要用于在图片中吸取需要的颜色，也可以在“色板”面板中吸取，吸取的颜色将显示在前景色或背景色中，按住“Alt”键不放并单击，则可以吸取背景色。如图 2-56 所示为吸取颜色前后的效果。

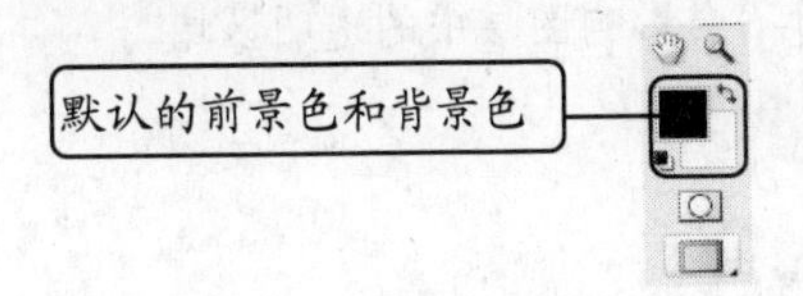

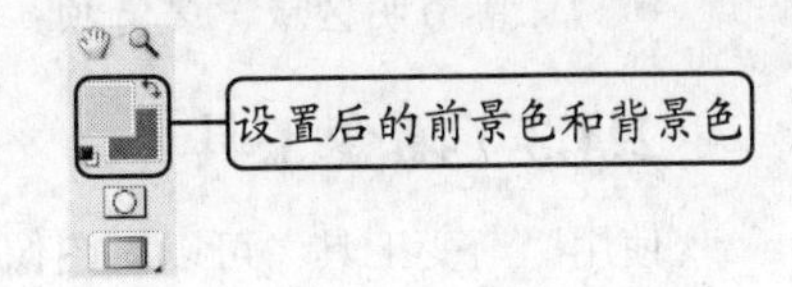

图 2-56　吸取前景色和背景色

提示：选择“吸管工具”后，可以在工具选项栏的“取样大小”下拉列表框中设置“吸管工具”的取样区域。

2.4.2　使用“填充”命令

使用“填充”命令可以对选区填充前景色、背景色或图案。

【例 2-16】利用“填充”命令为“气球.jpg”图像填充颜色和图案。

所用素材：素材文件\第 2 章\气球.jpg　　**完成效果**：效果文件\第 2 章\着色.psd

Step 1：打开“气球.jpg”图像文件，在工具箱中选择“快速选择工具”，在图像窗口中的气球上拖动鼠标创建选区。

Step 2：在“色板”面板中设置前景色为红色，然后选择【编辑】/【填充】命令，打开“填充”对话框，在“不透明度”文本框中输入 50%，其他保持默认设置，如图 2-57 所示，单击确定按钮，用前景色填充选区，效果如图 2-58 所示。

Step 3：按“Ctrl+D”键取消选区，然后选择“快速选择工具”，在图像中为右上角的气球创建选区。

Step 4：选择【编辑】/【填充】命令，打开“填充”对话框，在“使用”下拉列表框中选择“图案”选项，激活“自定图案”下拉列表，在其中选择第一行第 5 个图案样式，单击确定按钮即可，如图 2-59 所示。

Step 5：按“Ctrl+D”键取消选区，然后利用相同的方法将剩余的气球都填充颜色或图案，完成后的最终效果如图 2-60 所示。

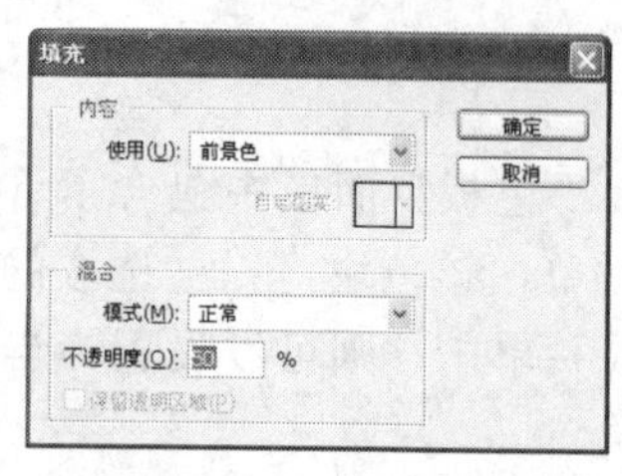

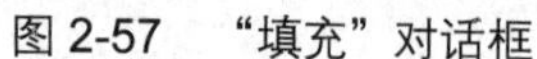
图 2-57 “填充”对话框

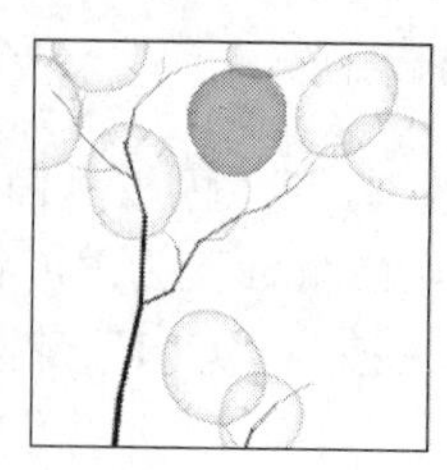
图 2-58 填充颜色

图 2-59 填充图案

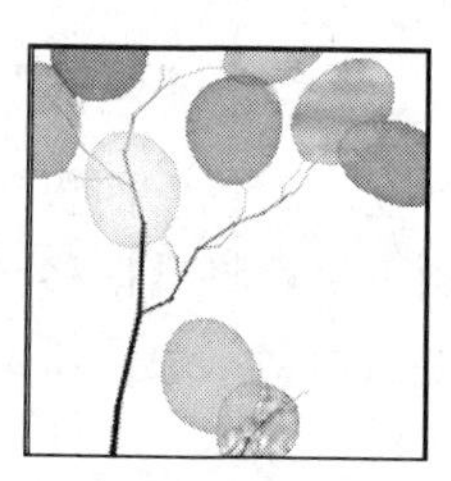
图 2-60 完成后的效果

【知识补充】在“填充”对话框中其他选项的含义如下。

- 模式：在其下拉列表框中可以选择填充的着色模式，其作用与画笔等描绘工具中的着色模式相同。
- “保留透明区域”复选项：选中该复选项后，进行填充时不会影响图层中的透明区域。

2.4.3 渐变工具

使用“渐变工具”可以对图像选区或图层进行各种渐变填充。

【例 2-17】利用“渐变工具”为“剪纸.jpg”图像填充颜色。

所用素材：素材文件\第 2 章\剪纸.jpg　**完成效果：**效果文件\第 2 章\渐变填充.psd

Step 1：打开“剪纸.jpg”图像文件，在工具箱中选择“魔棒工具”，在图像窗口中的白色区域上单击鼠标创建选区。

Step 2：按“Ctrl+Shift+I”快捷组合键反选选区，在工具箱中选择“渐变工具”，在工具选项栏中单击“渐变编辑器”按钮，打开“渐变编辑器”对话框。

Step 3：在“预设”栏中选择“黑色、白色”选项，如图 2-61 所示，单击 确定 按钮。

Step 4：在工具选项栏中单击按钮，设置径向渐变，然后选中“反向”复选项，使渐变颜色反向，在图像中心向边缘拖动鼠标，进行渐变填充，效果如图 2-62 所示。

Step 5：按“Ctrl+Shift+I”快捷组合键反选选区，在工具选项栏中单击“渐变编辑”下拉列表，在其中选择“彩虹透明”选项后单击按钮，设置为线性渐变。

Step 6：将鼠标移动到图像中，在选区区域中由上而下拖动，进行渐变填充，完成后按“Ctrl+D”快捷键取消选区，效果如图 2-63 所示。

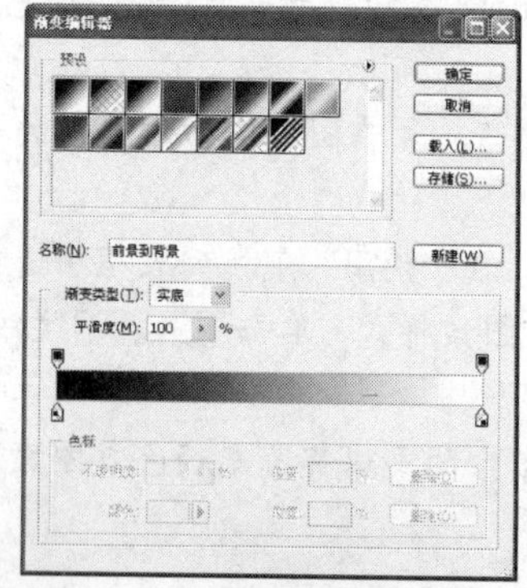

图 2-61 “渐变编辑器”对话框

图 2-62 径向填充

图 2-63 完成后的效果

> **注意：** 在进行渐变填充时，拖动直线的出发点和拖动直线的方向及长短不同，其渐变效果将各有不同，应根据具体需要拖动直线。

【知识补充】在工具箱中选择“渐变工具”后，对应工具选项栏如图 2-64 所示，其中各选项含义如下。

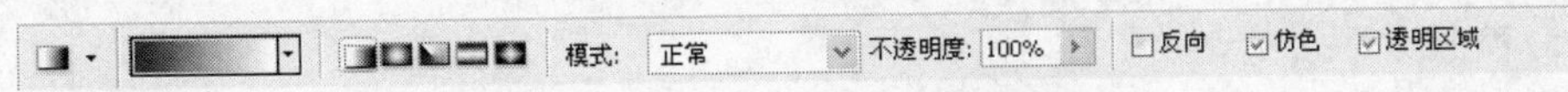

图 2-64　渐变工具选项栏

- ：分别代表 5 种渐变模式，分别是线性渐变、径向渐变、角度渐变、对称渐变和菱形渐变。
- “模式”下拉列表框：用于设置填充渐变颜色后与其他图像进行混合的方式，各选项与图层的混合模式作用相同。
- “不透明度”下拉列表框：用于设置填充渐变颜色的透明程度。
- “仿色”复选项：选中该复选项可使用递色法来表现中间色调，使颜色渐变更加平顺。
- “透明区域”复选项：选中该复选项后，在中可设置不同颜色段的透明效果。

2.4.4　油漆桶工具

使用“油漆桶工具”也可以在选区或图层中的图像中填充指定的颜色或图案。方法是选择工具箱中的“油漆桶工具”，其工具选项栏如图 2-65 所示。其中大部分选项的作用与“填充”对话框相同，这里就不再赘述。

图 2-65　油漆桶工具选项栏

使用“油漆桶工具”填充图像时，将鼠标指针移到要填充的选区上，此时鼠标指针将变为形状，单击鼠标左键即可填充图像。

2.5 应用实践——制作“靓颜美妆”贵宾卡

卡片是现代社会中用来承载商业信息的一种宣传手段。卡片的类型较多，主要包括电话卡、会员卡、银行卡、明信片、名片、贵宾卡、优惠卡和礼品卡等，其制作材料主要有 PVC、透明塑料、金属和纸质材料等，目前大部分卡片都是使用 PVC 材料来制作。卡片的外形一般是矩形，标准尺寸为 86mm×54mm，普通 PVC 卡片的厚度为 0.76mm，IC 卡的厚度为 0.84mm。如图 2-66 所示为几种常见的卡片样品。

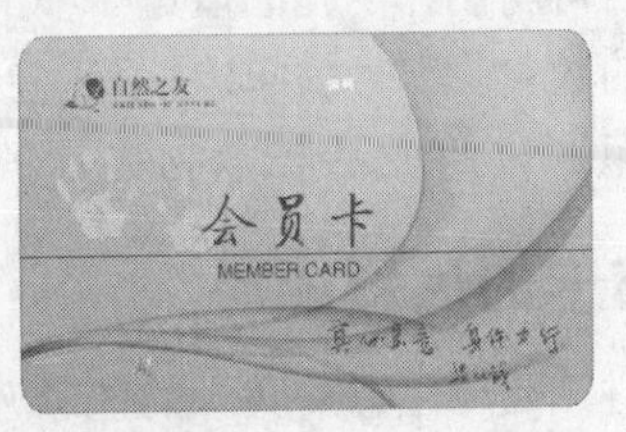

图 2-66　电话卡和会员卡样品

本例将根据客户提供的素材图片，制作如图 2-67 所示的贵宾卡，介绍卡片的设计流程。其中相关要求如下。

- 商店名称：靓颜美妆。
- 制作要求：突出店名和 VIP 字样。
- 贵宾卡成品尺寸：86mm × 54mm。
- 分辨率：72 像素/英寸。
- 色彩模式：RGB 模式。
- 贵宾卡制作材料：特殊金属，局部烫金。

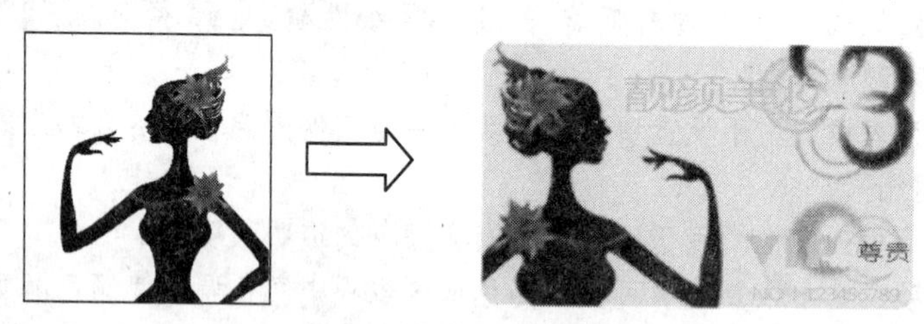

图 2-67　会员卡所用素材及效果

所用素材：素材文件\第 2 章\人物.jpg
完成效果：效果文件\第 2 章\化妆店贵宾卡.psd

2.5.1　贵宾卡的设计规范

贵宾卡又称 VIP 卡，有金属贵宾卡和非金属贵宾卡之分，在前期设计时，应主动与客户沟通确认卡片的材质、内容（正面、背面的文字和图片）和印刷工艺（如编号烫金）等，然后便可开始进行设计，其主要设计流程及参考设计要求介绍如下。

（1）使用 Photoshop 制作稿件时，可以将卡片外框规格设置比成品尺寸大一些，如 89mm×57mm 等，卡片的圆角为 12 度。

（2）注意卡片上文字的大小，小凸码字可以设为 13 号左右的字体，大凸码字可以设为 16 号字体，若凸码字需要烫金、烫银，则应在后期告诉印制厂商。文字与卡必须有一定边距，一般为 5mm。如果要制作磁条卡，其磁条宽度为 12.6mm。同时凸码字设计的位置不要压到背面的磁卡，否则磁条将无法刷卡。

（3）条码卡需根据客户提供的条码型号留出空位。

（4）色彩模式应为 CMYK，若使用线条，则线条的粗细不得低于 0.076mm，否则印刷将无法呈现。

（5）完成设计后可将制作的作品以电子稿的形式发送给客户查看；客户确认后即可送到制卡厂，同时要着重说明卡的数量、卡号的起始编码，以及图案或文字是否需要烫金或烫银，再将样品送给客户查看。要注意印刷出的成品与电脑显示的或打印出来的彩稿会有一定色差。

2.5.2　贵宾卡的色彩选择

在设计贵宾卡时，还应注意贵宾卡的色彩选择和应用等。一般来说，贵宾卡是发给客户的代表消费等级的卡片，设计时不应太花哨，颜色的搭配也不能显得突兀。本例制作的贵宾卡中以黑色、天蓝色和暗黄色3种颜色为主，画面的色调既不显得单调，也不显得花哨，同时颜色间也有很好的过渡，不会显得太突兀。

2.5.3　贵宾卡创意分析与设计思路

贵宾卡一般有两面，主要包含企业名称、编号和使用注意事项等，还可结合商家需求添加其他内容，如贵宾签名等。本例主要制作贵宾卡的正面，制作重点突出企业名称和客户级别。本例的化妆店贵宾卡采用金属材质制作，其正面的所有文字由后期烫金实现，背面采用磁条的方式，可由制卡厂直接完成。制作时要体现尊贵和时尚的元素。客户提供的素材是一个时尚人物剪影的效果，该素材的主色调为黑色，因此在设计过程中，将化妆店贵宾卡的底色设置为天蓝色，结合图像素材的黑色，使贵宾卡在尊贵中又显得清新脱俗，文字在设计时采用了带有艺术效果的字体，从而使画面不至于呆板。

本例的设计思路如图2-68所示，首先利用“圆角矩形工具”绘制贵宾卡的形状，然后利用素材制作贵宾卡的图案，最后添加上文字即可。

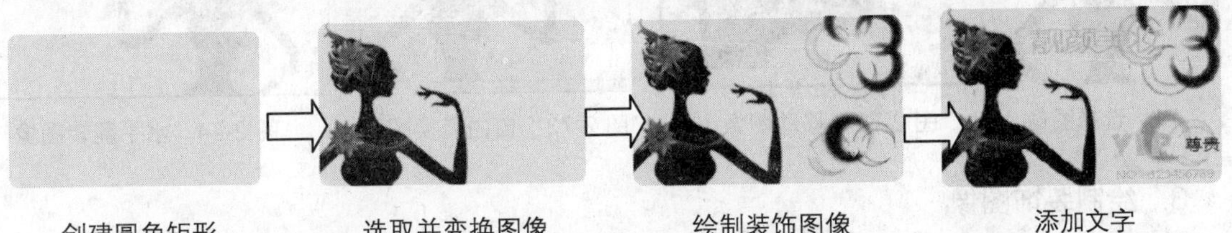

图2-68　贵宾卡的设计思路

2.5.4　制作过程

1. 创建圆角矩形

Step 1：启动Photoshop CS3，新建一个宽度为9厘米，高度为5.4厘米，分辨率为72像素/分辨率，颜色模式为RGB模式的图像文件，并将其保存为“化妆店贵宾卡”。

Step 2：在工具箱中选择“圆角矩形工具”，然后在工具选项栏中单击下三角按钮，在弹出的“圆角矩形选项”选项组中选中“固定大小”单选项，在其后的“宽”和“高”文本框中分别输入“90毫米”和“54毫米”，如图2-69所示。

Step 3：将鼠标移动到“色板”面板中，当其变为形状时，单击第一行第4个色块，设置前景色为天蓝色，然后在图像中单击鼠标，即可在图像中创建一个大小为90mm×54mm的圆角矩形，如图2-70所示。

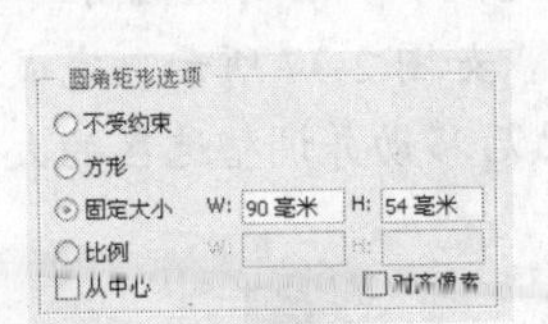

图2-69　设置圆角矩形大小

图2-70　创建矩形

2. 选取并变换图像

Step 1：打开“人物.jpg”图像文件，在工具箱中选择“魔棒工具”，在图像中单击白色区域，创建选区。

Step 2：选择【选择】/【反向】命令，即可选择其中的人物图像，如图 2-71 所示。

Step 3：在工具箱中选择“移动工具”，将两个图像窗口并排在 Photoshop 窗口中，拖动人物选区到贵宾卡图像中，如图 2-72 所示。

Step 4：将素材拖动到图像区域后，观察发现图像比例太大，此时按“Ctrl+T”键使图像进入变换状态，然后按住“Shift”键拖动图像四周控制点，调整图像到合适大小，如图 2-73 所示。

Step 5：选择【编辑】/【变换】/【水平翻转】命令，将图像翻转，然后移动到合适位置，如图 2-74 所示。

图 2-71 选择图像

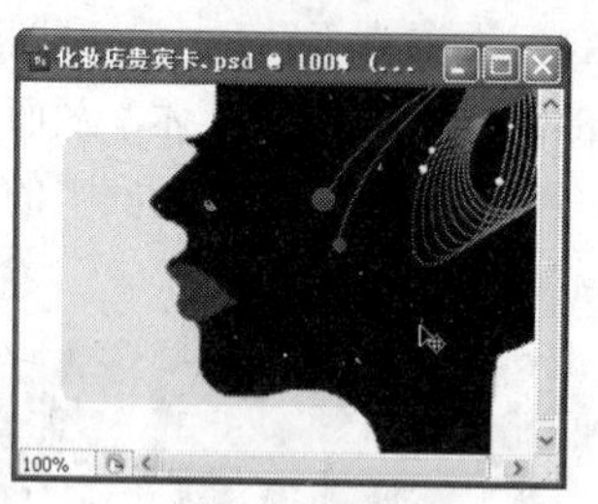

图 2-72 移动图像

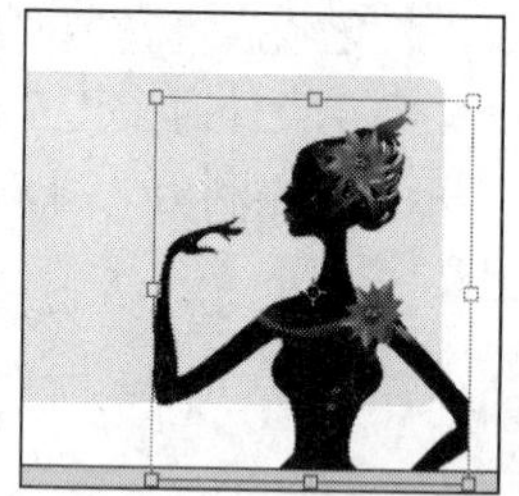

图 2-73 自由变换图像

图 2-74 水平翻转图像

3. 绘制装饰图像

Step 1：在工具箱选择“椭圆选框工具”，按住“Shift”键在图像中创建一个正圆选区，在工具选项栏中单击“从选区中减去”按钮，然后在正圆选区中创建如图 2-75 所示的选区。

Step 2：在英文输入状态下按“D”键，复位前景色和背景色，然后在工具箱中选择“油漆桶工具”，将选区填充为前景色，效果如图 2-76 所示。

Step 3：选择【选择】/【修改】/【羽化】命令，打开“羽化”对话框，在其中设置“羽化”值为“2”，单击 确定 按钮即可。

图 2-75 创建选区

图 2-76 填充并选区

Step 4：按“Ctrl+T”键使选区进入变换状态，将变换中心控制点拖动到合适的位置，将鼠标移动到控制点上，当其变为形状时，移动鼠标旋转图像，如图 2-77 所示，完成后单击✓按钮来应用。

Step 5：利用相同的方法创建其他的选区图像，然后移动并调整选区的大小，如图 2-78 所示。

图 2-77 变换选区

图 2-78 创建其他选区图像

4. 添加文本

Step 1：在工具箱中选择“横排文字工具”T，在图像窗口中输入“靓颜美妆”、“VIP”、“尊贵”和“NO：123456789”文本，如图 2-79 所示。

Step 2：设置文本格式依次为“幼圆、17 点、暗黄”，“华文琥珀、17 点、暗黄”，“幼圆、7 点、黑色”和“微软雅黑、7 点、暗黄”。

Step 3：完成后单击工具选项栏中的✓按钮，完成本例的制作，保存图像文件，最终效果如图 2-80 所示。

图 2-79　输入文字

图 2-80　完成制作

2.6 练习与上机

1. 单项选择题

（1）Photoshop CS3 中用来选择或设置所需的颜色，以用于工具绘图和填充等操作的面板是（　　）。

A．“色板”面板　　B．“通道”面板　　C．“动作”面板　　D．“历史记录”面板

（2）在使用键盘上的移动键对选区进行移动时，按住（　　）键的同时按一次移动键，可实现每次移动 10 像素。

A．Shift　　B．Alt　　C．Ctrl　　D．Alt+Shift

（3）图像的变换操作是 Photoshop 图像处理的常用操作之一，使用下列（　　）命令可以一次性实现选区内图像的多种变换效果。

A．画布大小　　B．图像大小　　C．自由变换　　D．变换选区

（4）在 Photoshop CS3 中，快速切换工具箱前景色和背景色的快捷键是（　　）。

A．Ctrl+D 键　　B．Ctrl+T 键　　C．Ctrl+S 键　　D．X 键

（5）通过（　　）可以快速选择图像中颜色对比较大的图像区域。

A．磁性套索工具　　B．快速选择工具　　C．套索工具　　D．矩形选框工具

2. 多项选择题

（1）以下对“渐变工具”描述错误的有（　　）。

A．“渐变工具”一次只能向图像中填充两种颜色

B．“渐变工具”包含 4 种渐变类型

C．使用“渐变工具”并按住“Shift”键的同时可沿水平方向填充渐变色

D．“渐变工具”可一次向图像中填充多种渐变色

（2）选区的变换包括（　　）。

A．扩展　　B．收缩　　C．平滑　　D．扭曲

（3）对选区进行“羽化”操作的叙述正确的有（　　）。

A．按“Ctrl+Alt+D”快捷组合键可以打开“羽化”对话框

B．执行“羽化”操作后，在下一次创建的选区将自动执行上一次的“羽化”操作

C．可以直接在工具选项栏中的“羽化”文本框中输入羽化值

D．羽化值越大，图像边缘就越清晰

（4）下面关于“选区工具”的作用，叙述正确的是（　　）。

A．使用“多边形套索工具”可以方便快捷地选取呈规则形状的图像

B．使用“磁性套索工具”可以选取图像中颜色对比强烈的图像

C．使用“快速选择工具”可以快速选择图像中颜色相同的区域

D．使用“单列工具”可以选取图像中只有一个像素的图像区域

3. 简单操作题

（1）根据本章所学知识，绘制一幅水墨梅花图案。

提示：使用“多边形套索工具”勾勒出梅花树杆和树枝的选区，填充为黑色，以得到梅花的树杆和树枝，使用“椭圆选框工具”创建梅花花瓣选区，通过对选区进行变换操作，以得到花瓣的最终形状，使用“描边”命令对花瓣选区进行处理，最终效果如图 2-81 所示。

完成效果：效果文件\第 2 章\梅花.jpg

图 2-81　梅花效果

（2）打开提供的“梦幻玫瑰”和“沙漏”图像文件，利用“羽化选区”和“移动选区”的操作将玫瑰移动到沙漏图像中，处理后的效果如图 2-82 所示。

提示：先利用“快速选择工具”在“梦幻玫瑰”图像上创建椭圆选区，再使用“羽化”命令对选区进行羽化，然后将选区图像移动到“沙漏”图像中，最后通过变换调整图像的大小。

所用素材：素材文件\第 2 章\梦幻玫瑰.jpg、沙漏.jpg

完成效果：效果文件\第 2 章\唯美图片.psd

图 2-82　合成图像效果

4. 综合操作题

（1）利用选区的创建和编辑操作制作一张名片，要求名片大小为 9cm×5.5cm，分辨率为 72 像素/英寸，色彩模式为 RGB 模式，保留图层，体现视觉创意。参考效果如图 2-83 所示。

完成效果：效果文件\第 2 章\名片.psd

视频演示：第 2 章\综合练习\制作名片.swf

图 2-83　制作名片

（2）要求根据提供的图像文件制作美容院优惠卷，要求文件大小为 176mm×105mm，分辨率为 72 像素/英寸，色彩模式为 RGB 模式。所需素材和参考效果如图 2-84 所示。

所用素材：素材文件\第 2 章\玫瑰.jpg、01.jpg、标志.jpg、珠宝.jpg
完成效果：效果文件\第 2 章\优惠卷.psd
视频演示：第 2 章\综合练习\制作优惠卷.swf

图 2-84　优惠卷效果

拓展知识

卡片的应用已越来越广泛，涉及人们日常生活和工作中的各个方面。要设计出令客户满意的卡片，除了本章前面介绍的知识外，在设计各类卡片时，还需要掌握以下几个方面的内容。

一、卡片的商业价值体现

卡片的用途非常广泛，在商店中，发放各种会员卡、VIP 卡和贵宾卡等都可以吸引顾客消费，从而提高店铺收入，而顾客在使用卡片进行消费的同时，也为商店带来了宣传效果；在公司中，员工的名片卡设计也代表着公司的宗旨和服务，在商务活动中，名片的交换更是体现了个人礼仪。因此，一张制作精美的卡片在发放过程中带来的效益是不容忽视的。另外，卡片设计最主要的目的是为了体现品牌效应和促进消费，因此在进行设计的过程中，都要围绕这一原则进行创作。如图 2-85 所示为一张名片，除了方便联系业务外，更是一种身份的象征。

二、卡片的内容设计特点

一般来说，卡片的主色调与企业的标准色不能冲突，卡片上的标志、Logo 也应该与企业的标志、Logo 相匹配。卡片上承载的信息量都是由客户指定的，可根据客户要求在卡片上添加企业名称、官网和企业宗旨等，设计人员再结合要求来设计出代表企业形象、具有鲜明特色的作品。另外，设计的作品不能脱离实际印刷的要求，这点可参考前面关于贵宾卡的设计规范。

三、选择适合的卡片材料

卡片的材料各不相同，名片绝大多数使用纸质，有些塑料名片的内芯也是纸质，而贵宾卡、会员卡等多采用特殊金属、硬质塑料来制作。常见的种类有：局部烫金 Logo 卡片，多用于贵宾卡或会员卡，有时也用于名片；局部凹凸的卡片，圆角卡片；折叠卡片；打圆孔或多孔卡片等。如图 2-86 所示为一张金属 VIP 会员卡，金属材质卡片上的内容比较具有立体感。

图 2-85　纸质名片展示

图 2-86　金属会员卡展示

第3章 图像的绘制与修饰

学习目标

学习在设计中利用工具来绘制与修饰图像的方法，包括“画笔工具”、“铅笔工具”、“形状工具”、“图章工具”、“修复工具”、“模糊工具”和“简单工具”等，并了解如何根据客户提出的要求使用 Photoshop CS3 绘制商业插画的操作。

学习重点

掌握利用“画笔工具”、“铅笔工具”、“形状工具”、“图章工具组”、“修复工具组”、“模糊工具组”和“减淡工具组”来绘制和修饰图像的方法，以及撤销与重做的操作等，并能通过对工具的使用绘制简单的图像。

主要内容

- 绘制图像
- 修饰图像
- 撤销与重做操作
- 绘制商业插画

3.1 绘制图像

Photoshop CS3 的工具箱中提供了多种绘制图像的工具，如“画笔工具”、“铅笔工具”和“形状工具”等，通过这些工具，用户可以绘制出各种精美、有创意的图像。

3.1.1　画笔工具

“画笔工具组”由“画笔工具”、“铅笔工具”和“颜色替换工具”组成，如图 3-1 所示，其中“画笔工具”和“铅笔工具”用于绘制图像，“颜色替换工具”则用于替换图像中的颜色。

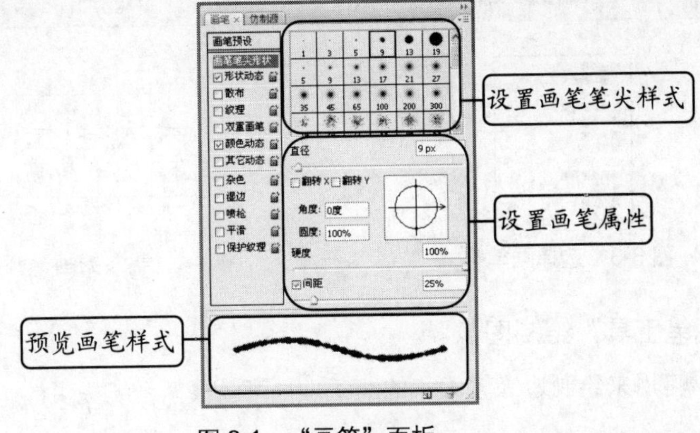

图 3-1　“画笔”面板

1. 认识“画笔”面板

在工具选项栏右侧单击“切换画笔调板”按钮，打开画笔面板，如图 3-1 所示，该面板中将显示当前画笔样式的相关属性，如形状动态、散布、纹理、杂色、直径和间距等，此时可在其中设置画笔的相关属性，从而更改画笔效果，如图 3-2 所示。

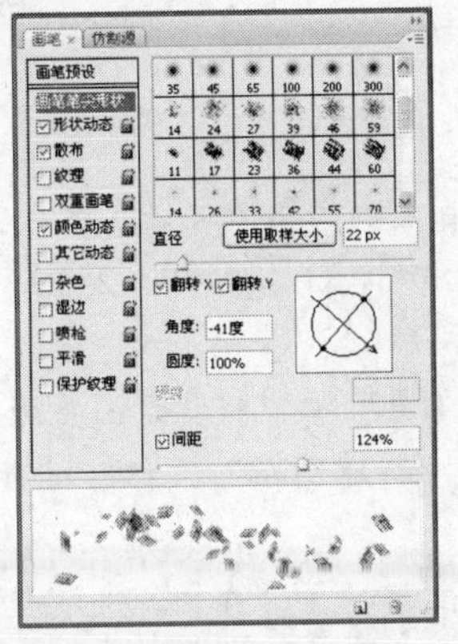

图 3-2　更改属性后的“画笔”面板

提示：在“画笔”面板左侧的“画笔预设”框中选择相应的属性，可在面板右侧设置具体的属性参数。

在绘制图像时，当“画笔”面板中预设的画笔笔尖样式不能满足绘图需要时，可以载入画笔的方式来添加画笔样式。

【例 3-1】 在“画笔”面板中载入“自然画笔”类画笔。

Step 1：按“F5”键或选择【窗口】/【画笔】命令，打开“画笔”面板。

Step 2：单击右上角的按钮，在弹出的快捷菜单中列出了多种画笔样式，这里选择“自然画笔”命令，如图 3-3 所示。

Step 3：在打开的提示对话框中，若单击 确定 按钮，将用载入的画笔样式来替换原有的画笔样式，若单击 追加(A) 按钮，则载入的按钮将添加到画笔预览框中，如图 3-4 所示。

> **提示**：单击右上角的三角按钮，在弹出的快捷菜单中选择“载入画笔”命令，在打开的“载入”对话框中选择在网上下载的画笔样式，单击 载入(L) 按钮，即可载入外部的画笔样式。

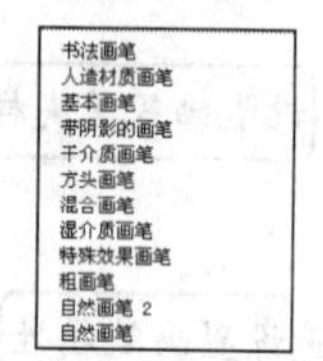

图 3-3 选择画笔样式

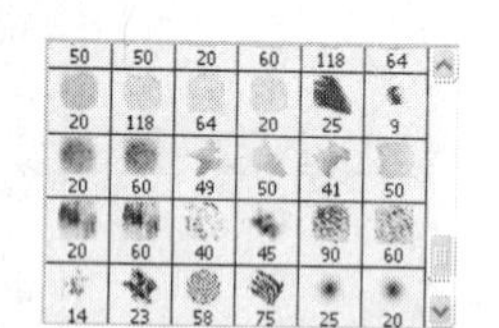

图 3-4 载入的画笔样式

2. 使用“画笔工具”绘制图像

“画笔工具”可用来绘制边缘较柔和的线条，也可以根据系统提供的不同画笔样式来绘制不同的图像效果。

【例 3-2】 利用“画笔工具”中的各种画笔样式绘制一幅草原星空图，效果如图 3-5 所示。

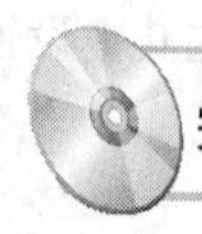

完成效果：效果文件\第 3 章\草原星空.psd

图 3-5 草原星空效果

Step 1：新建一个默认 Photoshop 大小的图像文件，然后将其存储为“草原星空”图像文件。

Step 2：设置前景色为紫色（R：143，G：70，B：233），背景色为灰色（R：132，G：119，B：140）。

Step 3：在工具箱中选择“渐变工具”，将背景图层进行渐变填充，效果如图 3-6 所示。

Step 4：在“图层”面板中单击“新建图层”按钮，新建一个图层，然后将前景色设置为绿色（R：101，G：233，B：70）。

Step 5：在工具箱中选择“画笔工具”，在工具选项栏中单击画笔选项右侧的下拉按钮，打开画笔设置面板，在其中选择“沙丘草”画笔样式，在“直径”文本框中设置直径为 134 像素，如图 3-7 所示，然后在图像中拖动绘制，效果如图 3-8 所示。

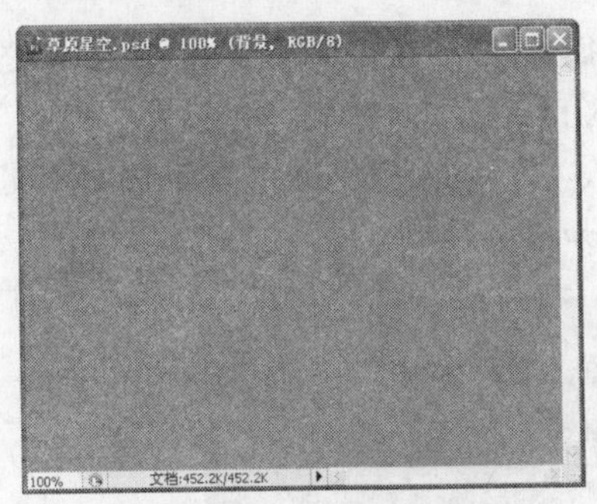

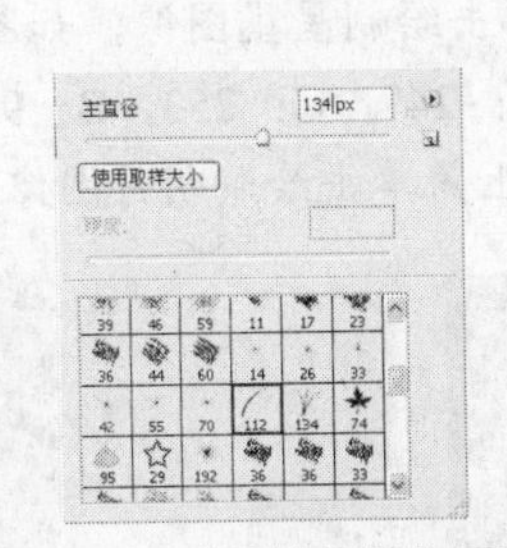

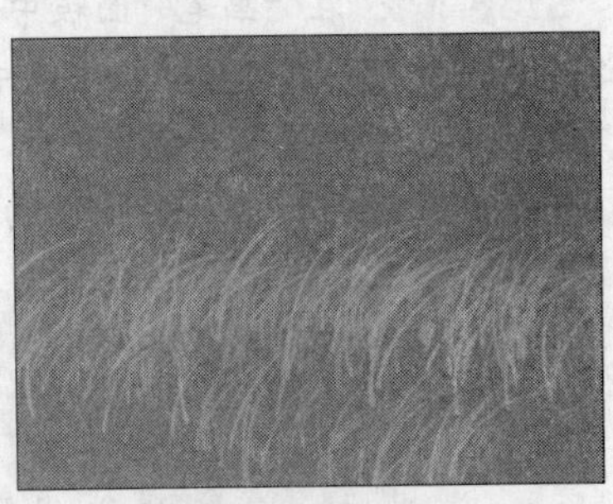

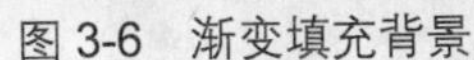
图 3-6 渐变填充背景　　图 3-7 “画笔设置”面板　　图 3-8 绘制草图像

Step 6：在工具选项栏右侧单击“切换画笔调板”按钮，打开“画笔”面板，在其中选择“草”画笔，在左侧列表选中“散布”复选项，其中“散布”选项卡的参数设置如图 3-9 所示。

Step 7：在图像中按住鼠标左键拖动，绘制小草的图像，效果如图 3-10 所示。

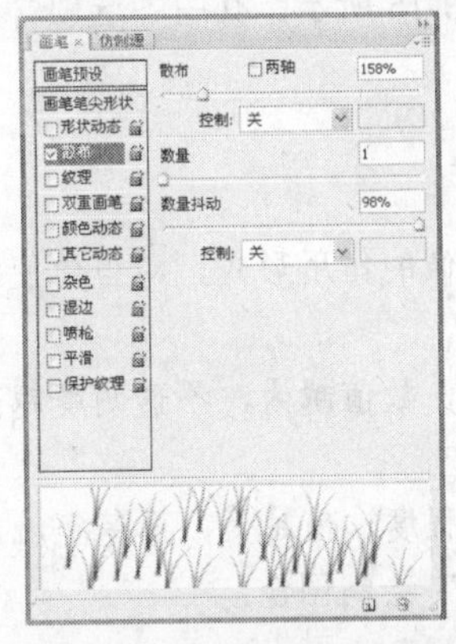

图 3-9 设置“散布”属性　　图 3-10 绘制小草图像

Step 8：将前景色设置为白色，在画笔面板中选择“星形 42 像素”画笔，在左侧列表选中“形状动态”复选项和“散布”复选项，设置直径为 56 像素，如图 3-11 所示。

Step 9：在图像中按住鼠标左键拖动绘制星光的图像，效果如图 3-12 所示。

Step 10：在“画笔”面板中选择粉笔 60 像素的画笔，在图像中拖动绘制，如图 3-13 所示。

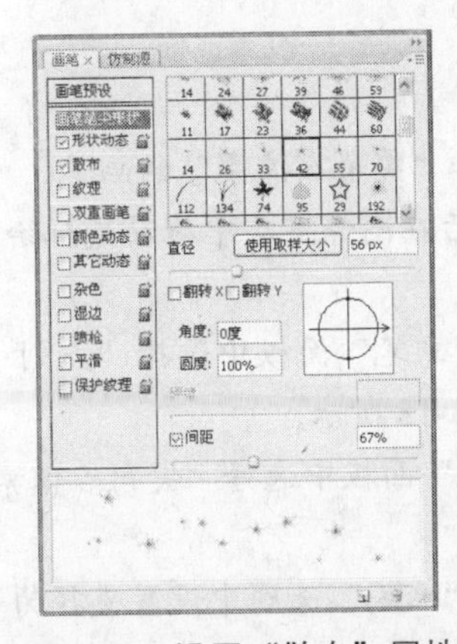

图 3-11 设置“散布”属性　　图 3-12 绘制星光图像　　图 3-13 绘制草地图像

Step 11：在"画笔"面板中选择流星画笔样式，设置直径为 42 像素，取消选中"形状动态"复选项和"散布"复选项，在图像中单击绘制星星图像，如图 3-14 所示。

Step 12：设置前景色为黄色（R：247，G：253，B：93），在画笔面板中选择尖角 19 的画笔样式，设置直径为 56 像素，在图像的左上角单击绘制明月图像，如图 3-15 所示。

图 3-14　绘制星星图像

图 3-15　绘制明月图像

【知识补充】选择"画笔工具"后，其工具选项栏如图 3-16 所示，其中各选项含义如下。

图 3-16　画笔工具选项栏

- "模式"下拉列表框：用于设置"画笔工具"对当前图像的作用形式，即当前使用的绘图颜色与图像原有的背景色进行混合，与图层混合模式相同。
- "不透明度"下拉列表框：用于设置画笔颜色的透明度，数值越大，不透明度越高。单击右侧的按钮，在弹出滑杆上拖动滑块也可设置透明度。
- "流量"下拉列表框：用于设置绘制图像时颜色的压力程度，值越大，画笔笔触越浓。
- "喷枪工具"按钮：单击该按钮可以使用"喷枪工具"绘制图像。

3.1.2　铅笔工具

"铅笔工具"的设置和使用方法与"画笔工具"的方法相同，都是在工具箱中选择"铅笔工具"，然后在"画笔"面板中进行设置，再在图像中绘制即可。

【例 3-3】利用"铅笔工具"在图像窗口中绘制一个可爱的卡通小猪。

完成效果：效果文件\第 3 章\可爱的小猪.psd

Step 1：在工具箱中选择"铅笔工具"，在"画笔"面板中选择"柔角 5 像素"的画笔。

Step 2：在英文输入法状态下按"D"键复位前景色和背景色，然后在图像窗口中拖动鼠标绘制小猪的轮廓，如图 3-17 所示。

Step 3：设置前景色为粉红色（R：244，G：151，B：151），在"画笔"面板中选择"点刻 19 像素"的画笔样式，然后在图像中单击绘制小猪其他的部分，效果如图 3-18 所示。

Step 4：设置前景色为绿色（R：101，G：233，B：70），在"画笔"面板中选择"尖角 5 像素"的画笔样式，然后在图像中单击绘制花茎和叶子，效果如图 3-19 所示。

Step 5：设置前景色为粉红色（R：244，G：151，B：151），在"画笔"选项中设置直径为 3 像素，然后在图像中单击绘制花朵图像。

Step 6：设置前景色为黄色（R：247，G：253，B：93），然后在图像中绘制花心，完成后的最终效果如图 3-20 所示。

图 3-17　绘制小猪轮廓

图 3-18　绘制小猪其他部分

图 3-19　绘制花茎

图 3-20　绘制花朵

提示：使用“铅笔工具”时，按住“Shift”键不放，可绘制出水平或垂直方向的直线。

【知识补充】“铅笔工具”的工具选项栏与“画笔工具”的工具选项栏相似，只是铅笔工具选项栏中没有“喷枪工具”，而是“自动抹除”复选项，选中该复选项后，“铅笔工具”将具有擦除功能，即在绘制过程中鼠标经过与前景色一致的图像区域时，将自动擦除前景色而填充背景色。

3.1.3　形状工具组

“形状工具组”由“矩形选框工具”、“圆角矩形工具”、“椭圆工具”、“多边形工具”、“直线工具”和“自定形状工具”组成，用于创建不同形状的图形。如图 3-21 所示。

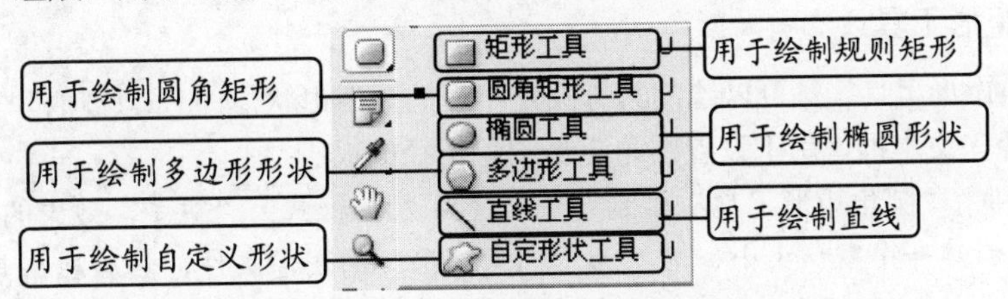

图 3-21　位于工具箱中的 6 个形状工具

1. 矩形工具

使用“矩形工具”可以绘制任意矩形或具有固定长宽的矩形形状，并且可以为绘制后的形状添加特殊样式。

【例 3-4】利用“矩形工具”绘制一个正方形，再绘制一个长为 3 厘米，宽为 5 厘米的矩形，并应用“日落天空”样式。

完成效果：效果文件\第 3 章\矩形形状.psd

Step 1：新建一个默认大小，名称为“矩形形状”的图像文件，设置前景色为绿色（R：101，G：233，B：70）。

Step 2：在工具箱中选择“矩形工具”，在工具选项栏中单击“几何选项”下三角按钮，在弹出的“矩形选项”选项组中选中“方形”单选项，如图 3-22 所示。

Step 3：在图像区域拖动鼠标绘制矩形，效果如图 3-23 所示。

Step 4：在工具选项栏中单击“几何选项”下三角按钮，在弹出的“矩形选项”选项组中选择“固定大小”单选项，在其后的“W”文本框中输入 5，“H”文本框中输入 3。

Step 5：在图像区域拖动鼠标绘制矩形，然后在“样式”下拉列表框中选中“日落天空”样式，效果如图 3-24 所示。

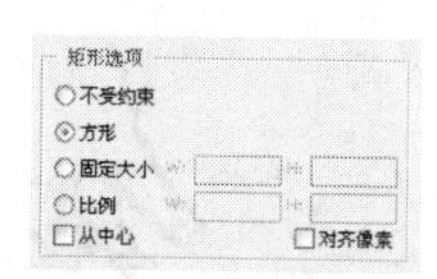

图 3-22 “矩形选项”栏

图 3-23 绘制正反形

图 3-24 绘制“日落天空”样式矩形

【知识补充】选择“矩形工具”后，其工具选项栏如图 3-25 所示，其他部分选项含义如下。

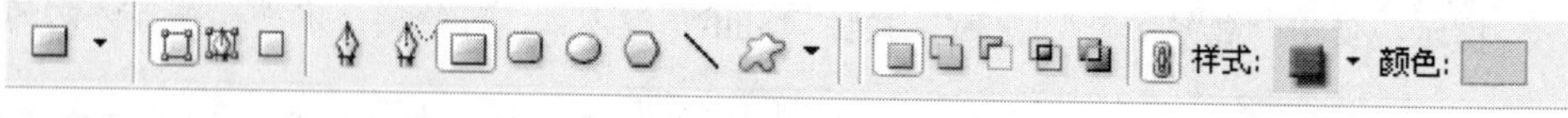

图 3-25 矩形工具选项栏

- 绘图方式选择区：选择不同的按钮，绘制图像时生成的结果也不同。
- 工具选择区：列出了所有可以绘制形状、路径和图像的工具，只需在此单击相应的按钮，即可快速进行工具切换。
- 工具组：与创建选区时，工具选项栏中对应的工具组的用法一样，从左至右各按钮分别用来控制创建新形状、添加形状、减去形状、交叉形状和重叠形状。

2. 圆角矩形工具

使用“圆角矩形工具”可以绘制具有圆角半径的矩形形状，其工具选项栏与“矩形工具”相似，但增加了“半径”文本框，用于设置圆角矩形圆角半径的大小。

【例 3-5】利用“圆角矩形工具”绘制一个半径为 20，样式为“拼图”效果的圆角矩形。

Step 1：新建一个默认大小、名称为“圆角矩形”的图像文件，然后在工具箱中选择“圆角矩形工具”。

Step 2：在工具选项栏中的“半径”文本框中输入 20，设置圆角矩形的圆角半径大小，在“样式”下拉列表框中选择“拼图”样式。

Step 3：在图像窗口中拖动绘制圆角矩形，效果如图 3-26 所示。

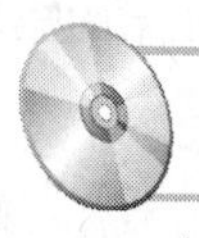

完成效果：效果文件\第 3 章\圆角矩形形状.psd

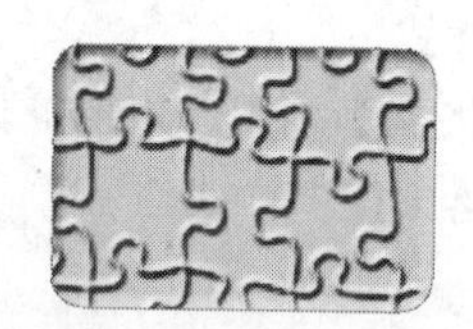

图 3-26 绘制圆角矩形效果

3. 椭圆工具

使用“椭圆工具”可以绘制圆或椭圆形状，其工具选项栏与“矩形工具”相似，但在选项面板中没有“对齐像素”复选项。

【例 3-6】利用“椭圆工具”绘制一个圆和一个椭圆，并应用“彩色目标”样式。

Step 1：新建一个默认大小、名称为“椭圆形状”的图像文件，然后在工具箱中选择“椭圆工具”。

Step 2：在工具选项栏中单击“几何选项”下三角按钮，在弹出的“椭圆选项”选项组中选中“圆（绘制直径或半径）”单选项，在“样式”下拉列表框中选择“彩色目标”样式。

Step 3：在图像窗口中拖动绘制圆即可，效果如图 3-27 所示。

Step 4：在“椭圆选项”选项组中选中“不受约束”单选项，然后在图像窗口中拖动绘制椭圆即可，效果如图 3-28 所示。

提示：若绘制形状时，在工具选项中设置了样式，那么后面绘制的形状将都会自动添加这种样式，在“样式”下拉列表中选择“默认样式（无）”选项，即可取消后面绘制形状的样式。

完成效果：效果文件\第 3 章\椭圆形状.psd

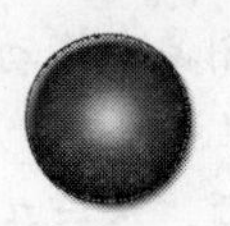

图 3-27 绘制圆

图 3-28 绘制椭圆

4. 多边形工具

使用“多边形工具”可以绘制具有不同边数的多边形形状，其工具选项栏与“矩形工具”相似，但增加了“边”文本框，用来设置多边形的边数。

【例 3-7】 利用“多边形工具”绘制两个 2 厘米的星形收缩的五角星形状，并应用“蓝色玻璃”样式。

Step 1：新建一个默认大小，名称为“多边形形状”的图像文件，然后在工具箱中选择“多边形工具”。

Step 2：在工具选项栏中的“边”文本框中输入 5，设置多边形的边数，单击“几何选项”下三角按钮，在弹出的“多边形选项”选项组中选中“星形”和“平滑缩进”复选项，在“半径”文本框中输入 5，在“样式”下拉列表框中选择“蓝色玻璃”样式。

Step 3：在图像窗口中拖动绘制即可，完成后的效果如图 3-29 所示。

完成效果：效果文件\第 3 章\多边形形状.psd

图 3-29 绘制多边形形状

【知识补充】 在工具选项栏中单击“几何选项”下三角按钮，弹出“多边形选项”选项组，如图 3-30 所示，其他各参数选项含义如下。

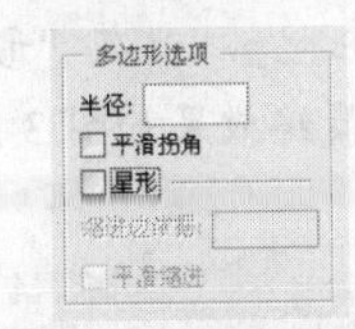

图 3-30 “多边形选项”选项组

- “平滑拐角”复选项：选中该复选项后，绘制的多边形具有圆滑型拐角效果。
- “缩进边依据”文本框：该文本框只有在选中“星形”复选项后才能被激活，在其中输入数字，可以定义星形的缩进量。

5. 直线工具

使用“直线工具”可以绘制具有不同粗细的直线形状，还可根据需要为直线增加单向或双向箭头，其工具选项栏与“矩形工具”相似，但增加了“粗细”文本框，用来设置直线的粗细大小。

【例 3-8】利用“直线工具”绘制一条垂直方向的直线，一个向上的单向箭头直线和一个带双向箭头的直线，要求不带样式效果，“粗细”为 10 像素。

Step 1：新建一个默认大小、名称为“直线形状”的图像文件，然后在工具箱中选择“直线工具”。

Step 2：在工具选项栏中的“粗细”文本框中输入 10，设置直线的粗细大小，在“样式”下拉列表框中选择“默认样式（无）”，然后在图像中拖动绘制即可。

Step 3：在工具选项栏中单击“几何选项”下三角按钮，在弹出的“直线选项”选项组中选中“起点”复选项，然后在图像中拖动绘制即可。

Step 4：在工具选项栏中单击“几何选项”下三角按钮，在弹出的“直线选项”选项组中选中“起点”和“终点”复选项，然后在图像中拖动绘制即可，完成后的最终效果如图 3-31 所示。

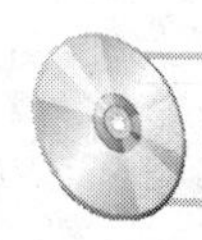

完成效果：效果文件\第 3 章\直线形状.psd

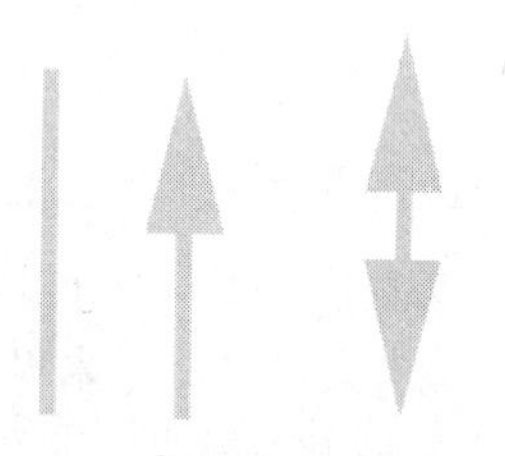

图 3-31　绘制各种直线形状

6. 自定义形状工具

使用“自定义形状工具”可以绘制系统自带的不同形状，减小了用户绘制复杂形状的难度，其工具选项栏与“矩形工具”相似，但增加了“形状”按钮，单击该按钮，可以设置系统自带的各种形状。

【例 3-9】利用“自定义工具”绘制一个花形纹章、一个常春藤和一个版权符号，要求添加“毯子（纹理）”样式，其他保持默认。

Step 1：新建一个默认大小、名称为“多边形形状”的图像文件，然后在工具箱中选择“多边形工具”。

Step 2：在工具选项栏中单击“形状”按钮右侧的下三角按钮，在其中选择“花形纹章”选项，在“样式”下拉列表框中选择“毯子（纹理）”颜色，然后在图像窗口中拖动绘制。

Step 3：在“形状”下拉列表框中选择“常春藤”选项，然后直接在图像中拖动绘制。

Step 4：在“形状”下拉列表框中选择“版权符号”选项，然后在图像中拖动绘制即可，完成后的最终效果如图 3-32 所示。

完成效果：效果文件\第 3 章\自定义形状.psd

图 3-32　绘制各种自定义形状

3.2 修饰图像

利用 Photoshop CS3 提供的绘图工具绘制的图像或使用数码相机拍摄的图片难免会有不足之处，如画面不够生动、颜色不平衡、明暗关系不明显，以及有曝光和杂点等，此时，就可以使用 Photoshop CS3 提供的图像修饰工具来进行修正。

3.2.1 图章工具组

“图章工具组”由“仿制图章工具”和“图案图章工具”组成，使用该工具组中的工具可以用颜色或图案填充图像或选区，以得到图像的复制或替换效果。

1. 仿制图章工具

使用“仿制图章工具”可以将图像复制到其他位置或是不同的图像中，该工具对应的工具选项栏如图 3-33 所示。

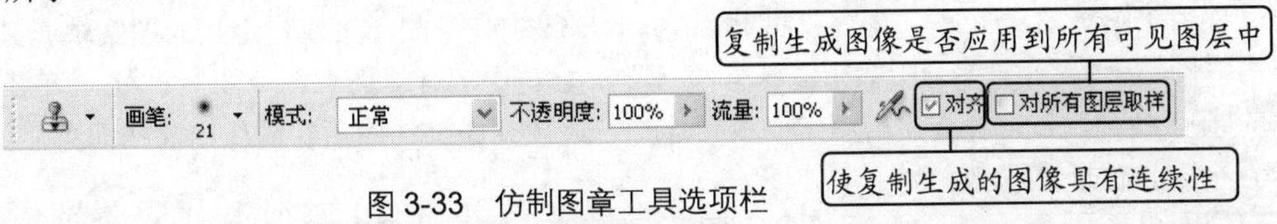

复制生成图像是否应用到所有可见图层中

画笔: 21　模式: 正常　不透明度: 100%　流量: 100%　☑对齐　☐对所有图层取样

使复制生成的图像具有连续性

图 3-33　仿制图章工具选项栏

【例 3-10】使用“仿制图章工具”将一纹理图像中的图案复制应用到一人物衣服中，并使其自然融合，人物图像素材、纹理素材图像和完成后的效果如图 3-34 所示。

所用素材：素材文件\第 3 章\人物.jpg、纹理.jpg

完成效果：效果文件\第 3 章\衣服纹理.psd

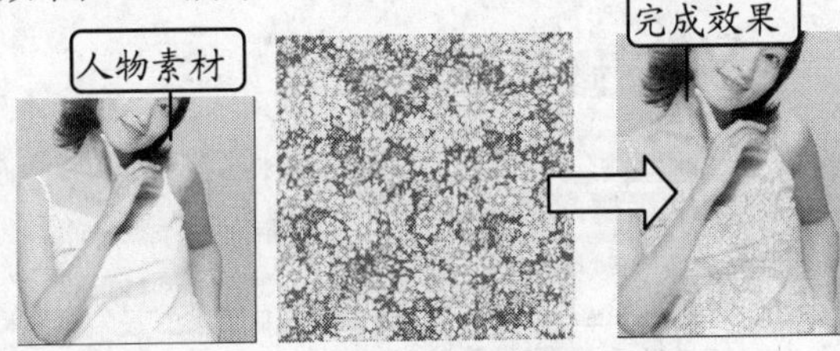

图 3-34　相关素材和效果

Step 1：打开“纹理”和“人物”图像，将图像进行放大操作，然后在工具箱中选择“快速选择工具”，然后在人物图像中的衣服区域拖动鼠标，创建衣服形状选区，如图 3-35 所示。

Step 2：在工具箱中选择“仿制图章工具”，并在工具选项栏中设置画笔大小为 160px、不透明度为 27%，模式设置为“线性加深”，取消选中“对齐”复选项，然后在纹理图像中按住“Alt”键单击鼠标取样，如图 3-36 所示。

Step 3：将“人物”图像置为当前图像，然后在选区内进行涂抹，得到如图 3-37 所示的效果。

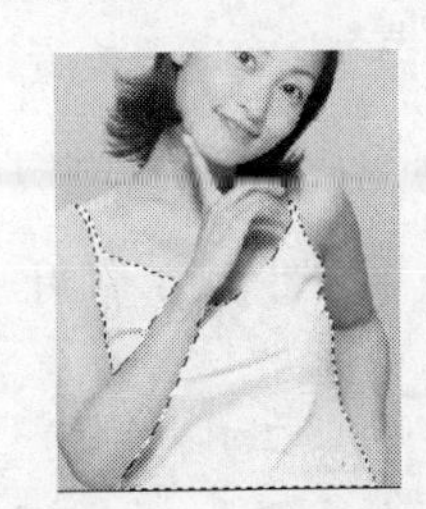

图 3-35　创建选区

图 3-36　取样图像

图 3-37　在选区内涂抹

Step 4：按照上一步的操作方法继续在纹理图像中取样，然后在人物图像中进行涂抹，直到得到满意的效果为止，然后按“Ctrl+D”键取消选区，最终效果如图 3-38 所示。

图 3-38　涂抹前后效果对比

2. 图案图章工具

使用“图案图章工具”可以将 Photoshop CS3 中自带的图案或自定义的图案填充到图像中，与使用“画笔工具”绘制图案相似。方法是在工具箱中选择“图案图章工具”，单击工具选项栏中的下拉列表框，在弹出的图案面板中选择一种填充图案，然后在图像中涂抹即可，如图 3-38 所示为涂抹前后的效果。

提示：选择“图案图章工具”后，其工具选项栏中的“印像派效果”复选项用来决定填充后的图案是否产生艺术效果，这种艺术效果是随机的。

3.2.2　修复工具组

“修补工具组”由“污点修复画笔工具”、“修复画笔工具”、“修补工具”和“红眼工具”组成，如图 3-39 所示，主要作用是将取样点的像素信息自然地复制到图像的其他区域，并保持图像的色相、饱和度和高度，以及纹理等属性，是一组快捷高效的图像修饰工具。

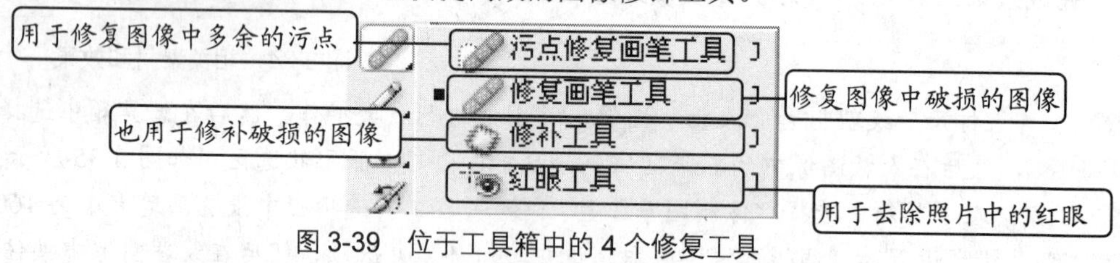

图 3-39　位于工具箱中的 4 个修复工具

1. 污点修复画笔工具

“污点修复画笔工具”主要用于快速修复图像中的斑点或小块杂物等。

【例 3-11】使用“污点修复画笔工具”将破碎的树叶修复完整。

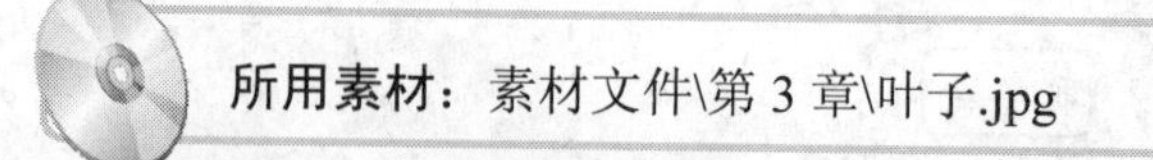

所用素材：素材文件\第 3 章\叶子.jpg　　**完成效果**：效果文件\第 3 章\叶子.jpg

Step 1：打开“叶子”图像文件，通过观察发现叶子上有许多小洞，选择工具箱中的“污点修复工具”，在工具选项栏中设置画笔主直径为 40 像素，将鼠标移动到较小的小洞上，如图 3-40 所示。

Step 2：单击鼠标左键，系统将自动在单击处取样图像，并将取样后的图像平均处理后，填充到单击处，完成对该处小洞的去除，如图 3-41 所示。

Step 3：根据前面的操作方法，继续修复其他的小洞，完成后的最终效果如图 3-42 所示。

图 3-40　移动鼠标到修复区域　　图 3-41　修复后的小洞　　图 3-42　最终效果

【知识补充】“污点修复画笔工具”选项栏中各主要选项的作用如下。

- 画笔：用于设置修复画笔的直径、硬度和角度等参数。
- 模式：用于选择一种颜色混合模式，选择不同的模式后，其修复效果也各不相同。
- 类型：在类型选项中有两个修复类型可供选择，选中“近似匹配”单选项，修复后的图像会近似于源图像；选中“创建纹理”单选项，修复后的图像会产生小的纹理效果。

2. 修复画笔工具

使用“修复画笔工具”可以用图像中与被修复区域相似的颜色去修复破损图像，其使用方法与“仿制图制工具”完全一样。

【例 3-12】使用“修复画笔工具”去除图像中的水印。

所用素材：素材文件\第 3 章\枫叶.jpg　　**完成效果**：效果文件\第 3 章\枫叶.jpg

Step 1：打开“枫叶”图像文件，发现图像文件右下角有水印，而在图像处理过程中不需要这些水印显示在图像中，这时选择工具箱中的“修复画笔工具”，在工具选项栏中选中“取样”单选项，修复时将使用定义的图像中某部分图像来修复，若选中“图案”单选项，则激活其右侧的“图案”选项，可以选择一种图案来修复。

Step 2：将画笔主直径设置为 25px，按住“Alt”键，当鼠标变成⊕形状时，在水印旁边的图像上单击取样，如图 3-43 所示，然后在水印上进行涂抹，即可将涂抹处的图像覆盖，效果如图 3-44 所示。

Step 3：继续在图像中取样并涂抹水印，直到所有水印被去除为止，最终效果如图 3-45 所示。

图 3-43　取样　　图 3-44　涂抹　　图 3-45　最终效果

3. 修补工具

“修补工具” 是一种使用最频繁的修复工具，其工作原理与修复工具相似，只是它需要先像套索工具一样绘制一个自由选区，然后通过将该区域内的图像拖动到目标位置，从而完成对目标处图像的修复操作。

【例 3-13】 使用“修补工具”将素材中的一只小鸟变为两只小鸟的效果。

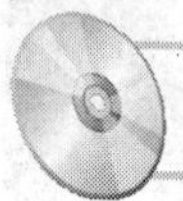

所用素材： 素材文件\第 3 章\小鸟.jpg　**完成效果：** 效果文件\第 3 章\小鸟.jpg

Step 1：打开“小鸟”图像文件，在工具箱中选择“修补工具” ，在图像中拖动鼠标绘制小鸟所在的区域，如图 3-46 所示。

Step 2：按住鼠标左键并拖动选区到另一朵花朵图像的周围，可以发现拖动后的区域中图像实时地显示在拖动前的区域处，如图 3-47 所示。

Step 3：释放鼠标，按“Ctrl+D”键取消选区，即可完成效果的制作，最终效果如图 3-48 所示。

图 3-46　选区　　图 3-47　拖动　　图 3-48　最终效果

【知识补充】“修补工具”的工具选项栏如图 3-49 所示。各主要选项的作用如下。

图 3-49　修补工具选项栏

- 源：选中该单选项，在需要修复的图像处会创建一个选择区域，然后将其拖曳到用于修复的目标图像位置，即可使目标图像修复到原选取的图像选区。
- 目标：选中该单选项作用与选中“源”单选项刚好相反。在需要修复的图像上创建一个选择区域，然后将选择区域拖动到要修复的目标图像，即可使用选取的图像修复目标位置上的图像。
- 透明项：选中该单选项，使用“目标”方式修复图像时，将不会对目标图像进行修复。
- 使用图案：该按钮只有在用“修补工具” 绘制选择区域后才有效，用于对选取图像进行图案修复。

4. 使用“红眼工具”修饰图像

利用“红眼工具” 可以快速去除照片中人物眼睛中由于闪光灯引发的红色、白色或绿色反光斑点。

【例 3-14】 使用“红眼工具”去除一幅照片中人物眼睛中的红斑。

所用素材： 素材文件\第 3 章\照片.jpg

完成效果： 效果文件\第 3 章\照片.jpg

Step 1：打开“人物照片”图像文件，发现照片中的人物眼睛中具有由相机闪光灯引起的红眼斑点，选择工具箱中的“红眼工具”，在工具选项栏中设置参数为如图 3-50 所示。

Step 2：将鼠标移动到人物图像中依次在两只眼睛中的红斑处单击，即可去除图像中的红眼，去除红眼前后的效果如图 3-51 所示。

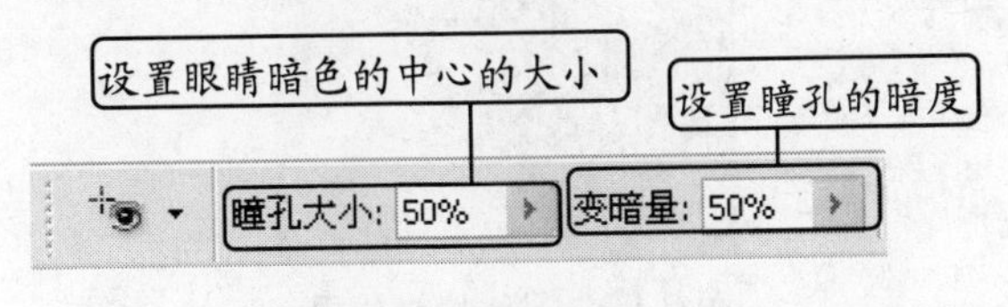

图 3-50　工具选项栏

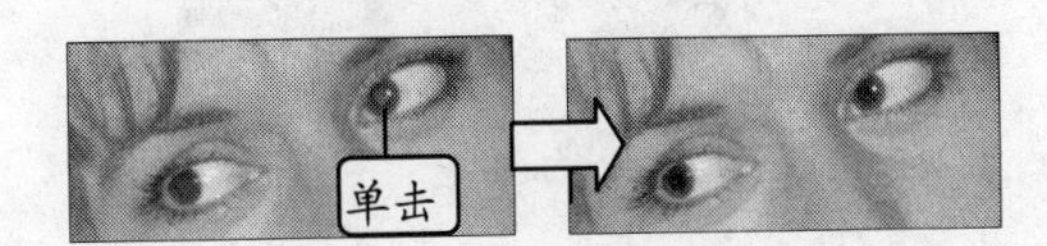

图 3-51　去除红眼前后效果对比

3.2.3　模糊工具组

“模糊工具组”由“模糊工具”、“锐化工具”和“涂抹工具”组成，如图 3-52 所示，主要用于降低或增强图像的对比度和饱和度，从而使图像变得模糊或更清晰，甚至还可以生成色彩流动的效果。

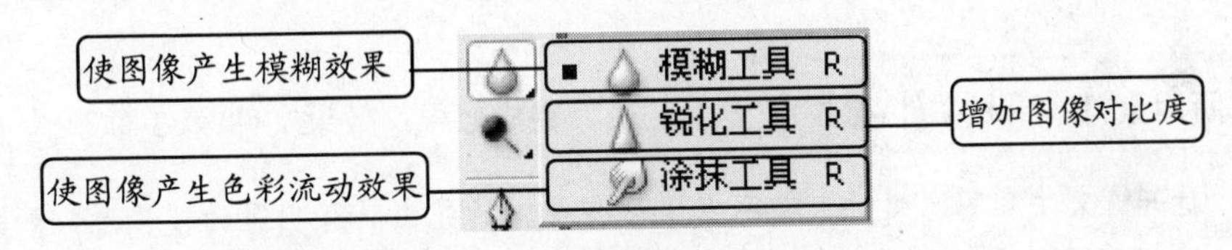

图 3-52　位于工具箱中的 3 个模糊工具

1. 模糊工具

“模糊工具”主要是通过降低图像中相邻像素之间的对比度，从而使图像产生模糊的效果。

【例 3-15】使用“模糊工具”对素材图像中除花朵外的图像进行模糊，以模拟聚焦拍摄效果。

所用素材：素材文件\第 3 章\兰花.jpg　**完成效果**：效果文件\第 3 章\兰花.jpg

Step 1：打开“兰花.jpg”图像文件，如图 3-53 所示。

Step 2：选择工具箱的“模糊工具”，在工具选项栏中将“强度”参数设置为“50%”，“模式”为“正常”，如图 3-54 所示。

图 3-53　打开图像

图 3-54　工具选项栏

Step 3：在图像中除花朵外的叶子和花盆上涂抹，得到类似如图 3-55 所示的模糊效果。

Step 4：继续使用“模糊工具”涂抹，最终效果如图 3-56 所示。

图 3-55　模糊叶子和花盆

图 3-56　最终模糊效果

2. 锐化工具

“锐化工具”的作用与“模糊工具”相反，它能使模糊的图像变得清晰，常用于增加图像的细节表现。

【例 3-16】使用“锐化工具”恢复一模糊昆虫图像的细节，使昆虫图像更为清晰。

所用素材：素材文件\第 3 章\天牛.jpg　**完成效果：**效果文件\第 3 章\天牛.jpg

Step 1：打开“天牛”图像文件，观察发现该图像中的昆虫具有明显的模糊感，如图 3-57 所示。

Step 2：选择工具箱中的“锐化工具”，在工具选项栏中将“强度”设置为“50%”，“模式”设置为“正常”，如图 3-58 所示。

Step 3：在昆虫图像上进行涂抹，得到如图 3-59 所示的最终效果。

图 3-57　打开图像

图 3-58　工具选项栏

图 3-59　锐化效果

提示：“锐化工具”对应工具选项栏中的“画笔”大小可视要锐化的图像区域大小来设置，“强度”值可先设置小一些，以防止锐化过度。

3. 使用“涂抹工具”修饰图像

使用“涂抹工具”可以模拟手指绘图在图像中产生颜色流动的效果，常在效果图后期中用来绘制毛料制品。

【例 3-17】使用“涂抹工具”制作蜡烛燃烧效果。

完成效果：效果文件\第 3 章\蜡烛.psd

Step 1：新建一个名称为“蜡烛”、大小为默认的图像文件。

Step 2：在工具箱中选择“矩形选框工具”，在图像中绘制一个矩形选区，并填充为黄色（R：238，G：200，B：67），如图3-60所示。

Step 3：按“Ctrl+D”键取消选区，在工具箱中选择“椭圆选框工具”，在图像中绘制一个椭圆，并填充为白色，效果如图3-61所示。

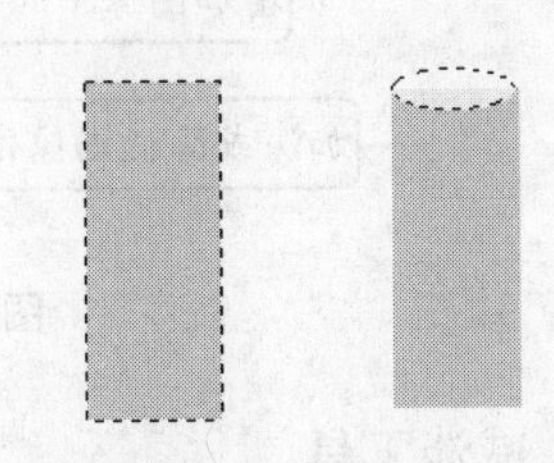

图3-60　绘制矩形　图3-61　绘制椭圆

Step 4：按“Ctrl+D”键取消选区，继续在图像中绘制一个椭圆，并填充为鹅黄色（R：250，G：251，B：94），然后在工具箱中单击“从选区中减去”按钮，在椭圆的中间利用“Shift”键绘制一个正圆，并填充为红色（R：247，G：133，B：248），取消选区后得到如图3-62所示的效果。

Step 5：在工具箱中选择“涂抹工具”，在工具选项栏中设置画笔大小为40像素，强度为“50%”，如图3-63所示。

图3-62　绘制蜡烛烛火　　图3-63　设置涂抹参数

Step 6：在蜡烛烛火处按住鼠标向上拖动，制作蜡烛烛火燃烧效果，向上拖动两次，效果如图3-64所示。

Step 7：继续在蜡烛烛身部分进行涂抹，制作蜡烛燃烧后的效果，如图3-65所示。

图3-64　涂抹出燃烧效果　　图3-65　涂抹出蜡烛燃烧后滴蜡效果

> **提示**：使用“涂抹工具”时，将会提取最先单击处的颜色，然后与鼠标拖动经过的颜色相融合挤压产生模糊效果。

3.2.4　减淡工具组

“减淡工具组”由“减淡工具”、“加深工具”和“海绵工具”组成，如图3-66所示，主要用于调整图像的亮度或饱和度。

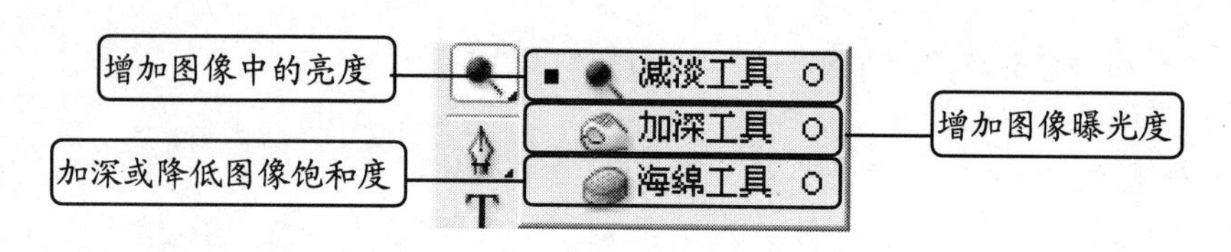

图 3-66　位于工具箱中的 3 个“减淡工具”

1. 减淡工具

使用“减淡工具”可以快速增加图像中特定区域的亮度。

【例 3-18】使用“减淡工具”对照片中的人物面部进行美白。

所用素材：素材文件\第 3 章\面部照片.jpg　**完成效果：**效果文件\第 3 章\面部照片.jpg

Step 1：打开“照片.jpg”图像文件，如图 3-67 所示。

Step 2：在工具箱中选择“减淡工具”，在工具选项栏中将 “范围”设置为“中间调”，将“曝光度”设置为“50%”，如图 3-68 所示。

图 3-67　打开图像

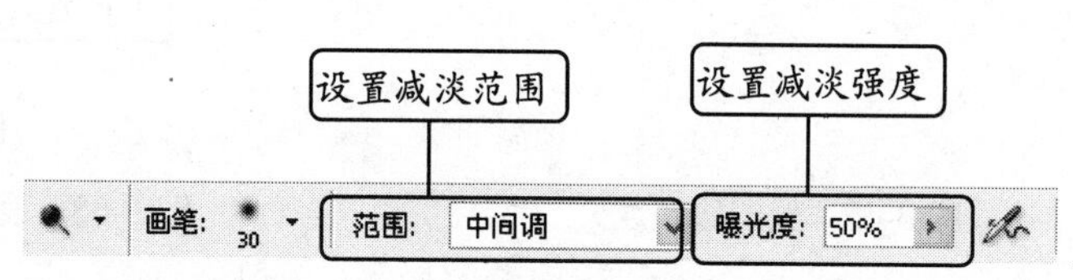

图 3-68　工具选项栏

Step 3：在图像中人物的面部进行涂抹，得到类似如图 3-69 所示的效果。

Step 4：继续使用“减淡工具”涂抹人物面部，最终效果如图 3-70 所示。

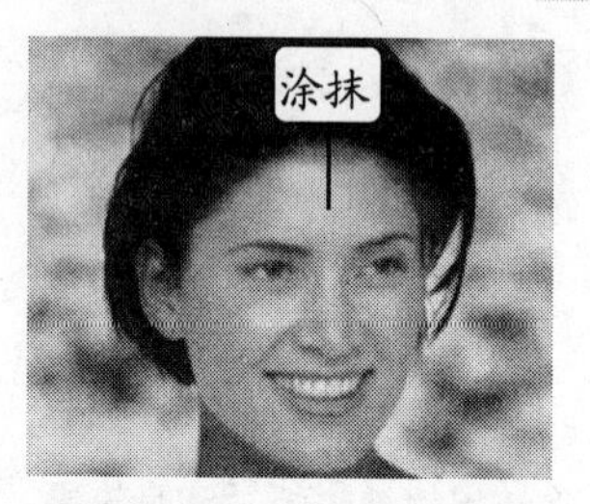

图 3-69　涂抹人物面部

图 3-70　最终减淡效果

2. 加深工具

使用“加深工具”可以改变图像特定区域的曝光度，使图像变暗。“加深工具”对应的工具选项栏和“减淡工具”一样，而且使用方法也一样，只是产生的效果恰好相反。

【例 3-19】使用“加深工具”降低修正一张照片的曝光度。

所用素材：素材文件\第 5 章\柳树.jpg　**完成效果：**效果文件\第 5 章\柳树.jpg

Step 1：打开“竹林”图像文件，通过观察发现该照片中的竹林存在明显的曝光感，特别是竹叶部分，如图 3-71 所示。

Step 2：选择工具箱中的“加深工具”，并在工具选项栏中将要调整的“范围”设置为“中间调”，“曝光度”设置为“50%”，如图 3-72 所示。

Step 3：在照片顶部的树叶部分进行快速涂抹，直到其对比度恢复到满意的效果为止。

Step 4：按照上一步操作继续在树干部分涂抹降低曝光度，最终效果如图 3-73 所示。

图 3-71　打开图像

图 3-72　工具选项栏

图 3-73　降低柳树叶子的曝光度

3. 海绵工具

“海绵工具”用于加深或降低图像的饱和度，产生像海绵吸水一样的效果，从而为图像增加或减少光泽感。

【例 3-20】使用“海绵工具”为前面美白人物照片的面部增加皮肤的润泽感。

所用素材：素材文件\第 3 章\润泽皮肤.jpg　**完成效果**：效果文件\第 3 章\润泽皮肤.jpg

Step 1：打开“润泽皮肤”图像文件，通过观察发现该照片中人物面部皮肤有些苍白，没有润泽感，如图 3-74 所示。

Step 2：选择工具箱中的“海绵工具”，并在工具选项栏中将“画笔”大小设为“柔角 900 像素”，模式为“加色”模式，流量为“50%”，流量值越大，饱和度改变的效果越明显，具体参数设置如图 3-75 所示。

Step 3：将鼠标移动到照片中人物面部区域，如图 3-76 所示，这样做的目的是为了防止对面部以外的图像区域产生作用。

Step 4：多次单击鼠标左键，并观察脸部皮肤润泽感的增加变化，直至得到类似如图 3-77 所示的效果。

Step 5：增加润泽感后的图像脸部还有些曝光效果，这时可选择工具箱中的“加深工具”，并在工具选项栏中将笔头大小设置为 900 像素，然后将鼠标移到人物面部，连续单击两次鼠标左键，以适当降低面部曝光度，最终效果如图 3-78 所示。

图 3-74　打开图像

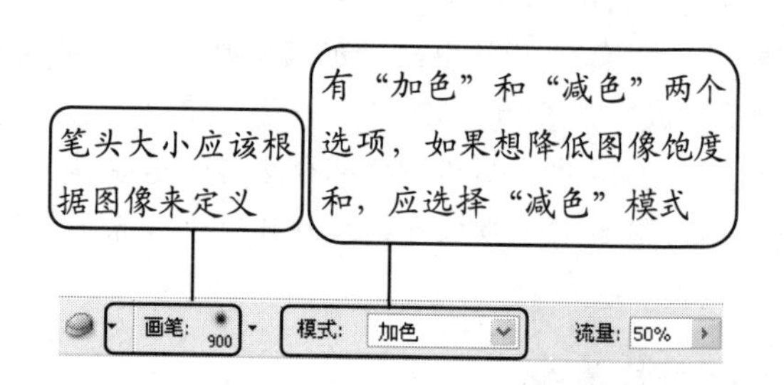

图 3-75　工具选项栏

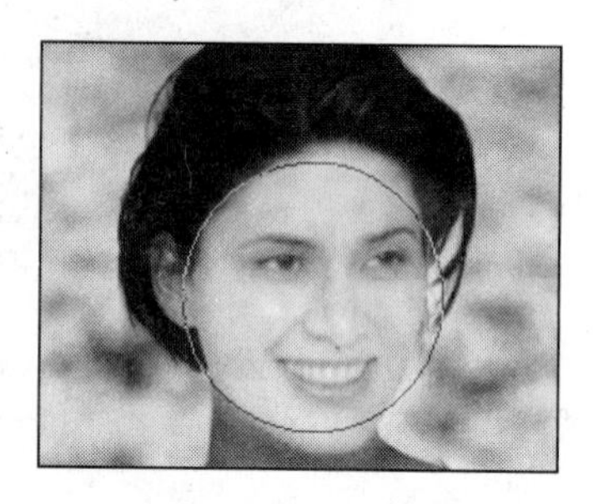

图 3-76　定位鼠标

图 3-77　增加饱和度

图 3-78　最终效果

提示：使用“图像修饰工具”修饰图像时，可根据实际情况选择在图像中进行涂抹或单击，对于小面积的区域可采用单击修饰，对于大面积的区域可采用涂抹修饰。

3.3 撤销与重做操作

Photoshop CS3 提供了强大的恢复功能来解决在图像处理过程中产生的一些误操作，或因对处理后的最终效果不满意，需要将图像返回到某个状态重新处理的问题。

3.3.1 通过菜单命令操作

对于刚接触 Photoshop CS3 的用户来说，对图像的处理需要不断进行练习和修改，发现失误后应返回到上一步再重新操作，选择【编辑】/【后退一步】命令即可返回到上一步。若要重新返回到当前操作状态，选择【编辑】/【还原状态更改】命令即可。

3.3.2 通过“历史记录”面板操作

通过“历史记录”面板可以将图像恢复到任意操作步骤状态，只需在“历史记录”面板中单击选择相应的历史命令即可，如图 3-79 所示为当前图像操作状态，如图 3-80 所示为返回到以前某个图像操作状态。

图 3-79　当前图像操作状态

图 3-80　返回到之前某个图像操作状态

当某些操作被撤销后，如果需要，可以再进行恢复，方法是单击要恢复的记录，即可恢复该记录之前所有被撤销的记录。

> **注意：**在撤销了某些操作之后，又执行了其他的操作，则将会抹去“历史记录”面板中被撤销的操作步骤。

Photoshop CS3 默认在历史面板中最多只能记录 20 步操作，当超过 20 步操作时，系统将会自动删除前面的操作步骤。用户可以根据需要设置合适的历史记录数值，方法如下。

Step 1：选择【编辑】/【首选项】/【常规】命令，打开“首选项”对话框。

Step 2：在“历史记录状态”数值框中输入需要的数值后，单击[确定]按钮即可。

3.4 应用实践——绘制商业插画

插画又叫插图，是用来解释说明一段文字的画。插画按市场的定位可分为矢量时尚、卡通低幼、写实维美、韩漫插图、概念设定等，按制作方法则又分为手绘、矢量、商业、新锐（2D 平面、UI 设计、3D）和像素等几类。如图 3-81 所示分别为手绘插画和矢量插画。

图 3-81　手绘插画和矢量插画

本例将根据客户提出的要求，以制作如图 3-82 所示的商业插画效果为例来介绍商业插画的设计流程。其中相关要求如下。

- 制作要求：突出时尚主题的思想，且具有强烈的艺术感染力。
- 插画尺寸：6 厘米 × 8.5 厘米。
- 分辨率：72 像素/英寸。
- 色彩模式：RGB。

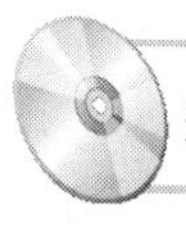

完成效果：效果文件\第 3 章\商业插画.psd

图 3-82　完成效果

3.4.1　商业插画的设计理念

绘制商业插画的目的就是为了直观地传达商品信息，利用夸张强化商品特性的方法来促进消费者的购买欲望。因此在为商品进行插画设计前，应该对所画商品特点有一定的了解，然后进行市场调查，了解消费者购物眼光，再结合商品的特殊性，设计出既能体现商品特色、又能吸引消费者眼光的商业插画。

3.4.2　饮料店插画创意分析与设计思路

商业插画是为企业或产品绘图达到宣传的效果，因此这类插画可以绘制在商品的包装上，也可以绘制在商品宣传册上，也可以是商品的附赠物品上。本例制作的饮料店插画则是为店内宣传画册所配的插图，其制作重点主要是突出时尚的主题思想和视觉艺术，并以简笔画的人物形态和冷色调的颜色来体现商品的休闲与清凉特点。

本例的设计思路如图 3-83 所示，首先利用“渐变工具”制作插画背景，然后使用“画笔工具”绘制人物形象，再使用“形状工具”绘制其他图形，并填充颜色，最后添加文字即可。

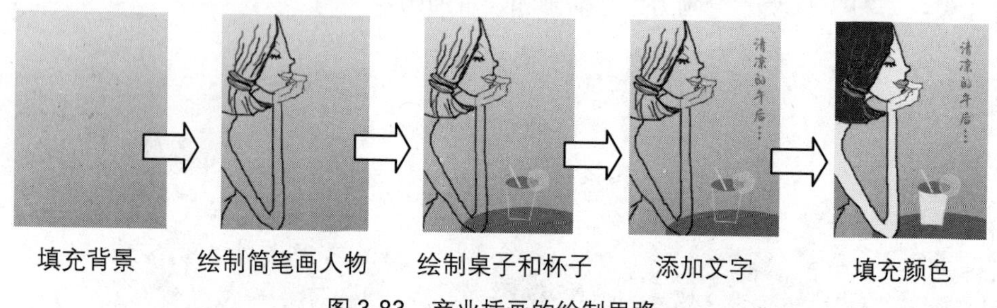

图 3-83　商业插画的绘制思路

3.4.3　制作过程

1. 填充背景

Step 1：启动 Photoshop CS3，新建一个宽度为 6 厘米，高度为 8.5 厘米，分辨率为 72 像素/分辨率，颜色模式为 RGB 模式的图像文件，并将其保存为“商业插画”。

Step 2：将前景色设置为天蓝色（R：56，G：161，B：235），背景色设置为青色（R：169，G：241，B：237），然后在工具箱中选择“渐变工具”，在工具选项栏的渐变编辑器中单击下三角按钮，在弹出的列表框中选择“前景到背景”选项，如图 3-84 所示。

Step 3：在图像中由上向下拖动进行渐变填充，完成后的效果如图3-85所示。

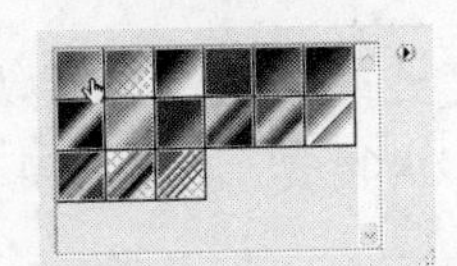

图3-84　设置渐变方式

图3-85　填充背景

2. 绘制简笔画人物

Step 1：在“图层”面板中单击“新建图层”按钮，新建一个图层。

Step 2：在工具箱中选择“画笔工具”，在“画笔”面板中选择“尖角3像素”的画笔，在英文输入法状态下按“D”键复位前景色，然后在图像窗口中拖动鼠标绘制人物的头部，如图3-86所示。

Step 3：继续拖动鼠标在图像中绘制人物的身体部分，效果如图3-87所示。

Step 4：将前景色设置为暗红色（R：137，G：32，B：84），然后在人物图像的头部进行拖动，绘制头发的高光部分，效果如图3-88所示。

Step 5：将画笔笔尖设置为2像素，在图像中拖动鼠标绘制人物的手形图像，如图3-89所示。

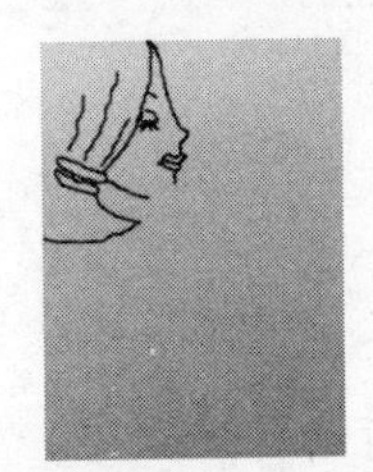

图3-86　绘制头部

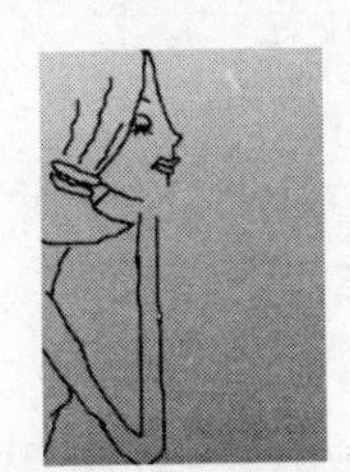

图3-87　绘制身体

图3-88　绘制头发高光

图3-89　绘制手型

3. 绘制桌子和杯子

Step 1：在工具箱中选择“椭圆工具”，将前景色设置为暗褐色（R：136，G：75，B：10），然后在图像的右下角绘制一个椭圆桌子，效果如图3-90所示。

Step 2：将前景色设置为蓝色（R：56，G：88，B：248），在图像中拖动鼠标绘制杯子的杯口，如图3-91所示。

Step 3：设置前景色为青色（R：59，G：242，B：224），在工具箱中选择“直线工具”，在工具选项栏中设置“粗细”为2像素，按照如图3-92所示绘制杯壁图像。

图3-90　创建选区

图3-91　绘制杯口

图3-92　绘制杯壁

Step 4：将直线的粗细设置为 5 像素，前景色设置为嫩绿色（R：120，G：248，B：56），然后在图像中绘制吸管图像，效果如图 3-93 所示。

Step 5：在工具箱中选择“自定形状工具”，在工具选项栏的“形状”下拉列表中选择“基准 2”图案，如图 3-94 所示，然后在图像中拖动绘制柠檬片图案，效果如图 3-95 所示。

图 3-93 绘制吸管

图 3-94 选择图案

图 3-95 绘制柠檬片

提示：若“形状”下拉列表中没有“基准 2”图案，可单击右上角的按钮，在弹出的快捷菜单中选择“全部”命令，打开提示对话框，单击 追加(A) 按钮，即可将形状载入到列表中。

4. 添加文本

Step 1：在工具箱中选择“直排文字工具”，在工具选项栏中设置文本字体为“汉仪雪君体简”，大小为 18 点，颜色为蓝色（R：56，G：88，B：248）。

Step 2：在图像窗口右侧输入“清凉的午后...”文本。

Step 3：单击工具选项栏右侧的✓按钮，确认输入文本，效果如图 3-96 所示。

5. 填充颜色

Step 1：将前景色设置为暗红色（R：84，G：9，B：68），在工具箱中选择“油漆桶工具”，为人物的头发填充颜色，效果如图 3-97 所示。

Step 2：继续利用“油漆桶工具”，为图像填充颜色，其中衣服颜色为蓝色（R：92，G：124，B：231），眼影为黄橙色（R：252，G：170，B：128），嘴唇为纯红色（R：234，G：104，B：112），杯壁为青色（R：168，G：250，B：249），皮肤为水红色（R：255，G：224，B：214），完成后的效果如图 3-98 所示。

Step 3：在工具箱中选择“画笔工具”，将笔尖设置为五角星，主直径为 12 像素，然后在杯子图像的杯壁上绘制五角星，完成后的最终效果如图 3-99 所示。

图 3-96 添加文本

图 3-97 填充头发颜色

图 3-98 填充衣服颜色

图 3-99 完成绘制

3.5 练习与上机

1. 单项选择题

（1）要绘制比较柔和的线条，应该选择（　　）工具。

A. 画笔　B. 铅笔　C. 直线　D. 颜色替换工具

（2）使用撤销命令时，按（　　）键可以撤销最近一次进行的操作。

A. Ctrl+Z　B. Alt+Z　C. Ctrl+S　D. Alt+Shift+S

（3）使用“修补工具”对图像进行修补前，应先在图像中创建一个被修补的选区，使用“修补工具”创建选区与下面（　　）工具创建选区的方法一样。

A. 矩形选框工具　B. 椭圆选框工具

C. 多边形套索工具　D. 套索工具

（4）使用“仿制图章工具”时，需先按住（　　）键不放单击取样图像，再进行拖动复制。

A. Shift　B. Alt　C. Ctrl　D. Alt+Shift

2. 多项选择题

（1）下面的（　　）工具可以用于修复图像中的杂点、蒙尘、划痕和褶皱等。

A. 污点修复工具　B. 修复工具

C. 修补工具　D. 涂抹工具

（2）下面关于各个工具的操作，叙述正确的是（　　）。

A. 使用“模糊工具”可以降低图像中相邻像素之间的对比度，从而使图像产生模糊的效果

B. 使用“涂抹工具”可以模拟手指绘图在图像中产生颜色流动的效果

C. 使用“加深工具”可以改变图像特定区域的曝光度，使图像变亮

D. 使用“海绵工具”可以加深或降低图像的饱和度，产生像海绵吸水一样的效果

（3）下面关于形状使用时生成的结果，叙述正确的是（　　）。

A. 使用“形状工具”后可以生成形状图层

B. 使用“形状工具”后可以生成路径效果

C. 使用“形状工具”后可以填充像素

D. 使用“形状工具”后可以自动生成新的图层

3. 简单操作题

（1）根据本章所学知识，绘制一幅暗香浮动的水墨画。

提示：设置画笔具有湿边效果，然后在图像中绘制梅花的枝干，再利用画笔自带的样式绘制梅花的花朵，绘制花瓣时要讲究主次，主要的花要用较深的颜色，次要的花用较淡的颜色，最终效果如图3-100所示。

完成效果：效果文件\第 3 章\暗香浮动.psd

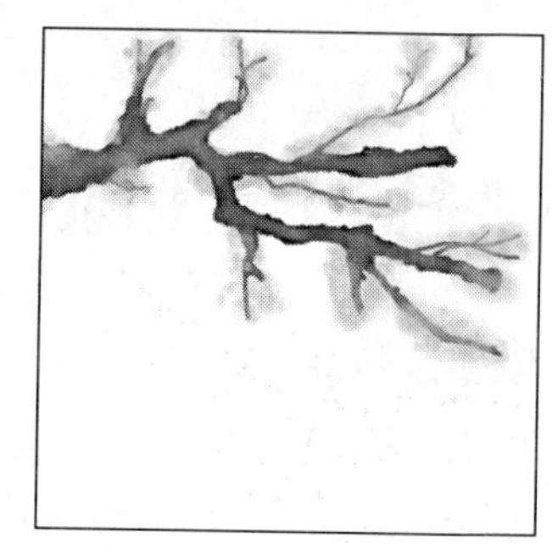
图 3-100　暗香浮动

（2）打开提供的“广场照片”图像文件，将照片中多余的人物去除，处理后的原图与效果对比如图 3-101 所示。

提示：先使用“修复工具”修复人物图像区域，然后使用“锐化工具”、“减淡工具”和“海绵工具”进一步修饰照片图像，使照片颜色更加明亮鲜艳。本练习可结合光盘中的视频演示进行学习。

所用素材：素材文件\第 3 章\广场照片.jpg
完成效果：效果文件\第 3 章\修复照片.psd
视频演示：第 3 章\综合练习\修复照片.swf 告.swf

图 3-101　调整和修饰前后的照片

4. 综合操作题

（1）利用各种绘图工具绘制一张饮料店的 POP 广告，要求 POP 大小为 50cm×35cm，分辨率为 72 像素/英寸，色彩模式为 CMYK 模式，保留图层。参考效果如图 3-102 所示。

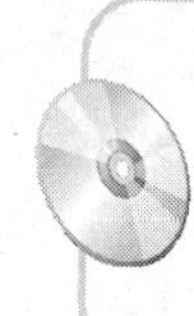
完成效果：效果文件\第 3 章\POP 广告.psd
视频演示：第 3 章\综合练习\制作 POP 广告.swf

图 3-102　制作 POP 广告

（2）根据提供的两幅荷花图像素材制作故事插画，要求文件大小为 176mm×105mm，分辨率为 72 像素/英寸，色彩模式为 RGB 模式，插画以“初夏”为主题，具有朦胧效果，并配以荷花等相关图像文件。所需素材和参考效果如图 3-103 所示。

所用素材：素材文件\第 3 章\小荷 1.jpg、小荷 2.jpg
完成效果：效果文件\第 3 章\故事插画.psd
视频演示：第 3 章\综合练习\制作故事插画.swf

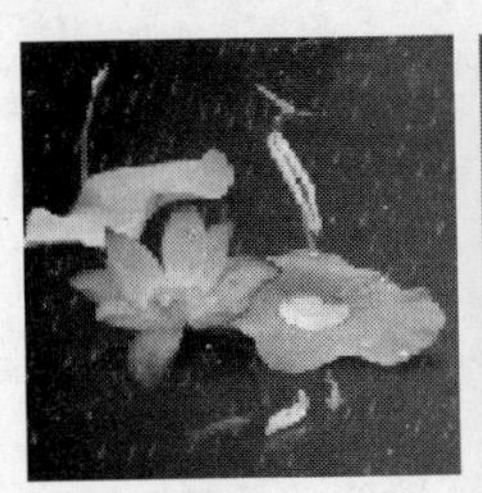

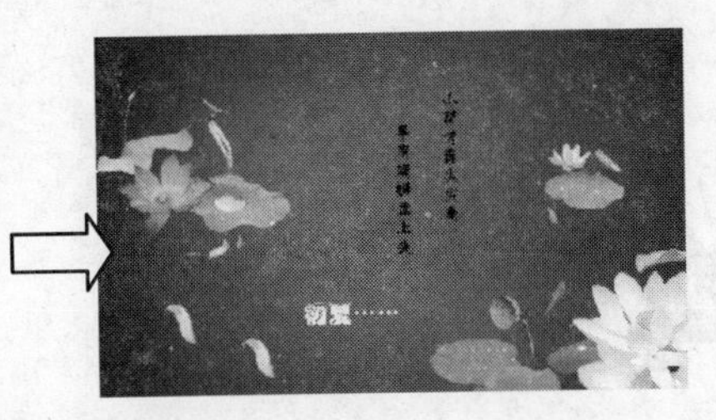

图 3-103　荷花素材和故事插画效果

拓展知识

插画又叫插图，是用来解释说明一段文字的画，如常见的报纸、杂志、各种刊物或儿童图画书中加插的图画，统称为插画。除了本章前面所介绍的插画设计知识外，我们在设计其他各类插画时，还需要注意以下几个方面。

一、插画的用途

插画的应用范围非常广泛，在广告、杂志、说明书、海报、书籍和包装等平面设计中均有涉及，只要是用来做“解释说明”作用的都可以归为插画的范畴。在平面设计领域中，常用的是文学插图与商业插画，文学插图主要用于再现文章情节、体现文学精神的可视艺术形式；而商业插画则是为企业或产品传递商品信息，集艺术与商业于一体的一种图像表现形式。在信息时代发达的今天，插画师们常常使用如 Photoshop 和 Painter 等绘图软件，在计算机中进行插画设计。

二、插画设计工具

现在插画广泛地应用于商业中。无论是传统的手绘插画，或是使用计算机绘制的插画，都需要有一个独立的创作过程，具有强烈的主观意识。插画的类别较多，因此插画的大小和分辨率等都是随着需要而设置的，没有具体的尺寸大小。另外，绘制插画，尤其是商业插画时，需要有很好的美术功底，通常结合数位板来完成绘制。

三、插画欣赏

如图 3-104 所示插画是可口可乐产品的插画之一，利用在原商品图像上进行创意设计，吸引消费者眼光；如图 3-105 所示为《真三国无双 6》游戏中的人物插画之一，通过将游戏中的人物绘制为插画，从而起到宣传游戏的作用。

图 3-104　那一瞬间迸发的美丽

图 3-105　游戏人物插画

第 4 章 图层的应用

📖 学习目标

Photoshop 中的图层是图像的载体，掌握图层的应用是处理图像的关键，本章将学习图层的基本操作和添加图层样式操作以及管理图层样式的操作，并能够根据客户提出的要求制作商品宣传单。

📖 学习重点

掌握新建、复制、删除、合并图层和调整图层顺序的基本操作，以及为图层添加各种样式并管理样式的操作，并能通过对图层的应用进行图像设计。

📖 主要内容

- 认识图层
- 图层的基本操作
- 添加图层样式
- 管理图层
- 制作商品宣传单

4.1 认识图层

图层是 Photoshop 的核心功能之一，利用图层可以随心所欲地对图像进行编辑和修饰，从而制作出优秀的作品。

4.1.1 图层的作用

在 Photoshop CS3 中，新建一个图像文件后，系统会自动生成一个图层，然后用户可以通过各种工具在图层上进行绘图处理。

图层是图像的载体，没有图层，就没有图像。一个图像通常都是由若干个图层组成，用户可以在不影响其他图层图像的情况下，单独地对每一个图层中的图像进行编辑或添加图层样式等。通过更改图层的顺序和属性操作，可改变图像的合成效果。如图 4-1 所示的图像是由图 4-2 所示和图 4-3 所示以及图 4-4 所示的 3 个图层中的图像组成。

图 4-1　图像效果

图 4-2　图像的背景图层

图 4-3　图层 1

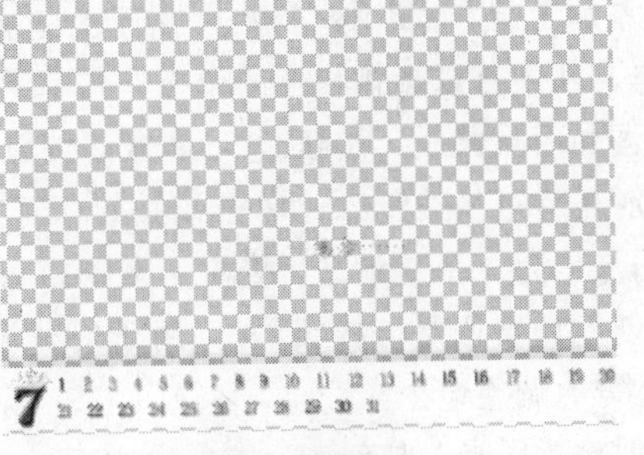

图 4-4　图层 2

4.1.2 认识“图层”面板

“图层”面板默认情况下显示在工作界面右下侧，主要用于显示和编辑当前图像窗口中的所有图层，打开一幅含有图层的图像，打开“图层”面板，如图 4-5 所示。每个图层左侧都有一个缩略图像，背景图层位于最下方，上面依次是各个透明图层，通过图层的叠加组成一幅完整的图像。

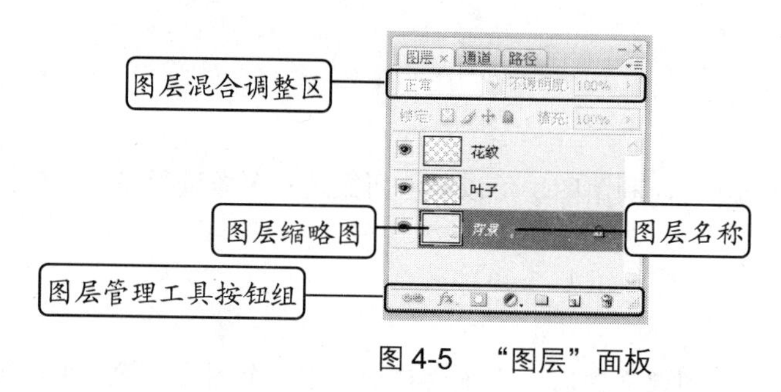

图 4-5 “图层”面板

“图层”面板中各部分的作用如下。

- 图层混合模式：用于设置当前图层与它下一图层叠合在一起的混合效果，共有 25 种混合模式。
- 图层不透明度：用于设置当前图层的不透明度。
- 图层填充不透明度：用于设置当前图层内容的填充不透明度。
- 锁定透明像素按钮：单击该按钮后，表示锁定当前图层的透明区域，使透明区域不能被编辑。
- 锁定图像像素按钮：表示锁定图像像素，即使当前层的图层编辑和透明区域不能进行绘图等图像编辑操作。
- 锁定位置按钮：表示锁定图层的移动功能，不能对当前图层进行移动操作，用于固定图层位置。
- 全部锁定按钮：表示锁定图层及图层副本的所有编辑操作，即对当前图层进行的所有编辑均无效。
- 图标：用于显示或隐藏图层。当在图层左侧显示有此图标时，表示图像窗口将显示该图层的图像。单击此图标，图标消失，并隐藏该图层的图像。
- 当前图层：在“图层”面板中，以蓝色条显示的图层为当前图层，其左侧显示一个画笔图标。用鼠标单击相应的图层即可改变当前图层。
- “添加图层样式”按钮：用于为当前图层添加图层样式效果，单击该按钮，将弹出下拉菜单，从中可以选择相应的命令，即可为图层添加相应的图层样式。
- “添加图层蒙版”按钮：单击该按钮，可以为当前图层添加图层蒙版。
- “创建新组”按钮：单击该按钮，可以创建新的图层组，它可以包含多个图层。并可将这些图层作为一个对象进行查看、复制、移动和调整顺序等操作。
- “创建调整图层”按钮：用于创建调整图层，单击该按钮，在弹出的下拉菜单中可以选择所需的调整命令。
- “创建新图层”按钮：单击该按钮，可以创建一个新的空白图层。
- “删除图层”按钮：单击该按钮，可以删除当前图层。
- “面板菜单”按钮：单击该按钮，将弹出下拉菜单，主要用于新建、删除、链接和合并图层操作。

提示：背景图层相当于绘图时最下层不透明的画纸，一幅图像只能有一个背景层，背景层可以与普通层相互转换。

4.2 图层的基本操作

通过对“图层”面板的了解，在处理图像时可以方便快捷地实现图层的新建、复制、删除、链接、排序、对齐、合并和调整混合模式等基本操作。

4.2.1 新建图层

在创建图层时，首先要新建或打开一个图像文件，再根据需要新建图层，在 Photoshop CS3 中可以创建空白图层、普通图层、文字图层、形状图层、填充图层和调整图层等。

【例 4-1】利用 Photoshop CS3 中新建图层的操作，为素材图像新建 4 个图层。效果如图 4-6 所示。

所用素材：素材文件\第 4 章\河边

图 4-6 新建的图层效果

Step 1：打开素材“河边.jpg”图像文件，按“Ctrl+Shift+N”快捷组合键打开“新建图层”对话框，如图 4-7 所示，其中参数保存默认，单击 确定 按钮，即可新建一个名为“图层 1”的空白图层。

Step 2：在“图层”面板的底部，单击“创建新图层”按钮 ，即可创建一个名为“图层 2”的空白图层，如图 4-8 所示。

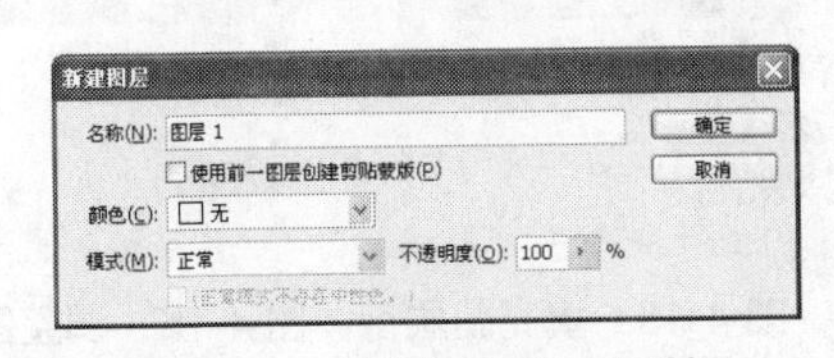

图 4-7 “新建图层”对话框

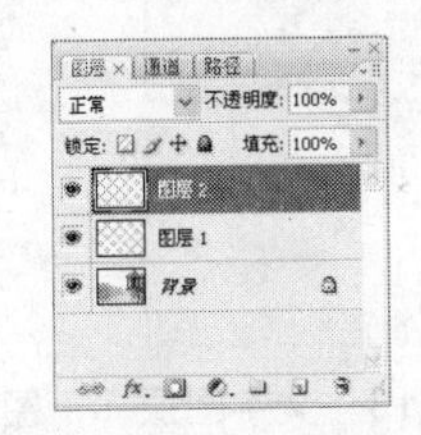

图 4-8 “图层”面板创建图层

Step 3：选择【图层】/【新建】/【图层】命令，打开“新建图层”对话框，在“名称”文本框中输入“编辑图层”，在“颜色”下拉列表中选择“绿色”选项，如图 4-9 所示，单击 确定 按钮，即可新建一个名为“编辑图层”的空白图层，效果如图 4-10 所示。

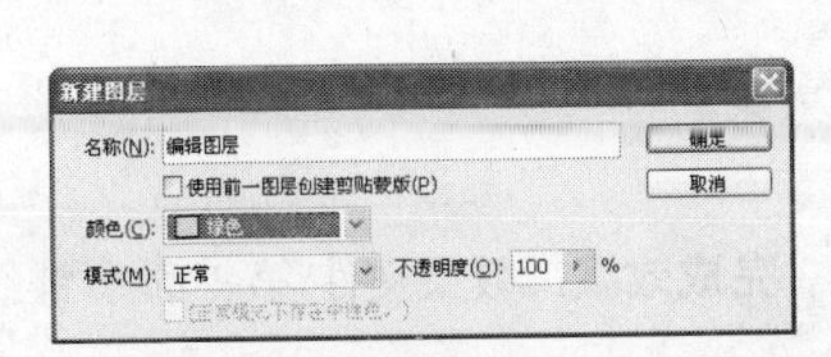

图 4-9 “新建图层”对话框

图 4-10 新建带图层颜色的图层

Step 4：按照上一步的操作方法，再创建一个"名称"为"修改"，"颜色"为"紫色"，"模式"为"溶解"，"不透明度"为50%的新图层，参数设置如图4-11所示，创建后的图层效果如图4-12所示。

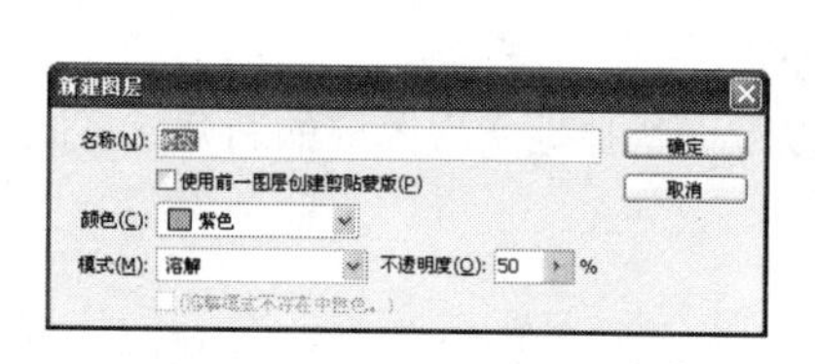

图 4-11 "新建图层"对话框

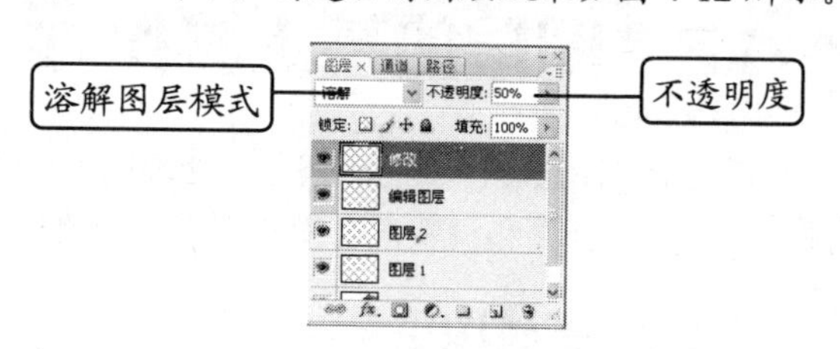

图 4-12 创建的新图层

【知识补充】在创建图层时，还可以创建文字图层、形状图层、填充图层和调整图层，其方法分别如下。

- 创建文字图层：单击工具箱中的"横排文字工具" T 或"直排文字工具" T，在图像中单击并输入文字后，系统会自动创建一个文字图层，输入的文字就是图层名称，如图4-13所示。
- 创建形状图层：与创建文字图层相同，使用任意"形状工具"在图像中创建形状后，系统会自动创建形状图层，如图4-14所示。
- 创建填充图层：选择【图层】/【新建填充图层】命令，在弹出的子菜单中选择相应的命令，将打开"新建图层"对话框，在"名称"文本框输入新建图层的名称后，单击 确定 按钮，然后在打开的对话框中设置一种填充方式，最后单击 确定 按钮即可。如图4-15所示为创建的一种图案填充图层。
- 创建调整图层：选择【图层】/【新建调整图层】命令，在弹出的子菜单中选择相应的命令即可，如图4-16所示。

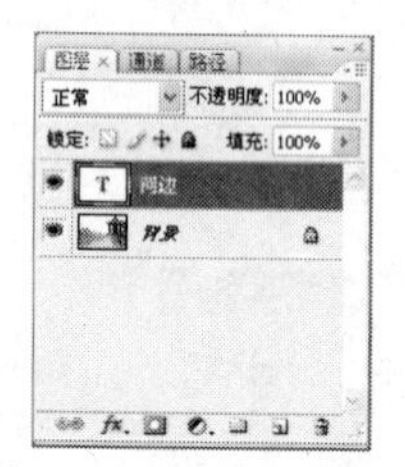

图 4-13 文字图层

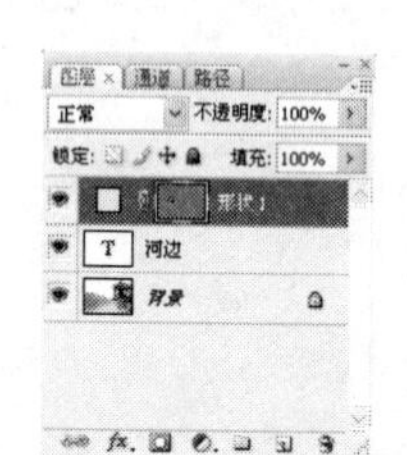

图 4-14 形状图层

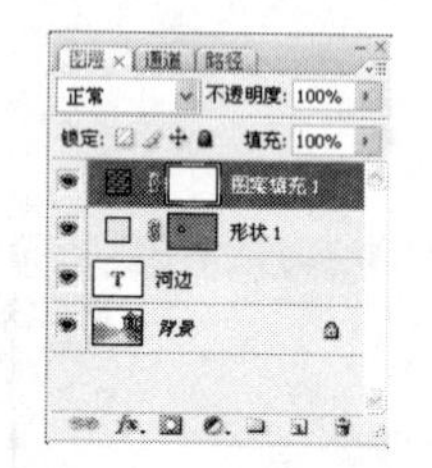

图 4-15 填充图层

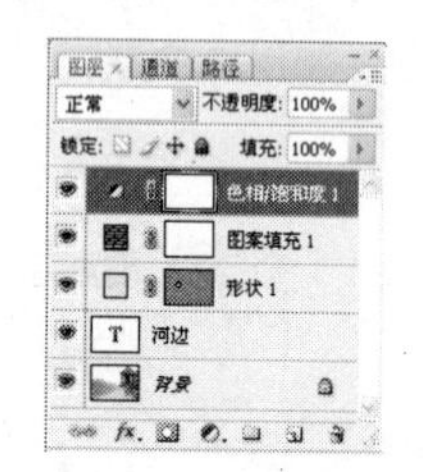

图 4-16 调整图层

4.2.2 复制和删除图层

复制和删除图层是编辑图像常用的操作之一，下面分别进行讲解。

1. 复制图层

复制图层是为一个已存在图层创建副本的操作。

【例4-2】使用复制图层的操作制作彩蝶纷飞的效果。

所用素材：素材文件\第4章\蝴蝶.psd **完成效果**：效果文件\第4章\彩蝶纷飞.psd

Step 1：打开"蝴蝶.psd"图像文件，在"图层"面板中选择"蝴蝶"图层，然后选择【图层】/

【复制图层】命令，打开“复制图层”对话框，在“为（A）”文本框中输入新图层的名称“蝴蝶 副本”，在“文档”下拉列表中选择新图层要放置的图像文档“蝴蝶.psd”，如图4-17所示。

Step 2：单击 确定 按钮即可复制选择的图层，按“Ctrl+T”键对图形进行自由变换，复制的图层效果如图4-18所示。

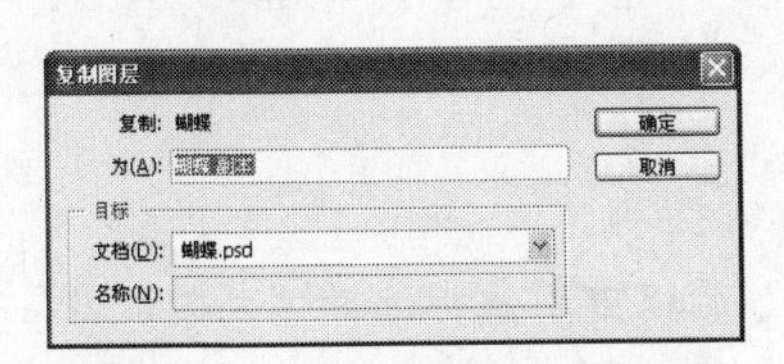

图4-17 “复制图层”对话框

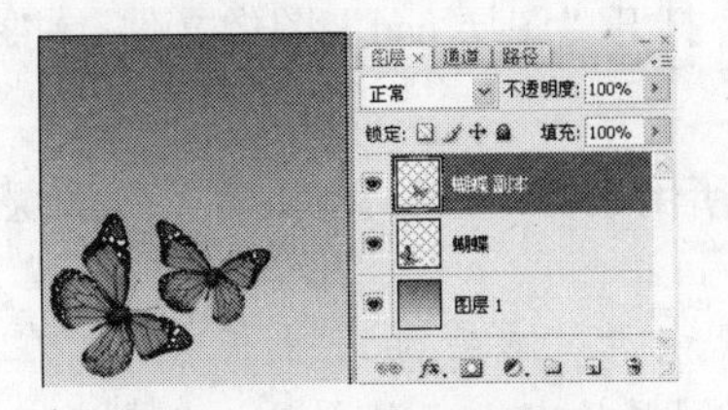

图4-18 复制的图层

Step 3：在“图层”控制面板中单击并拖动“蝴蝶”图层到底部的“创建新图层”按钮上，此时鼠标变为手形图标，如图4-19所示。

Step 4：释放鼠标即可得到复制生成的新图层，按“Ctrl+T”键对图形进行自由变换，完成后的效果如图4-20所示。

Step 5：在“图层”控制面板中选择“蝴蝶”图层，然后按“Ctrl+J”键，即可复制一个新图层，按“Ctrl+T”键对图形进行自由变换后的效果如图4-21所示。

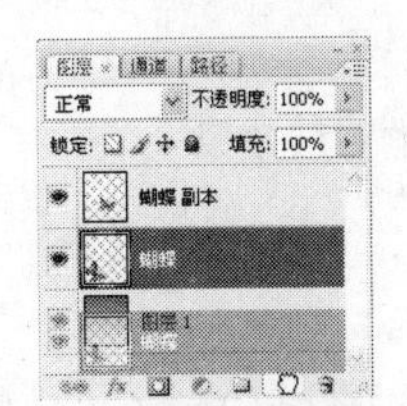

图4-19 拖动鼠标复制图层

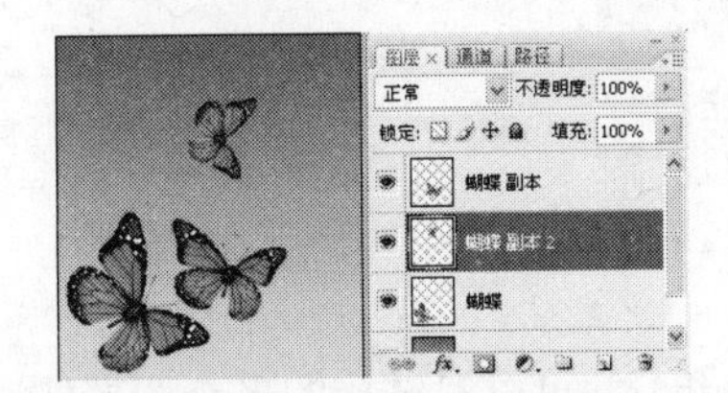

图4-20 复制的图层

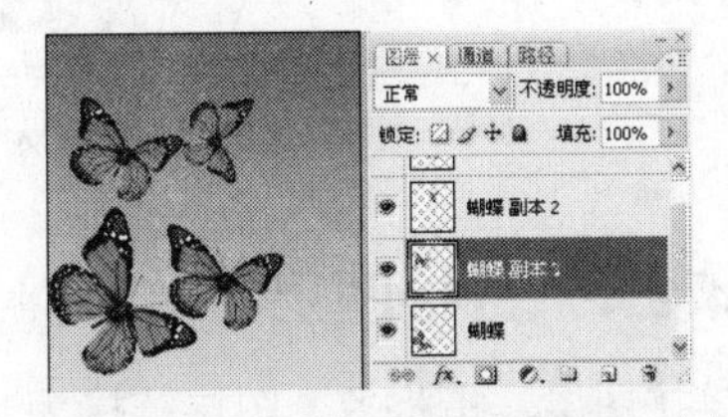

图4-21 复制的图层效果

注意：也可按“Ctrl+J”键快速复制图层，另外由于复制的图层与原图层的内容完全相同，并重叠在一起，因此在窗口中并无变化，可用“移动工具”移动图像，即可看到复制的图层。

2. 删除图层

在编辑图像过程中，常会创建大量的图层，而对于不需要的图层，可以将其删除，删除图层后该图层中的图像也将被删除。删除图层有如下几种方法。

- 在“图层”面板中选择需要删除的图层，然后单击面板底部的“删除图层”按钮，即可将该图层删除。
- 在“图层”面板中将需要删除的图层拖动到“删除图层”按钮上。
- 在“图层”面板中选择要删除的图层，然后选择【图层】/【删除】/【图层】命令即可。
- 在“图层”面板中用鼠标右键单击需要删除的图层，在弹出的快捷菜单中选择“删除图层”命令。
- 在“图层”控制面板中选择要删除的图层，按键盘上的“Delete”键，可快速删除图层。

4.2.3 调整图层顺序

在“图层”面板中，所有的图层都是按一定顺序进行排列的，通过调整图层的排列顺序可以帮助制作出更为丰富的图像效果。

【例 4-3】打开“图层.psd”图像文件，将图中的树图像依次调整为由大到小的顺序。

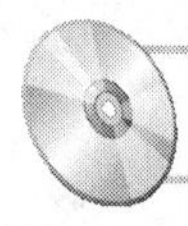

所用素材：素材文件\第 4 章\图层.psd

Step 1：打开“图层.psd”图像文件，在“图层”面板中用鼠标选择“大树”图层不放，将其拖动到“小树”图层的下方，当出现一个虚线框时释放鼠标，即可将较大的树图像移动到图层最前面，效果如图 4-22 所示。

Step 2：继续将“中树”图层拖动到“大树”图层和“小树”图层之间，完成后的效果如图 4-23 所示。

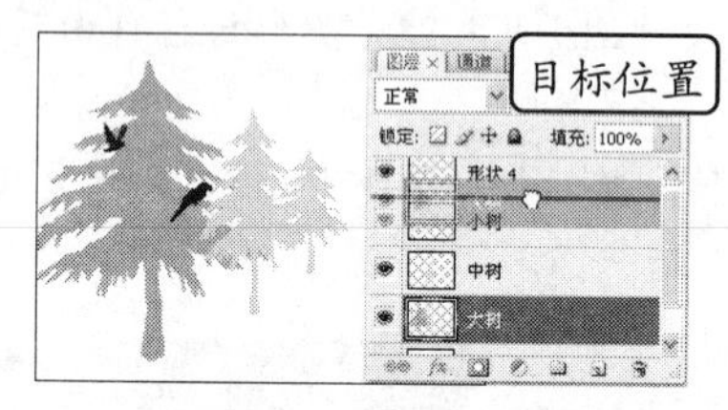

图 4-22　调整较大的树

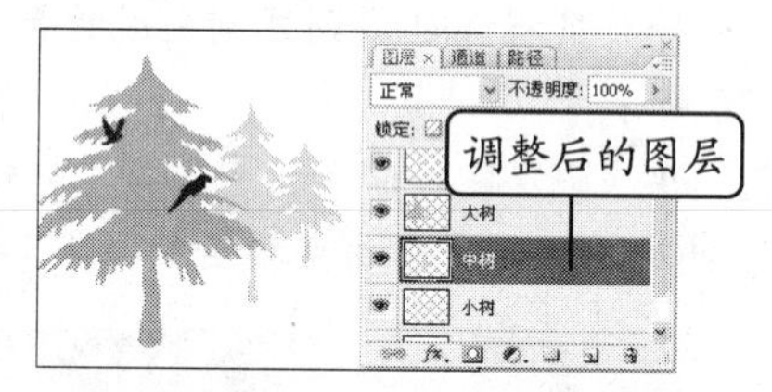

图 4-23　调整顺序后的图层效果

4.2.4 链接图层

链接图层是指将多个图层链接为一组，并可以对链接的多个图层同时进行移动、变换和复制操作。

【例 4-4】将“图层.psd”中的 3 个树的图层进行链接操作，然后进行水平翻转。

Step 1：打开“图层.psd”图像文件，在“图层”面板中按住“Shift”键不放的同时，选择“大树”、“中树”和“小树”3 个图层。

Step 2：单击“图层”控制面板底部的“链接图层”按钮，此时链接后的图层名称右侧会出现链接图标，表示选择的图层已被链接，如图 4-24 所示。

Step 3：选择【编辑】/【变换】/【水平翻转】命令，即可同时对链接的 3 个图层进行水平翻转操作，如图 4-25 所示。

所用素材：素材文件\第 4 章\图层.psd

图 4-24　链接图层

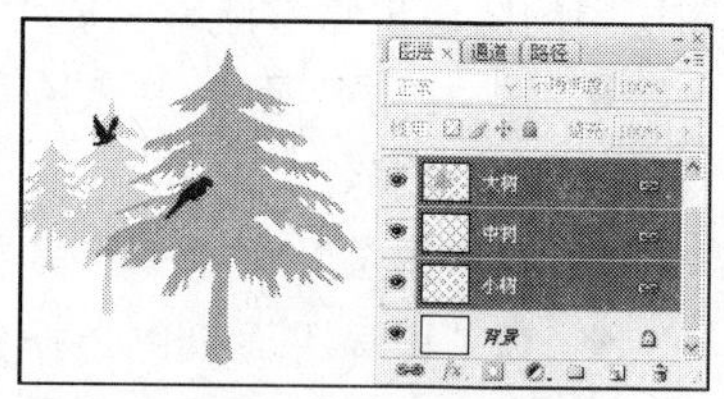

图 4-25　水平翻转效果

4.2.5 对齐与分布图层

在 Photoshop CS3 中提供有对齐与分布的功能，用户在制作作品时，可以对选择的图层进行对齐和分布操作，从而实现图像间的精确移动。

【例 4-5】利用对齐与分布的操作制作信签纸。

所用素材：素材文件\第 4 章\信签纸.psd　　完成效果：效果文件\第 4 章\信签纸.psd

Step 1：打开“信签纸.psd”图像文件，在“图层”面板中单击底部的“创建新图层”按钮，新建一个图层。

Step 2：在工具箱中选择“矩形选框工具”，然后在图中绘制一个矩形选区，如图 4-26 所示。

Step 3：设置前景色为粉红色（R：244，G：181，B：239），然后在工具箱中选择“填充工具”，将矩形填充为粉红色，如图 4-27 所示。

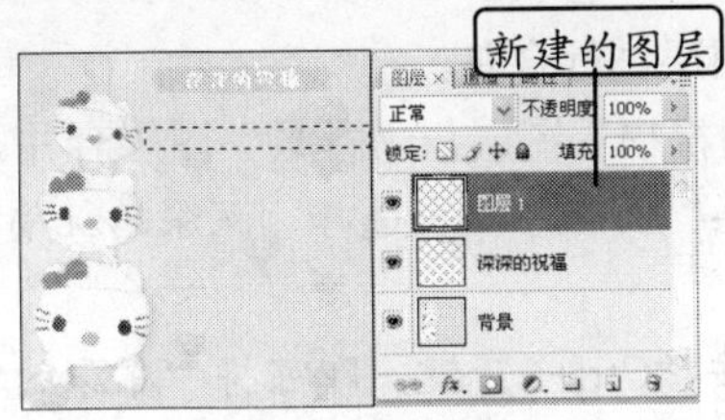

图 4-26　创建选区

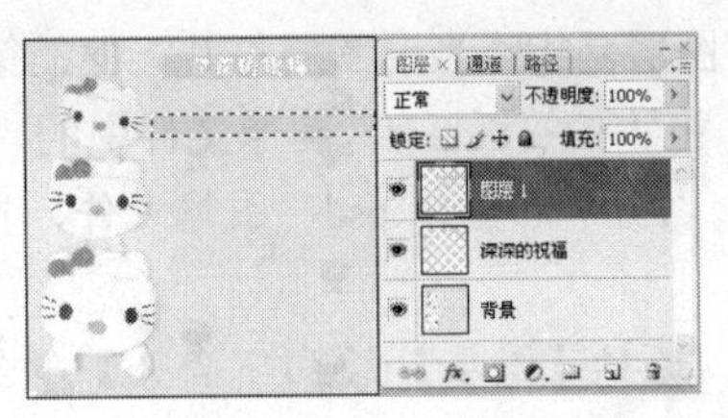

图 4-27　填充颜色

Step 4：按“Ctrl+D”键取消选区，连续按 4 次“Ctrl+J”键，为“图层 1”复制 4 个副本图层，名称为“图层 1 副本”至“图层 1 副本 4”，如图 4-28 所示。

Step 5：在工具箱中选择“移动工具”，在图像窗口中将当前图层拖动调整到如图 4-29 所示的位置。

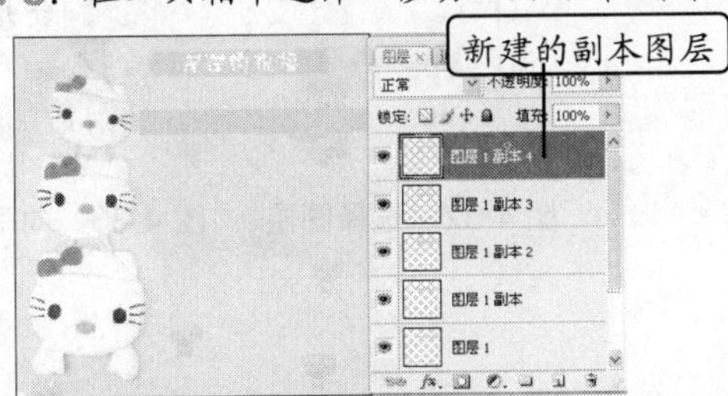

图 4-28　创建图层副本

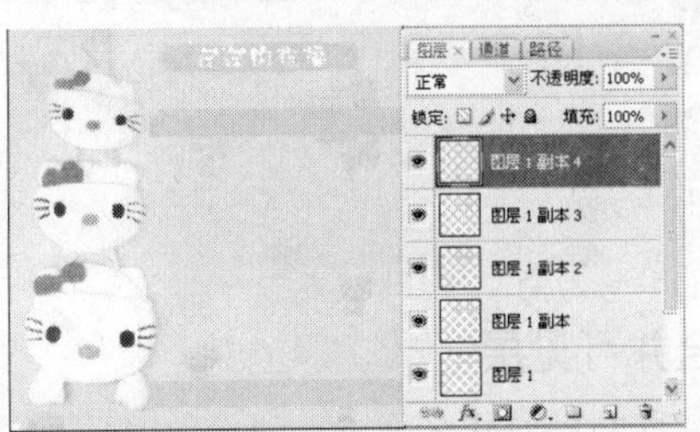

图 4-29　移动图像

Step 6：同时选择“图层 1”至“图层 1 副本 4”，单击工具选项栏中的“右对齐”按钮，右对齐图像，对齐后的效果如图 4-30 所示。

Step 7：单击工具选项栏中的“垂直居中”分布按钮，等距离分布图像，完成后的最终效果如图 4-31 所示。

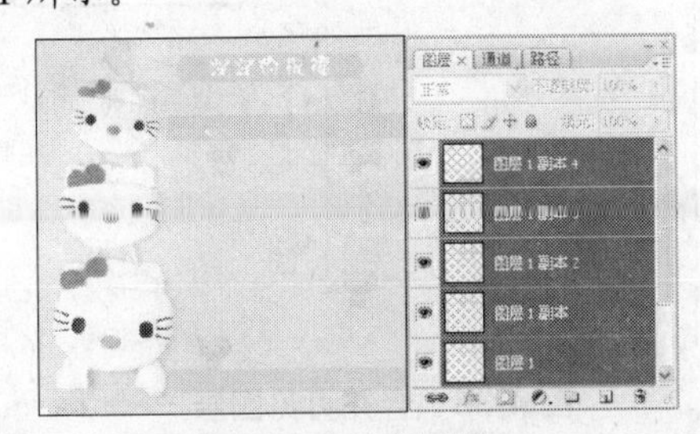

图 4-30　对齐图像

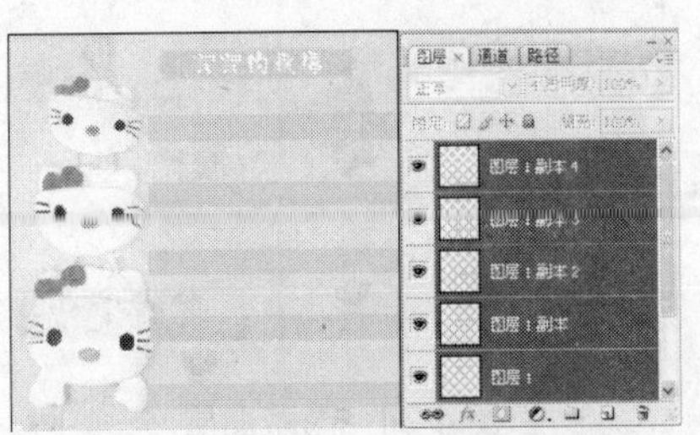

图 4-31　分布图像

注意：当多个图层进行“右对齐”时，对齐的参照图层是位于最右边的图层，同理“底对齐”，则是以位于最下端的图层作为参照图层。

4.2.6 合并图层

合并图层是将几个图层合并为一个图层，当较复杂的图像处理完成后，常常会产生大量的图层，从而使电脑处理速度变慢，此时可根据需要对图层进行合并，以减少图层的数量，从而减小文件大小或方便对合并后的图层进行编辑。

合并图层主要分为：向下合并、合并可见图层和拼合图像 3 种方式。

1. 向下合并

向下合并图层是指将当前图层与其下面的第一个图层进行合并。

【例 4-6】将“信签纸.psd”图像文件中的“深深的祝福”图层与“背景”图层合并。

Step 1：打开“信签纸.psd”图像文件，在“图层”面板中单击选择“深深的祝福”图层，如图 4-32 所示。

Step 2：选择【图层】/【向下合并】命令，或按“Ctrl+E”键，即可将“深深的祝福”中的内容合并到 “背景”图层中，效果如图 4-33 所示。

所用素材：素材文件\第 4 章\信签纸.psd

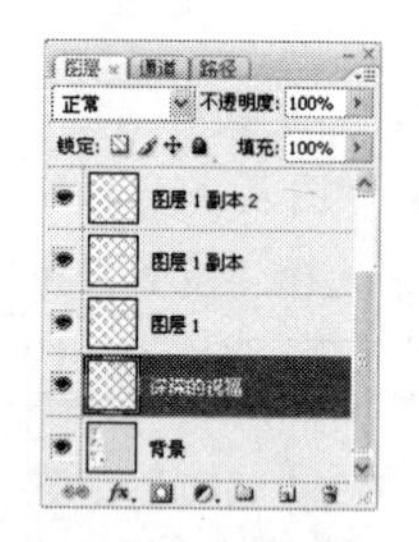

图 4-32 选择图层

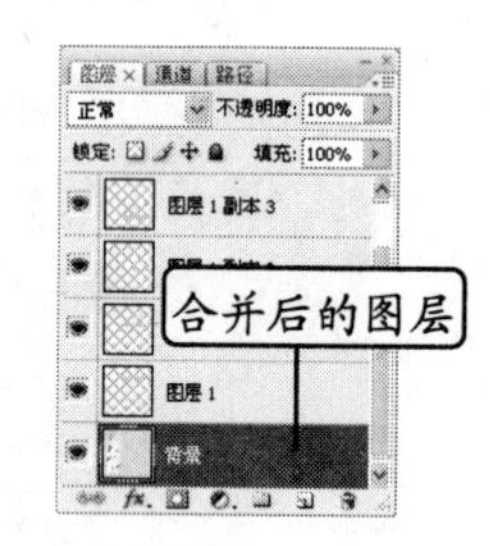

图 4-33 向下合并图层

2. 合并可见层

合并可见图层是指将当所有的可见图层合并成一个图层。

【例 4-7】将上一例中的“信签纸.psd”图像文件中的“图层 1”图层到“图层 1 副本 4”图层合并。

Step 1：在“图层”面板中单击“背景”图层前的👁按钮，如图 4-34 所示。

Step 2：选择【图层】/【合并可见图层】命令，即可将图像中的可见图层合并，效果如图 4-35 所示。

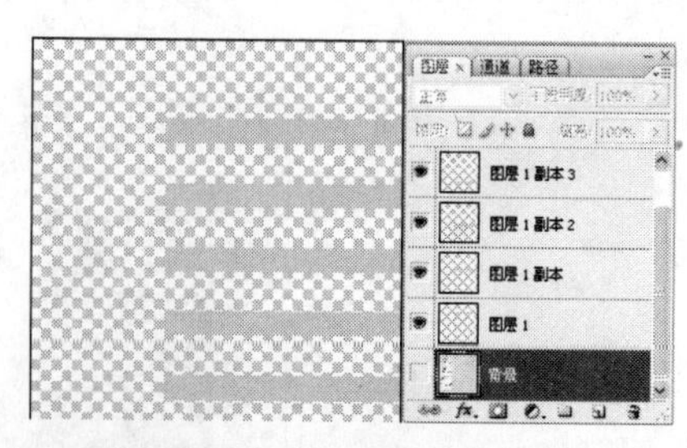

图 4-34 隐藏图层

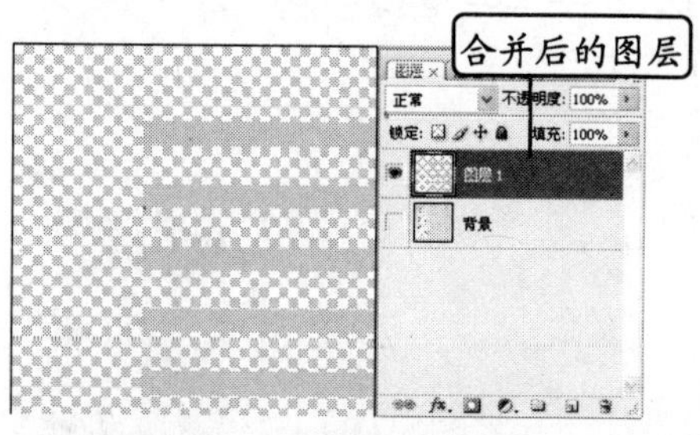

图 4-35 合并可见图层

3. 拼合图像

拼合图层是将所有可见图层进行合并，将隐藏的图层丢弃，选择【图层】/【拼合图像】命令，在打开的提示框中单击 确定 按钮即可。如图4-36所示和图4-37所示分别为拼合前后的显示效果。

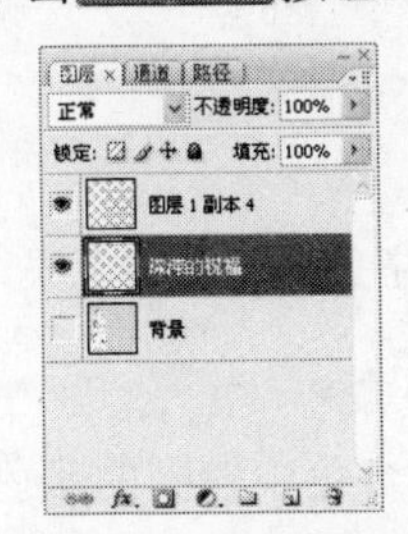

图4-36　拼合图层前

图4-37　拼合图像后的效果

4.2.7　设置图层混合模式

通过设置图层的混合模式，可以将“图层”面板中的当前图层与下面图层的颜色进行色彩混合，从而制作出特殊的图像效果。

Photoshop CS3提供了25种图层混合模式，可通过“图层”面板中的“正常”下拉列表框来设置。

1. “正常”模式

“正常”模式是系统默认的图层混合模式，各个图层间没有任何影响，如图4-38所示为有两个图层的图像，背景层为蘑菇图像，其上为樱桃图像。

2. “溶解”模式

“溶解”模式用于产生溶解效果，可配合“不透明度”来使溶解效果图更加明显。如图4-39所示的溶解效果是在图层“不透明度”为“60%”时的效果。

3. “变暗”模式

“变暗”模式是通过查看每个通道中的颜色信息，然后将当前图层中较暗的色彩调整得更暗，较亮的色彩变得透明，效果如图4-40所示。

4. “正片叠底”模式

“正片叠底”模式是将当前图层中的图像颜色与其下面图层中图像的颜色混合相乘，得到比原来的两种颜色更深的第3种颜色，效果如图4-41所示。

图4-38　“正常”模式

图4-39　“溶解”模式

图4-40　“变暗”模式

图4-41　“正片叠底”模式

5. “颜色加深”模式

“颜色加深”模式是以增强当前图层与下面图层之间的对比度，从而得到颜色加深的图像效果，但与白色混合后不发生变化，效果如图 4-42 所示。

6. “线性加深”模式

“线性加深”模式是将每个通道中的颜色信息，通过减小亮度，从而使基色变暗以反映混合色，与白色混合后不发生变化，效果如图 4-43 所示。

7. “深色”模式

“深色”模式是将图像中颜色较深的部分加深、颜色较浅的地方变为透明的效果，如图 4-44 所示。

8. “变亮”模式

“变亮”模式与“变暗”模式的效果相反，它是选择基色或混合色中较亮的颜色作为结果色，比混合色暗的像素被替换，比混合色亮的像素保持不变，效果如图 4-45 所示。

图 4-42 “颜色加深”模式

图 4-43 “线性加深”模式

图 4-44 “深色”模式

图 4-45 “变亮”模式

9. “滤色”模式

“滤色”模式是将混合色的互补色与基色混合，以得到较亮的颜色。用黑色过滤时颜色保持不变，用白色过滤将产生白色，效果如图 4-46 所示。

10. “颜色减淡”模式

“颜色减淡”模式是通过减小对比度来提高混合后图像的亮度，效果如图 4-47 所示。

11. “线性减淡”模式

“线性减淡”模式通过增加亮度来提高混合后图像的亮度，效果如图 4-48 所示。

12. “浅色”模式

“浅色”模式与深色模式相反，它是将图像中颜色较浅的部分加深，颜色较深的部分变为透明的效果，效果如图 4-49 所示。

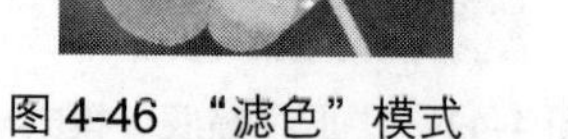

图 4-46 “滤色”模式

图 4-47 “颜色减淡”模式

图 4-48 “线性减淡”模式

图 4-49 “浅色”模式

13. “叠加”模式

“叠加”模式是根据下层图层的颜色，将当前图层像素进行相乘或覆盖，产生变亮或变暗的效果，效果如图 4-50 所示。

14. “柔光”模式

“柔光”模式将产生一种柔和光线照射的效果，高亮度的区域更亮，暗调区域更暗，使反差增大，如图 4-51 所示。

15. “强光”模式

“强光”模式将产生一种强烈光线照射的效果，如图 4-52 所示。

16. “亮光”模式

“亮光”模式将通过增大或减小对比度来加深或减淡颜色，具体取决于混合色，效果如图 4-53 所示。

图 4-50 “叠加”模式

图 4-51 “柔光”模式

图 4-52 “强光”模式

图 4-53 “亮光”模式

17. “线性光”模式

“线性光”模式将通过减小或增加亮度来加深或减淡颜色，具体取决于混合色，效果如图 4-54 所示。

18. “点光”模式

“点光”模式是根据当前图层与下层图层的混合色来替换部分较暗或较亮像素的颜色，效果如图 4-55 所示。

19. “实色混合”模式

“实色混合”模式是根据当前图层与下层图层的混合色产生减淡或加深效果，效果如图 4-56 所示。

20. “差值”模式

“差值”模式是根据图层颜色的亮度对比进行相加或相减，与白色混合将进行颜色反向，与黑色混合则不产生变化，效果如图 4-57 所示。

图 4-54 “线性光”模式

图 4-55 “点光”模式

图 4-56 “实色混合”模式

图 4-57 “差值”模式

21. “排除”模式

“排除”模式是根据图层颜色的亮度对比进行相加或相减，与白色混合将进行颜色反向，与黑色混合则不产生变化，如图 4-58 所示。

图 4-58 “排除”模式

22. “色相”模式

“色相”模式是使用当前图层的亮度和饱和度与下一图层的色相进行混合，与黑色混合则不产生变化，效果如图 4-59 所示。

23. “饱和度”模式

“饱和度”模式是使用当前图层的亮度和色相与下一图层的饱和度进行混合，效果如图 4-60 所示。

24. “颜色”模式

“颜色”模式是使用当前图层的亮度和色相与下一图层的饱和度进行混合，效果如图 4-61 所示。

25. “明度”模式

“明度”模式是使用当前图层的色相和饱和度与下一图层的亮度进行混合，效果如图 4-62 所示。

图 4-59 “色相”模式

图 4-60 “饱和度”模式

图 4-61 “颜色”模式

图 4-62 “明度”模式

4.2.8 设置图层“不透明度”

通过设置图层的“不透明度”可以使图层产生透明或半透明效果。方法是通过在“图层”面板右上方的“不透明度”数值框中设置相应的数值，来控制图层的透明度，当数值小于 100%时，将显示该图层下面的图像，值越小，越透明，当数值为 0%时，该图层将不会显示，则完全显示其下面图层的内容。

【例 4-8】将“鲜花.psd”图像文件中“蝴蝶”图像的不透明度分别设置为 80%、50%和 0%，然后观察其图像效果。

所用素材：素材文件\第 4 章\鲜花.psd

Step 1：打开“鲜花.psd”图像文件，在“图层”面板中单击选择“蝴蝶”图层。

Step 2：在“图层”面板右上角的“不透明度”数值框中输入 80%，设置“蝴蝶”图层的不透明度值为 80%，效果如图 4-63 所示。

Step 3：单击“不透明度”数值框右侧的 › 按钮，在弹出的滑杆上拖动滑块，设置“不透明度”为 50%，效果如图 4-64 所示。

Step 4：继续设置“蝴蝶”图层的“不透明度”为 0%，此时该图层将完全透明，效果如图 4-65 所示。

图 4-63 “不透明度”为 80%

图 4-64 “不透明度”为 50%

图 4-65 “不透明度”为 0%

4.3 添加图层样式

在 Photoshop CS3 中编辑图像时，可以运用图层样式来制作出许多丰富的图像效果，并可为图像增强层次感、透明感和立体感。

4.3.1 “投影”样式

“投影”样式用于模拟物体受光后产生的效果，可以增加层次感。

【例 4-9】利用“投影样式”制作珍珠的投影效果。

Step 1：新建一个名为“珍珠”、Photoshop 默认大小的图像文件。

Step 2：设置前景色为浅蓝色（R：166，G：188，B：244），然后在工具箱中选择“椭圆工具”，在工具选项栏中单击“几何选项”按钮，在弹出的面板中选中“固定大小”单选项。

Step 3：在其中的数值框中输入“50 像素”，设置椭圆图像的大小，然后新建图层，并按住“Shift”键，在图像窗口单击绘制圆形，效果如图 4-66 所示。

Step 4：在“图层”面板中双击该图层，打开“图层样式”对话框，在“样式”列表中单击选中“投影”复选项，在其右侧的列表框中按照如图 4-67 所示设置参数。

Step 5：完成后单击 确定 按钮即可，应用“投影”样式后的效果如图 4-68 所示。

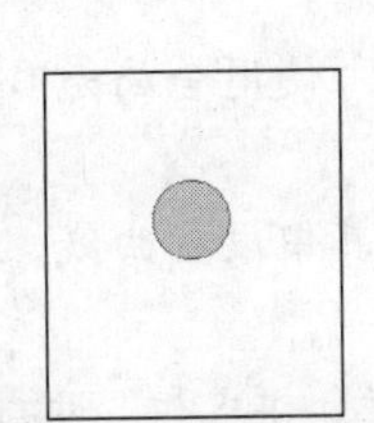

图 4-66　绘制圆图形

图 4-67　设置“投影”参数

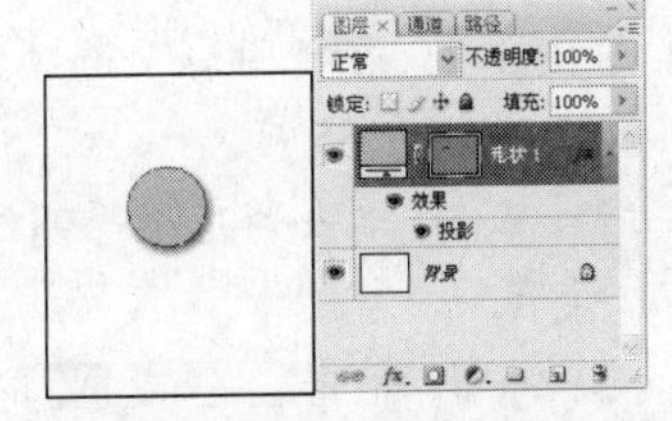

图 4-68　应用“投影”后的效果

4.3.2 “内发光”样式

“内发光”样式是沿图像边缘向内产生发光效果。

【例 4-10】接着上一例，为“珍珠”图像添加“内发光”效果。

Step 1：选择【图层】/【图层样式】/【内发光】命令，打开“图层样式”对话框。

Step 2：在其中设置“混合模式”为“正片叠底”，“不透明度”为 40%，发光颜色为黑色。

Step 3：在“图案”选项组中，设置“大小”为 1 像素；在“品质”选项组中设置“范围”为 75%，其他保持不变，如图 4-69 所示。

Step 4：完成后单击 确定 按钮即可，应用“内发光”样式后的效果如图 4-70 所示。

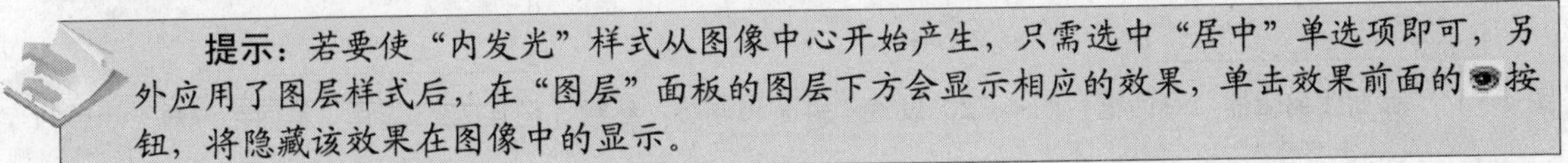

提示：若要使“内发光”样式从图像中心开始产生，只需选中“居中”单选项即可，另外应用了图层样式后，在“图层”面板的图层下方会显示相应的效果，单击效果前面的按钮，将隐藏该效果在图像中的显示。

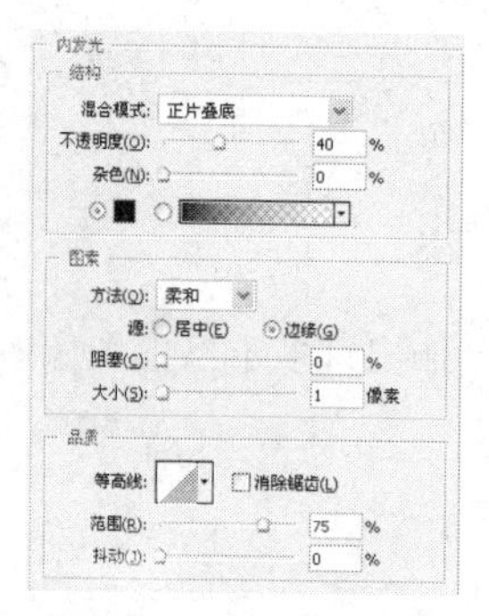

图 4-69 设置“内发光”参数

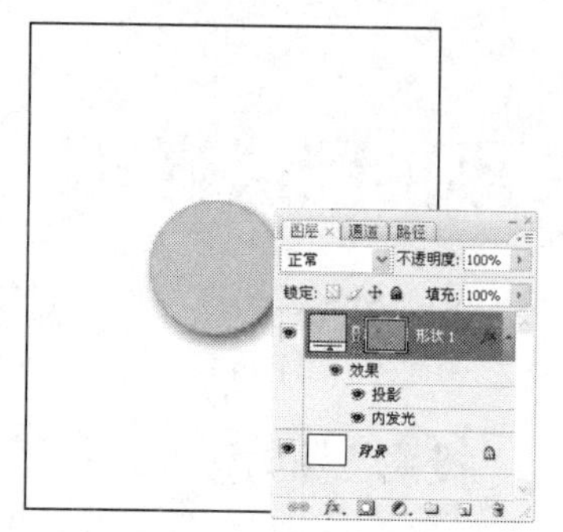

图 4-70 应用“内发光”后的效果

4.3.3 “斜面和浮雕”样式

“斜面和浮雕”效果可以使图像边缘产生立体的倾斜效果，整个图像犹如浮雕。

【例 4-11】接着上一例，为“珍珠”图像添加“斜面和浮雕”效果。

完成效果：效果文件\第 4 章\珍珠.psd

Step 1：在“图层”面板底部单击“添加图层样式”按钮 fx.，在弹出的菜单中选择“斜面和浮雕”命令，打开“图层样式”对话框。

Step 2：在“结构”选项组中设置“样式”为“内斜面”，“方法”为“雕刻清晰”，“深度”为“610%”，“方向”为“上”，“大小”为“9 像素”，“软化”为“3 像素”。

Step 3：在“阴影”选项组中，设置“角度”为“-60 度”，取消选中“使用全局光”复选项，“高度”为 65 度。

Step 4：单击“光泽等高线”列表，打开“等高线编辑器”对话框，在其中设置曲线，如图 4-71 所示。

Step 5：单击 确定 按钮，返回“图层样式”对话框，然后设置“高光”模式和“暗调”模式的“不透明度”分别为 90%和 50%，如图 4-72 所示。

Step 6：完成后单击 确定 按钮即可，应用“斜面和浮雕”样式后的效果如图 4-73 所示，完成“珍珠”的制作。

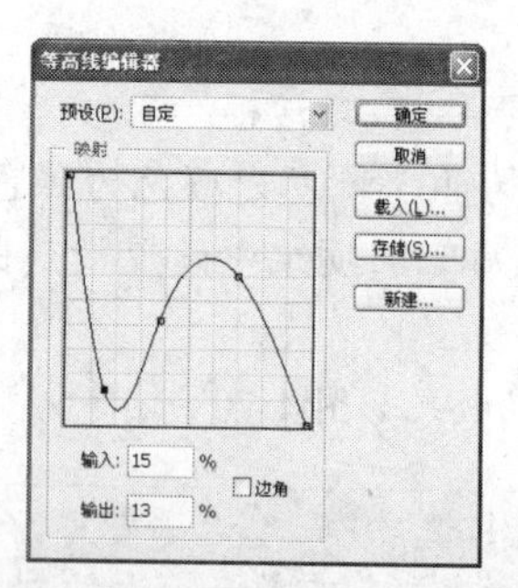

图 4-71 “等高线编辑器”对话框

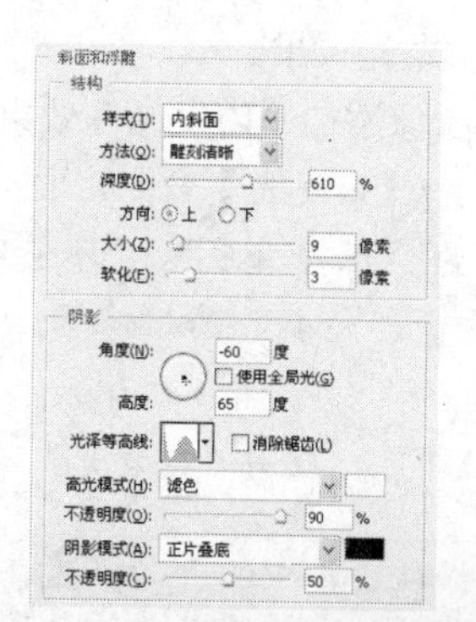

图 4-72 设置“斜面和浮雕”参数

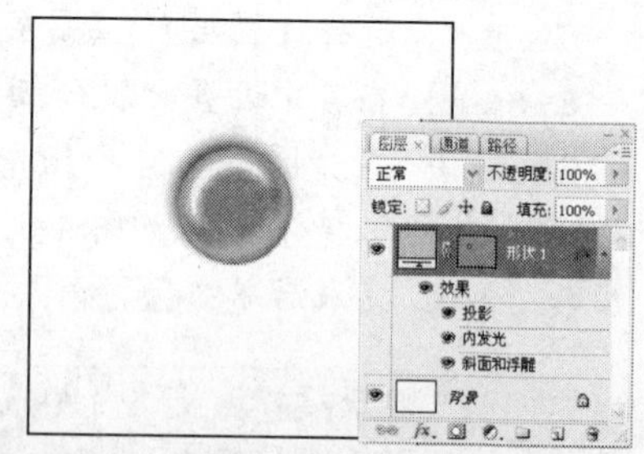

图 4-73 应用“斜面和浮雕”后的效果

4.3.4 “描边”样式

“描边”样式可以沿图像边缘填充一种颜色。

【例 4-12】使用“描边”样式制作“按钮”的阴影效果。

Step 1：新建一个名为“按钮”、Photoshop 默认大小的图像文件。

Step 2：在工具箱中选择“圆角矩形工具”，在工具选项栏中单击“几何选项”按钮，在弹出的面板中选中“不受约束”单选项。

Step 3：新建图层，在图像窗口中拖动绘制圆角矩形，如图 4-74 所示。

Step 4：在“图层”面板中双击图层，打开“图层样式”对话框，在“样式”列表框中单击选中“描边”复选项，在其右侧的列表框中按照如图 4-75 所示设置参数。

Step 5：完成后单击 确定 按钮即可，应用“描边”样式后的效果如图 4-76 所示。

图 4-74　绘制圆角矩形

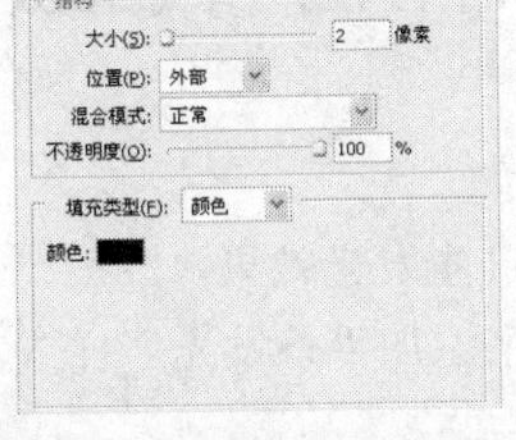
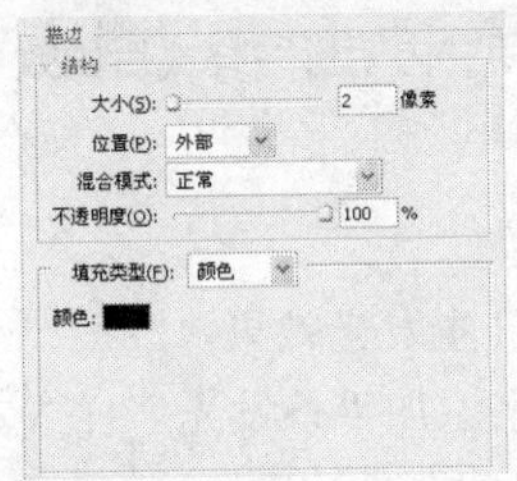

图 4-75　设置“描边”参数

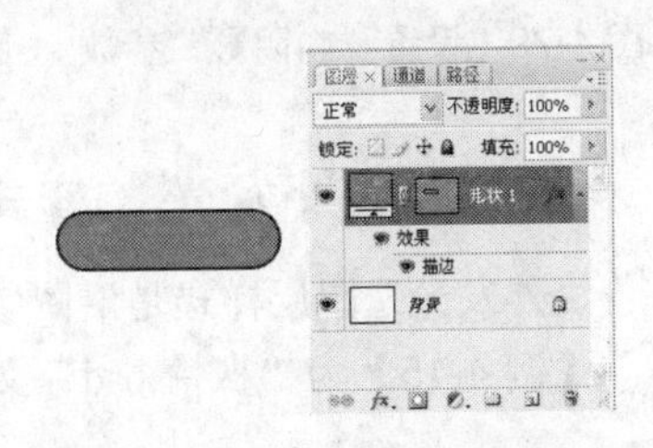

图 4-76　应用“描边”后的效果

4.3.5 “渐变叠加”样式

“渐变叠加”样式是使用一种渐变颜色覆盖在图像表面上。

【例 4-13】为上一例制作的 “按钮”图像添加“渐变叠加”样式。

Step 1：在“图层”面板底部单击“添加图层样式”按钮 fx.，在弹出的菜单中选择“渐变叠加”命令，打开“图层样式”对话框。

Step 2：在“渐变叠加”选项组中设置参数，如图 4-77 所示。

Step 3：完成后单击 确定 按钮即可，应用“渐变叠加”样式后的效果如图 4-78 所示。

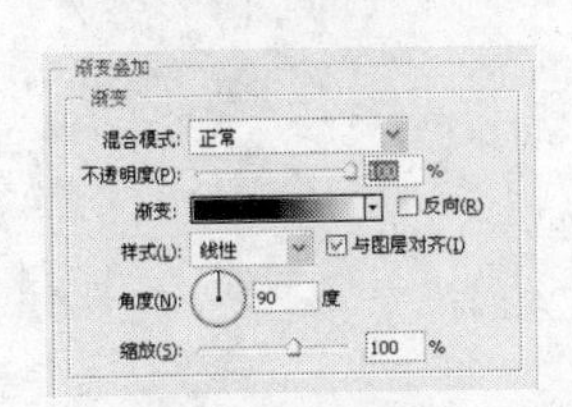

图 4-77　设置“渐变叠加”参数

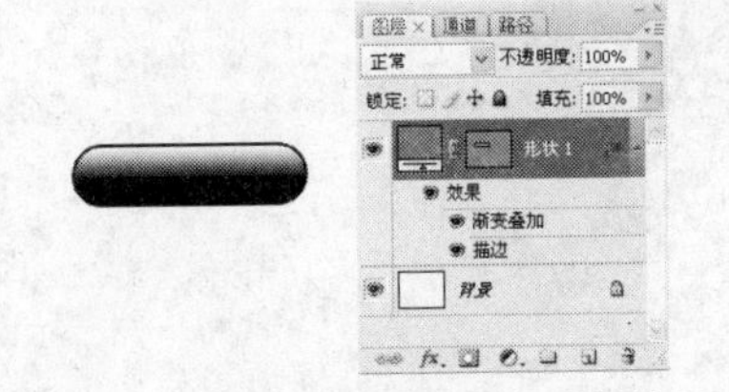

图 4-78　应用“渐变叠加”后的效果

4.3.6 “内阴影”样式

“内阴影”样式是沿图像边缘向内产生的投影效果。

【例 4-14】为上一例制作的 “按钮”图像添加“内阴影”样式。

完成效果：效果文件\第 4 章\按钮.psd

Step 1: 双击按钮所在图层，为其添加“内发光”样式，其中颜色为白色到透明的渐变色，大小为 5，其他保持默认参数，然后在左侧“样式”栏中选中“内阴影”复选项。

Step 2: 在右侧设置内阴影的参数，如图 4-79 所示。

Step 3: 完成后单击 确定 按钮即可，应用“内阴影”样式后的效果如图 4-80 所示。

Step 4: 利用相同的方法，为按钮图像添加投影样式，设置距离为 5，大小为 6，其他参数保持默认即可，完成后的最终效果如图 7-81 所示。

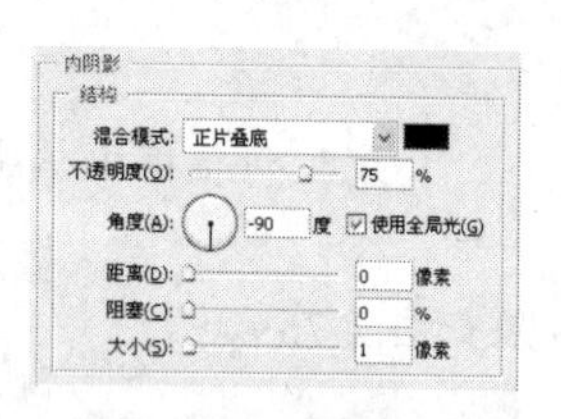

图 4-79 设置“内阴影”参数

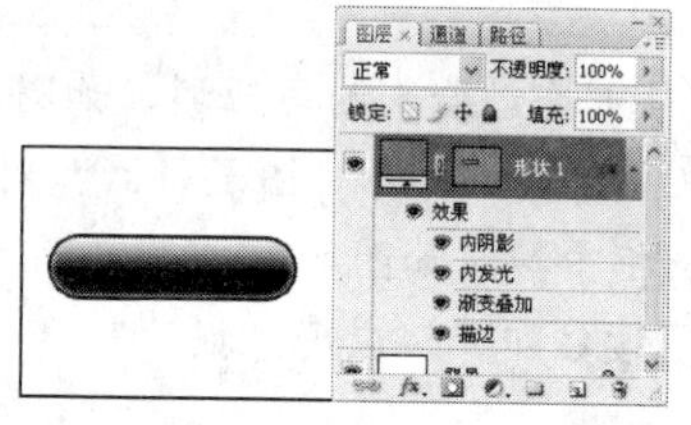

图 4-80 应用“内阴影”样式后的效果

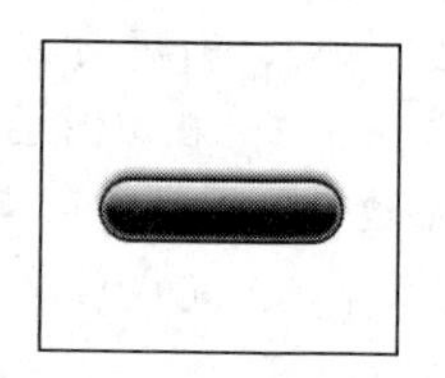

图 4-81 应用“投影”后的效果

4.3.7 “外发光”样式

“外发光”图层样式是沿图像边缘向外产生发光效果。

【例 4-15】为“枫情.psd”文件中的文字添加“外发光”样式。

所用素材： 素材文件\第 4 章\枫情.psd　　**完成效果：** 效果文件\第 4 章\枫情.psd

Step 1: 打开“枫情.psd”图像文件，选择文字所在的图层，如图 4-82 所示。

Step 2: 选择【图层】/【图层样式】/【外发光】命令，打开“图层样式”对话框。

Step 3: 在其中设置外发光的“方法”、“扩展”和“大小”等，如图 4-83 所示。

Step 4: 完成后单击 确定 按钮即可，应用“外发光”样式后的效果如图 4-84 所示。

图 4-82 打开素材

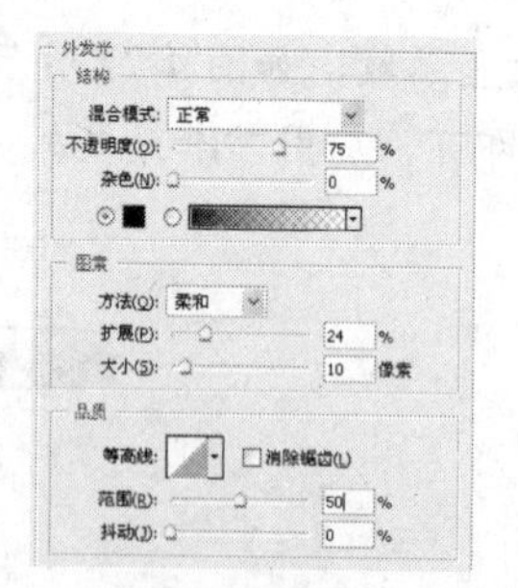

图 4-83 设置“外发光”样式参数

图 4-84 应用“外发光”后的效果

4.3.8 “光泽”样式

使用“光泽”样式可以在图像内部产生游离的发光效果。

【例 4-16】为“玫瑰.jpg”图像添加“光泽”样式。

所用素材： 素材文件\第 4 章\玫瑰.jpg　　**完成效果：** 效果文件\第 4 章\玫瑰.psd

Step 1：打开“玫瑰.jpg”图像文件，如图4-85所示，然后双击背景图层，在弹出的对话框中单击 确定 按钮，将背景图层解锁。

Step 2：选择【图层】/【图层样式】/【光泽】命令，打开“图层样式”对话框。

Step 3：在其中设置光泽的“角度”、“距离”、“大小”和“等高线”等，如图4-86所示。

Step 4：完成后单击 确定 按钮即可，应用“光泽”样式后的效果如图4-87所示。

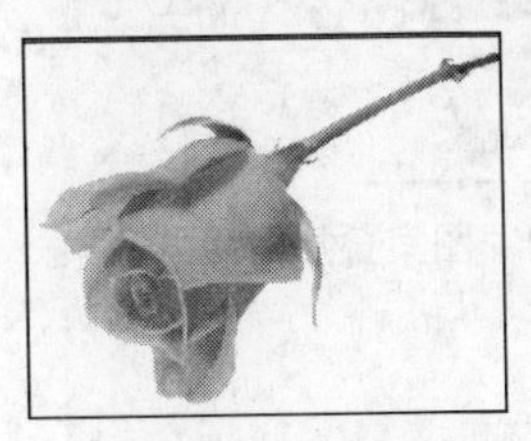

图4-85 打开素材

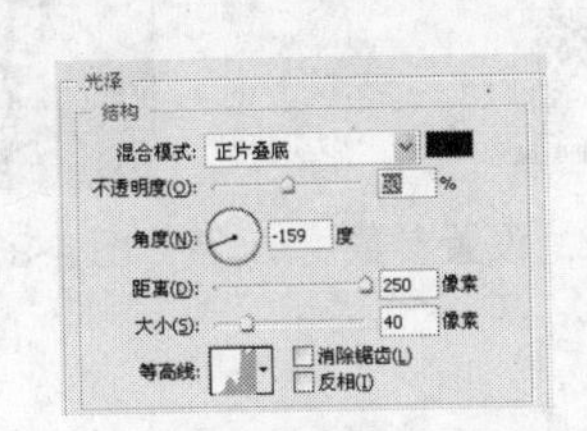

图4-86 设置“光泽”样式参数

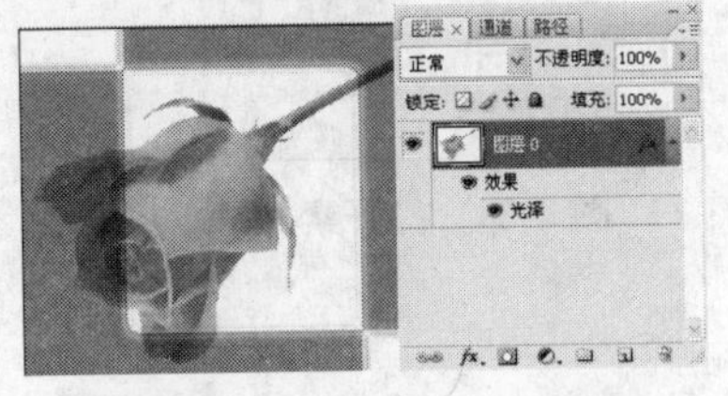

图4-87 应用“光泽”后效果

4.3.9 “颜色叠加”样式

“颜色叠加”样式是使用一种颜色覆盖在图像表面上。

【例4-17】为“黑白.psd”图像文件中的文字添加“颜色叠加”样式。

所用素材：素材文件\第4章\黑白.psd　**完成效果**：效果文件\第4章\颜色叠加.psd

Step 1：打开“黑白.psd”图像文件，如图4-88所示，然后选择其中文字所在的图层。

Step 2：选择【图层】/【图层样式】/【颜色叠加】命令，打开“图层样式”对话框。

Step 3：在其中设置“颜色叠加”的颜色为白色，“不透明度”为100%，如图4-89所示。

Step 4：完成后单击 确定 按钮即可，应用“颜色叠加”样式后的效果如图4-90所示。

图4-88 打开素材

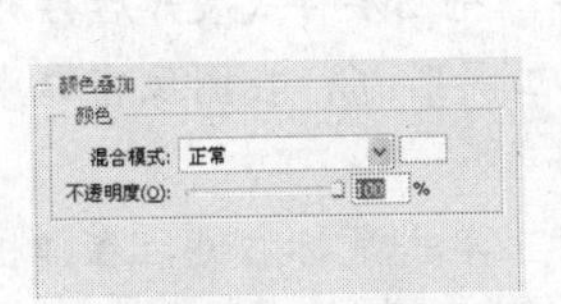

图4-89 设置参数

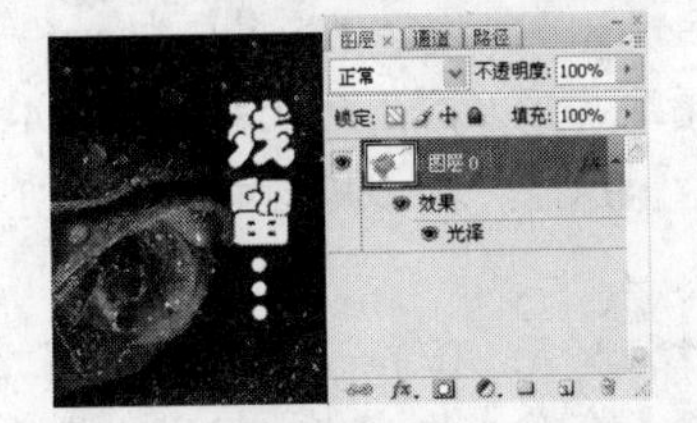

图4-90 应用“颜色叠加”后的效果

4.3.10 “图案叠加”样式

“图案叠加”样式就是使用一种图案覆盖在图像表面上。

【例4-18】为“荷花.psd”图像文件中的花图像添加“图案叠加”样式。

所用素材：素材文件\第4章\荷花.psd　**完成效果**：效果文件\第4章\荷花.psd

Step 1：打开“荷花.psd”图像文件，如图4-91所示，然后选择其中文字所在的图层。

Step 2：选择【图层】/【图层样式】/【图案叠加】命令，打开“图层样式”对话框。

Step 3：在其中设置图案叠加的"模式"为"正片叠底"，"图案"为鱼眼棋盘，如图 4-92 所示。

Step 4：完成后单击 确定 按钮即可，应用"图案叠加"样式后的效果如图 4-93 所示。

图 4-91　打开素材

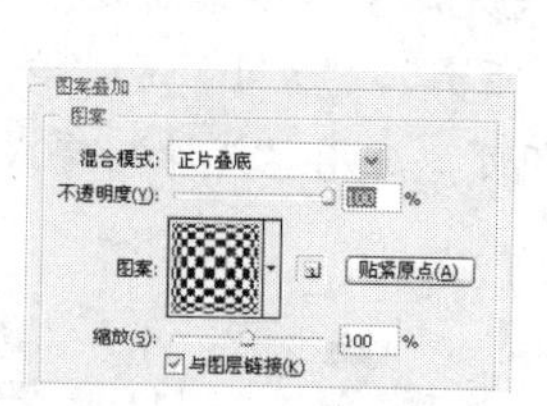

图 4-92　设置参数

图 4-93　应用"图案叠加"后的效果

4.4 管理图层

在 Photoshop CS3 中创建图层或应用了图层样式后，可以对其进行管理，包括管理图层样式、创建图层组和使用调制图层。

4.4.1　管理图层样式

对于图层的样式可以进行管理，如查看或在原图层样式的基础上快速编辑所需的图层样式效果，以及清除不需要的图层样式等。

【例 4-19】制作路牌广告上的其他文字效果。

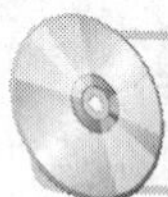

所用素材：素材文件\第 4 章\路牌广告.psd　**完成效果**：效果文件\第 4 章\路牌广告.psd

Step 1：打开"路牌广告.psd"图像文件，单击文字图层右侧的按钮，将文字图层样式展开，便于查看文字图层应用的效果，如图 4-94 所示。将图层样式展开后再次单击按钮，即可折叠图层样式。

Step 2：在工具箱中选择"直排文字工具" T，在图像窗口中输入文本"城市绿洲给您更好的选择"。

Step 3：在第一个文字图层的图标上单击鼠标右键，在弹出的快捷菜单中选择"拷贝图层样式"命令，然后在"城市绿洲给您更好的选择"图层上单击鼠标右键，在弹出的快捷菜单中选择"粘贴图层样式"命令，将图层样式复制应用到该图层上，效果如图 4-95 所示。

图 4-94　展开图层样式

图 4-95　复制图层样式

Step 4：在"图层"面板中双击"城市绿洲给您更好的选择"图层，打开"图层样式"对话框，在其中选中"光泽"复选项，然后在右侧设置参数，如图 4-96 所示，为图层添加"光泽"图层样式。

Step 5：完成后单击 确定 按钮即可，完成后的最终效果如图 4-97 所示。

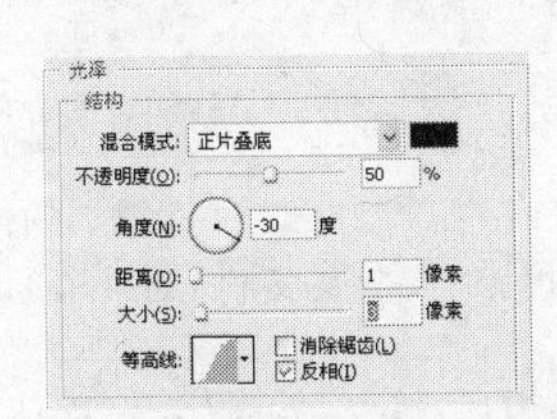

图 4-96　设置"光泽"样式参数

图 4-97　完成的最终效果

提示：若发现添加后或复制的图层样式不符合需要，可以在"图层"面板中双击相应的图层效果名称，然后在打开的"图层样式"对话框中修改相应参数即可。

4.4.2　创建图层组

创建图层组是将需要进行统一移动、复制和删除等编辑操作的多个图层放置在一个图层组中。创建图层组后，图层组中的图层仍然以"图层"面板中的排列顺序在图像窗口中进行显示。

【例 4-20】在"精美壁纸.psd"图像文件中创建一个图层组，包括除文字图层外的所有图层。

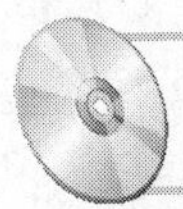

所用素材：素材文件\第 4 章\精美壁纸.psd

Step 1：打开"精美壁纸.psd"图像文件，单击"图层 2"，如图 4-98 所示。

Step 2：选择【图层】/【新建】/【组】命令，打开"新建组"对话框，在"名称"文本框中输入新建组的名称"壁纸图像"，如图 4-99 所示，然后单击 确定 按钮。

Step 3：创建的图层组将显示在"图层 2"上面，分别拖动图层到"壁纸图像"组中，如图 4-100 所示。完成后的最终效果如图 4-101 所示。

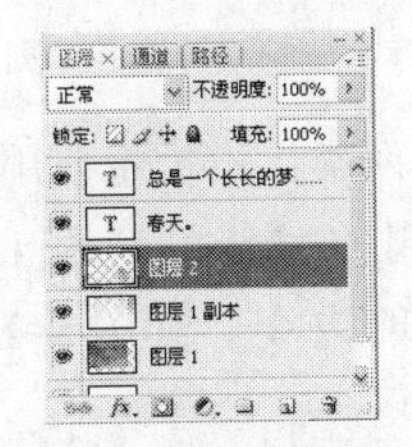

图 4-98　选择图层

图 4-99　创建图层组

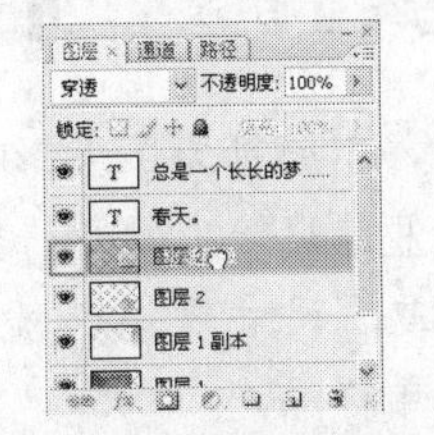

图 4-100　调整图层顺序

图 4-101　最终效果

【知识补充】当"图层"面板中的组处于选中状态时，后面创建的图层都会自动添加到当前组中，另外，默认情况下，图层组呈展开状态，显示该组包含的图层，单击图层组左侧的▼按钮，可隐藏图层组中的内容。

提示：单击"图层"面板底部的"创建新组"按钮 ，也可以在"图层"面板中创建图层组。

4.4.3　使用调整图层

在 Photoshop 中应用调整图层可将颜色和色调调整应用于图像，而不会永久更改像素值。

使用调整图层能在“图层”面板中增加一个调整图层。选择【图层】/【新建调整图层】命令，选择所需的调整命令选项，即可进行设置。

【例 4-21】在“精美壁纸.psd”图像文件中创建一个调整图层，然后统一调整图像的色调。

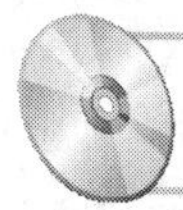

所用素材：素材文件\第 4 章\精美壁纸.psd　　**完成效果**：效果文件\第 4 章\调整图层.psd

Step 1：打开“精美壁纸.psd”图像文件，选择【图层】/【新建调整图层】/【色相/饱和度】命令。

Step 2：打开“新建图层”对话框，其中参数保持默认，然后单击[确定]按钮。

Step 3：打开“色相/饱和度”对话框，在其中进行设置，如图 4-102 所示，完成后单击[确定]按钮即可，效果如图 4-103 所示。

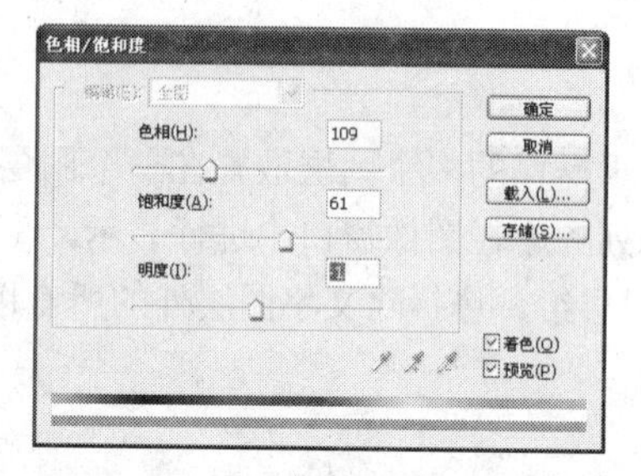

图 4-102　“色相/饱和度”对话框

图 4-103　完成效果

提示：调整图层将影响其下方的所有图层，通过一次调整即可同时校正多个图层。

4.5 应用实践——制作咖啡宣传单

宣传单又称为传单，主要是为扩大影响力而做的一种纸面宣传材料。常分为两类：一类主要用于推销产品、发布一些商业信息等；另外一类则是义务宣传。目前一般印刷厂印刷的宣传单是用 157 克双铜纸拼版印刷而成，尺寸规格一般为 210mm×285mm，即复印纸 A4 的大小。如图 4-104 所示为几种常见的宣传单样品。

图 4-104　企业宣传单和商品宣传单样品

本例将根据客户提出的要求和提供的素材，利用图层的相关操作制作如图 4-105 所示的商品宣传单。相关要求如下。

- 商品名称：半岛咖啡。
- 制作要求：突出产品，画面美观，能体现视觉、味觉等特点。
- 插画尺寸：210mm × 285mm。
- 分辨率：300 像素/英寸。
- 色彩模式：RGB。

图 4-105　完成效果

所用素材： 素材文件\第 4 章\书.jpg、标志.jpg、咖啡杯.jpg

完成效果： 效果文件\第 4 章\咖啡宣传单.psd

4.5.1　宣传单的设计流程

宣传单是目前企业形象、商品和招商的宣传工具之一，因此在进行宣传单设计与制作过程中应遵循以下设计流程。

（1）在设计前期，与客户沟通并确定宣传单的大小尺寸和宣传单上要传达的内容。

（2）根据客户提供的素材和要求，在电脑中开始进行版式设计和排版，注意，在设计过程中既要追求画面的美感，更要体现客户的宣传内容。

（3）设计完成后将电子样品文件打印一个小样，然后送给客户审核，确定无误后即可开始批量生产。

4.5.2　宣传单的大小和类型

由于商品宣传单是企业发放的一种用于宣传的材料，因此其大小和类型也各有不同，常见的宣传单有单页宣传单和折页宣传单，规格常见的有八开或十六开，纸张一般是 105 克、128 克或 157 克铜版纸，采用正反面彩色印刷。

4.5.3　“咖啡”宣传单的创意分析和设计思路

宣传单的制作一般包含有企业标志、商品图片和广告语等内容，一些宣传单还会根据客户的要求添加店面地址、活动时间和折扣信息等内容。本例主要是制作一张咖啡店内的宣传单，从咖啡的消费特点出发，来体现视觉、味觉上的冲击，诱发消费者的购买欲望。对广告文字添加的各种图层样式重点宣传该企业的经营理念，从而让消费者更加信赖产品。

本例的设计思路如图 4-106 所示，首先利用创建选区、填充选区和排列图像等图层的基本操作来制作背景，然后将素材移动到图像中，最后添加文字，设置图层样式，并整体调整图像的颜色即可。

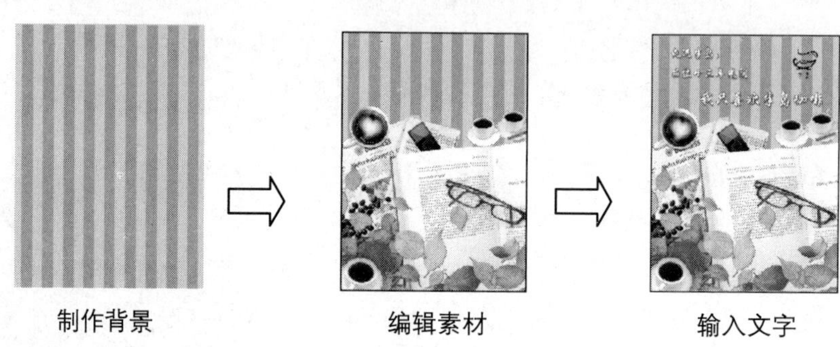

图 4-106　咖啡宣传单的制作思路

4.5.4　制作过程

1. 制作背景

Step 1：启动 Photoshop CS3，新建一个宽度为 210mm、高度为 285mm、分辨率为 300 像素/英寸、颜色模式为 CMYK 模式的图像文件，并将其保存为“咖啡宣传单”。

Step 2：单击“图层”面板下的“新建图层”按钮，创建一个新图层，选择【编辑】/【填充】命令，设置图像以编织物图案填充背景，效果如图 4-107 所示。

Step 3：在工具箱中选择“矩形选框工具”，在图像窗口中绘制一个矩形，并填充为褐色（R：176，G：143，B：106），效果如图 4-108 所示。

Step 4：按“Ctrl+D”键取消选区，选择“图层 1”，连续按 8 次“Ctrl+J”键复制图层。

Step 5：选择“图层 1 副本 8”图层，然后在工具箱中选择“移动工具”，将图像移动到最右边。

Step 6：在“图层”面板中利用“Shift”键选中“图层 1”到“图层 1 副本 8”图层，然后单击属性栏中“水平居中分布”按钮，排列图形，效果如图 4-109 所示。

Step 7：选择【图层】/【合并图层】命令，将图层进行合并。

图 4-107　填充背景

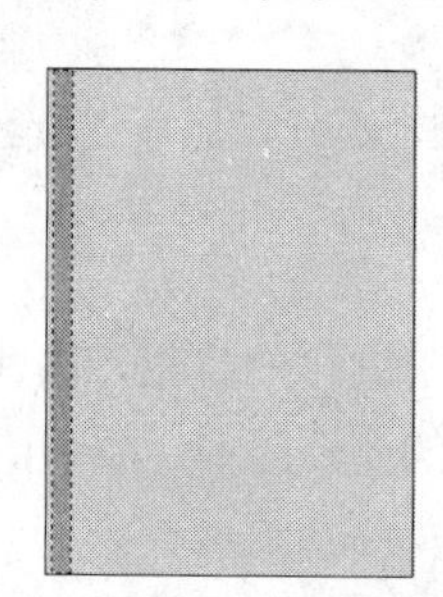

图 4-108　绘制矩形

图 4-109　排列分布图层

2. 移动素材

Step 1：打开“咖啡杯.jpg”、“书.jpg”和“标志.jpg”图像文件，利用“快速选择工具”，将“咖啡杯.jpg”图像文件中的杯子图像分别选取，然后移动到图像窗口中，如图 4-110 所示。

Step 2：将“标志.jpg”图像文件中的标志选取，然后移动到图像窗口中，如图 4-111 所示。

Step 3：将“书.jpg”图像文件中的书图像选取，然后移动到图像窗口中，将“图层 6”移动到“图层 2”的下方，如图 4-112 所示。

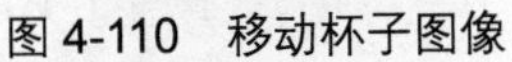

图4-110　移动杯子图像

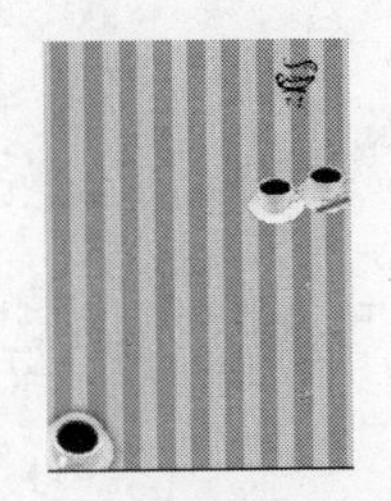

图4-111　移动标志图像

图4-112　调整图层顺序

3. 设置图层样式

Step 1：在工具箱中选择“横排文字工具”T，在图像中输入“走进半岛，品味十三年光阴”，在工具选项栏设置文字“字体”为“华文行楷”，“字号”为“36点”，颜色为白色，效果如图4-113所示。

Step 2：继续使用“横排文字工具”在图像中输入“我只喜欢半岛咖啡”文本，设置“字号”为“50点”，效果如图4-114所示。

Step 3：选择“走进半岛，品味十三年光阴”图层，在“图层”面板底部单击“添加图层样式”按钮fx，在弹出的菜单中选择“投影”命令，打开“图层样式”对话框，在右侧设置“投影”参数如图4-115所示。

图4-113　输入文字

图4-114　输入其他文字

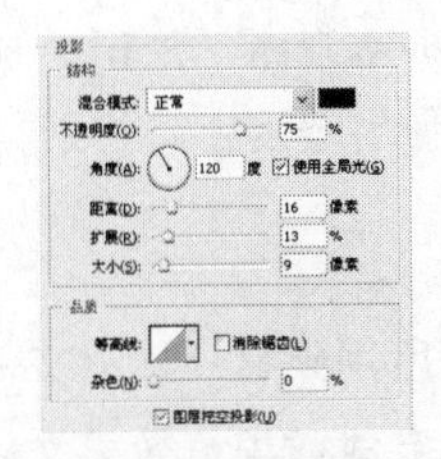

图4-115　设置“投影”参数

Step 4：在左侧样式栏中选中“描边”复选项，在右侧设置“描边”参数如图4-116所示。

Step 5：完成后单击 确定 按钮，即可应用图层样式，效果如图4-117所示。

Step 6：在图层上单击鼠标右键，在弹出的快捷菜单中选择“拷贝图层样式”命令，然后选择“我只喜欢半岛咖啡”图层，在其上单击鼠标右键，在弹出的快捷菜单中选择“粘贴图层样式”命令，即可将图层样式复制到该图层上，效果如图4-118所示。

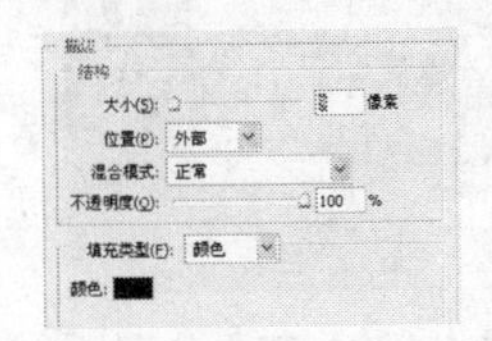

图4-116　设置“描边”参数

图4-117　应用样式后的效果

图4-118　复制图层样式效果

4.6 练习与上机

1. 单项选择题

（1）单击“图层”面板底部（　　）按钮可以创建一个空白图层。

A. 按钮　　B. 按钮　　C. 按钮　　D. 按钮

（2）对图层进行合并操作时，不可以进行（　　）方式的合并。

A. 向下合并　　B. 盖印　　C. 拼合图层　　D. 合并可见图层

（3）在 Photoshop 众多的图层类型中，可以从整体上调整图像的明暗及色相饱和度的图层是（　　）。

A. 文字图层　　B. 形状图层　　C. 背景图层　　D. 调整图层

2. 多项选择题

（1）下面属于图层混合模式的有（　　）。

A. 正片叠底　　B. 颜色加深　　C. 灰度　　D. 线性光

（2）下面关于图层样式的叙述正确的是（　　）。

A. 使用投影样式可以设置图层具有光照后投影的效果

B. 内阴影样式可以使图像边缘产生立体的倾斜效果，整个图像产生浮雕般的效果

C. 描边样式可以沿图像边缘填充一种颜色

D. 图案叠加样式就是使用一种图案覆盖在图像表面上

3. 简单操作题

（1）根据本章所学知识，制作一个办公楼效果图，如图 4-119 所示。

提示：使用选区工具将素材选取后移动到图像窗口中，然后调整图层的顺序等。

所用素材：素材文件\第 4 章\素材.psd、配景素材.psd

完成效果：效果文件\第 4 章\办公楼效果.psd

图 4-119　办公楼效果

（2）打开提供的图像素材，利用前面所学的图层样式等知识，制作如图 4-120 所示的房地产广告。

提示：使用“移动工具”将素材移动到图像窗口中，然后通过对图层样式的调整和调整图层的使用来制作即可。本练习可结合光盘中的视频演示进行学习。

所用素材：素材文件\第 4 章\别墅.jpg、植物.psd、茶杯.psd

完成效果：效果文件\第 4 章\花园公寓.psd

图 4-120　花园公寓

4. 综合操作题

（1）制作液晶电视宣传单，要求大小为 210mm×285mm、分辨率为 300 像素/英寸、色彩模式为 CMYK 模式，保留图层。参考效果如图 4-121 所示。

（2）根据提供的图像素材制作茶的宣传单，要求文件大小为 210mm×148mm、分辨率为 150 像素/英寸、色彩模式为 RGB 模式，宣传单主要突出茶的韵味，给人以味觉上的享受，并配以茶杯等相关图像。所需素材和参考效果如图 4-122 所示。

所用素材：素材文件\第 4 章\液晶电视.jpg
完成效果：效果文件\第 4 章\液晶电视宣传单.psd

图 4-121　制作 POP 广告

所用素材：素材文件\第 5 章\茶杯.jpg、茶壶.jpg、背景.jpg
完成效果：效果文件\第 5 章\茶宣传单.psd
视频演示：第 5 章\应用实践\制作茶宣传单.swf

图 4-122　茶杯素材和宣传单效果

拓展知识

宣传单根据行业和目的的不同，其类别也多种多样，如展会招商宣传、房产招商楼盘销售、学校招生、产品推介、旅游景点推广、特约加盟、推广品牌提升、宾馆酒店宣传、使用说明和上市宣传等。在设计其他各类宣传单时还需要注意以下方面的内容。

一、宣传单的行业设计分类要求

IT 企业宣传单，设计要求简洁明快，并结合 IT 企业的特点，融入高科技的信息，体现 IT 企业的行业特点；房产宣传单，一般根据房地产的楼盘销售情况做相应的设计，要求体现时尚、前卫、和谐和人文环境等；酒店宣传单，设计要求体现高档，享受等感觉，可用一些独特的元素来体现酒店的品质；学校宣传宣传单，根据用途不同大致分为形象宣传、招生、毕业留念册等；招商宣传单，主要体现招商的概念，展现自身的优势，吸引投资者的兴趣。

二、宣传单欣赏

如图 4-123 所示形象宣传单的主要内容是宣传企业的理念，如图 4-124 所示招商宣传单的主要内容则是宣传企业自身的优势，并达到招商引资的目的。来源于图片作坊网站 51ps。

图 4-123　企业形象宣传单

图 4-124　招商宣传单

第 5 章 图像色彩的调整

学习目标

学习在设计中利用图像调整功能来处理图像的色彩，从而使图像色彩更加丰富，包括整体调整、局部调整和调整特殊色彩等方法来对图像的亮度、对比度、色相和饱和度等参数进行设置，并了解处理艺术婚纱照的相关方法。

学习重点

掌握利用各种色彩调整命令来调整图像的色彩的方法，以及调整特殊色彩的方法等操作，并能通过对图像色彩的调整制作艺术类照片。

主要内容

- 整体调整图像色彩
- 局部调整图像色彩
- 调整图像特殊色彩
- 处理艺术婚纱照

5.1 整体调整图像色彩

图像的色彩构成是指将两个以上的色彩要素按照一定的规则进行组合和搭配，从而形成新的色彩关系。色彩构成的目的是为了搭配新的色彩关系，从而形成美的色彩感，色彩调整主要是通过色彩搭配形成适合作品本身的色彩的操作。

在平面设计中，色彩一直是设计师们最为重视的设计要素，Photoshop 提供了强大的图像色彩调整功能，内置的多种色彩调整命令可以快速实现对图像色彩的调整。

5.1.1 “色阶”命令

“色阶”命令常用来较精确地调整图像的中间色和对比度，是照片处理使用最频繁的命令之一。

【例 5-1】利用“色彩”命令来调整一幅曝光不足的照片。

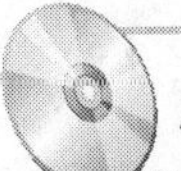

所用素材：素材文件\第 5 章\照片 1.jpg　**完成效果：**效果文件\第 5 章\照片 1.jpg

Step 1: 打开“照片 1.jpg”图像文件，可以发现该照片因为曝光不足而显得偏暗。

Step 2: 选择【图像】/【调整】/【色阶】命令，打开“色阶”对话框，使用鼠标向左拖动白色输入滑块，或在其下的数值框中输入数值 182，用来设置增加曝光度。

Step 3: 向左拖动灰色输入滑块，或在其下的数值框中输入数值 1.65，用来设置增加亮度，如图 5-1 所示。

Step 4: 完成后单击 确定 按钮即可，前后的效果对比如图 5-2 所示。

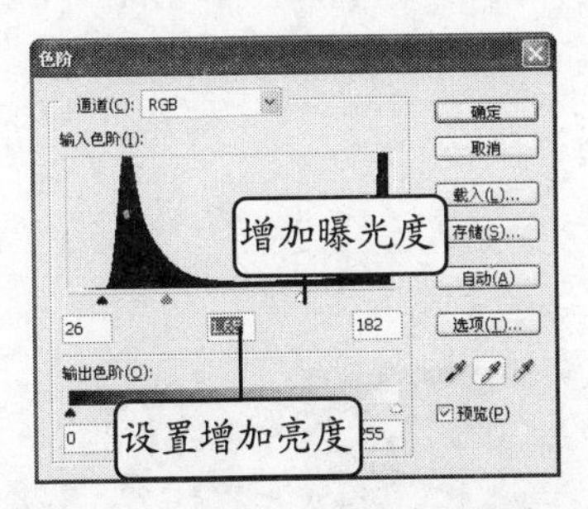

图 5-1　打开“色阶”对话框

图 5-2　色阶调整前后的效果

【知识补充】在“色阶”对话框中，其他各选项含义如下。

- “通道”下拉列表框：用于设置需要调整的颜色通道。这个选项与当前调整图像的颜色模式有关，可以选择 RGB 模式，对图像中所有颜色同时进行调整，也可以选择红色通道、绿色通道或蓝色通道单独进行调整。
- “输出色阶”文本框：用于调整图像的亮度和对比度，与下方的两个滑块相对应。色带最左侧的黑色滑块表示图像的最暗值，右侧的白色滑块表示图像中的最亮值，将滑块向左拖动时图像将变暗，向右拖动时图像将变亮。
- “吸管工具”按钮组：用黑色吸管单击图像时，可使图像变暗；用灰色吸管单击图像时，将使用吸管单击处的像素亮度来调整图像所有像素的亮度；用白色吸管单击图像时，图像上所有像素的亮度值都会加上该吸取色的亮度值，使图像变亮。

- 自动(A) 按钮：单击该按钮，系统将应用自动校正功能来调整图像。
- 存储(S)... 按钮：单击该按钮，以文件的形式存储当前对话框中色阶的参数设置。
- 载入(L)... 按钮：单击该按钮，可载入存储的 ALV 文件中的调整参数。
- 选项(T)... 按钮：单击该按钮，将打开“自动颜色校正选项”对话框，可以设置暗调、中间值的切换颜色，以及设置自动颜色校正的算法。
- “预览”复选项：选中该复选项，在图像窗口中可实时预览图像调整后的效果。

提示：选择【图像】/【调整】/【自动色阶】命令，系统将会自动评估图像中的整体色阶，并自动作出调整色阶的处理。

5.1.2 “曲线”命令

使用“曲线”命令也可以调整图像的亮度、对比度和纠正偏色等，与“色阶”命令相比，该命令的调整更为精确。

【例 5-2】利用“曲线”命令来增加照片的高光。

所用素材：素材文件\第 5 章\照片 2.jpg　　**完成效果**：效果文件\第 5 章\照片 2.jpg

Step 1：打开“照片 2.jpg”图像文件，可以发现该照片亮度不足，需要整体调整其亮度。

Step 2：选择【图像】/【调整】/【曲线】命令，打开“曲线”对话框，在其中的曲线框中按住鼠标不放，拖动曲线调整图像的亮度，如图 5-3 所示。

Step 3：完成后单击 确定 按钮即可，前后效果对比如图 5-4 所示。

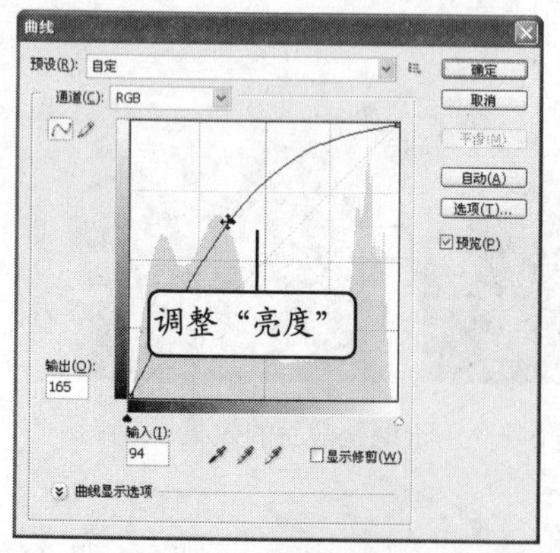

图 5-3　打开“曲线”对话框

图 5-4　“色阶”调整前后的效果

注意：按“Ctrl+B”键可快速打开“曲线”对话框，在其中向上拖动曲线可以增加图像的亮度，向下拖动曲线时，则可以降低图像的亮度。

5.1.3 “色彩平衡”命令

使用“色彩平衡”命令可以在图像原色的基础上根据需要添加其他颜色，或通过增加某种颜色的补色，以减少该颜色的数量，从而改变图像的原色彩。

【例 5-3】利用“色彩平衡”命令对照片中的颜色进行调整，使其产生季节过渡的效果。

所用素材：素材文件\第 5 章\照片 3.jpg　　**完成效果**：效果文件\第 5 章\照片 3.jpg

Step 1：打开“照片 3.jpg”图像文件，如图 5-5 所示。

Step 2：选择【图像】/【调整】/【色彩平衡】命令，打开“色彩平衡”对话框，在其中向右拖动“青色-红色”滑块，以减少照片中的青色，向左拖动“青色-洋红”滑块，以减少照片中的青色，如图 5-6 所示。

Step 3：完成后单击 确定 按钮即可，完成后的效果如图 5-7 所示。

图 5-5　素材图像

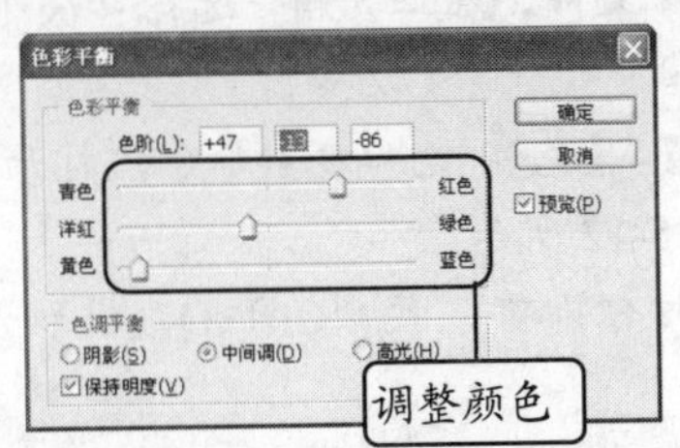

图 5-6　打开“色彩平衡”对话框

图 5-7　调整后的效果

提示：阴影、中间调和高光分别对应图像中的低色调、半色调和高色调，选中相应的单选项表示要对图像中对应的色调区域进行调整。

5.1.4 “亮度/对比度”命令

“亮度/对比度”命令专用于调整图像的亮度和对比度，是最为简单、直接的调整命令，也是用户常用的调整色彩的方法。

【例 5-4】利用“亮度/对比度”命令，在“照片 4.jpg”素材图像中调整图像的亮度。

所用素材：素材文件\第 5 章\照片 4.jpg　　**完成效果**：效果文件\第 5 章\照片 4.jpg

Step 1：打开“照片 4.jpg”图像文件，如图 5-8 所示。

Step 2：选择【图像】/【调整】/【亮度/对比度】命令，打开“亮度/对比度”对话框，在其中拖动滑块，调整亮度和对比度，如图 5-9 所示。

Step 3：完成后单击 确定 按钮即可，完成后的效果如图 5-10 所示。

图 5-8　素材图像

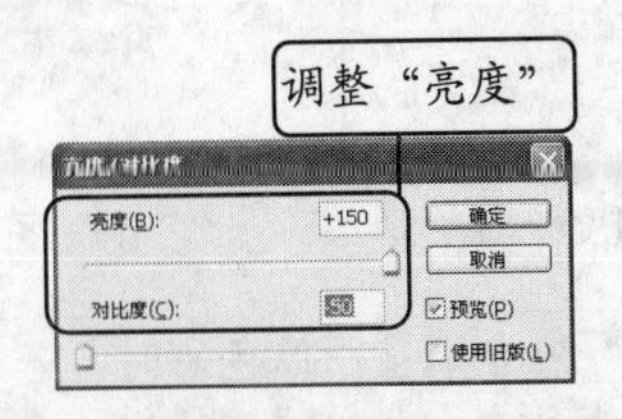

图 5-9　打开“色彩平衡”对话框

图 5-10　调整后的效果

提示：选择【图像】/【调整】/【自动对比度】命令，系统将会自动评估图像中的对比关系，并自动调整对比度。

5.1.5 “色相/饱和度”命令

“色相/饱和度”命令主要是对图像的色相、饱和度和亮度进行调整，从而达到改变图像色彩的目的。

【例 5-5】利用“色相/饱和度”命令，在“照片 5.jpg”素材图像中调整树叶的颜色。

所用素材：素材文件\第 5 章\照片 5.jpg　　完成效果：效果文件\第 5 章\照片 5.jpg

Step 1：打开“照片 5.jpg”图像文件，在工具箱中选择“快速选择工具”，在图像中创建一片叶子选区，如图 5-11 所示。

Step 2：选择【图像】/【调整】/【色相/饱和度】命令，打开“色相/饱和度”对话框，在其中拖动滑块，设置色相和饱和度，如图 5-12 所示。

Step 3：完成后单击 确定 按钮即可，按“Ctrl+D”键取消选区，完成后的效果如图 5-13 所示。

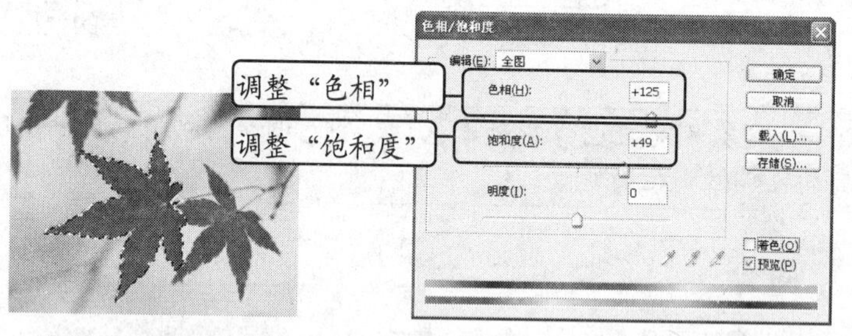

图 5-11　素材图像　　图 5-12　打开“色相/饱和度”对话框

图 5-13　调整后的效果

Step 4：利用“快速选择工具”，为另一片叶子创建选区。

Step 5：选择【图像】/【调整】/【色相/饱和度】命令，打开“色相/饱和度”对话框，选中“着色”复选项，然后在其中拖动滑块，设置色相和饱和度，如图 5-14 所示。

Step 6：完成后单击 确定 按钮即可，完成后的效果如图 5-15 所示。

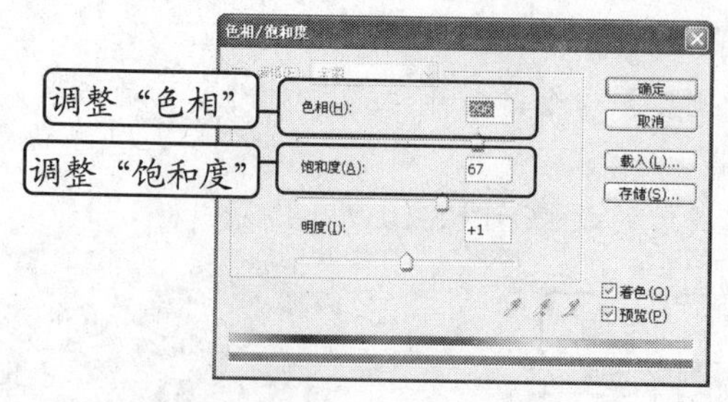

图 5-14　打开“色相/饱和度”对话框

图 5-15　完成效果

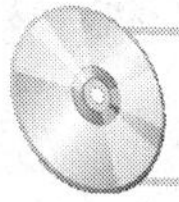

提示：通过“色相/饱和度”命令调整图像色彩时，若被调整的图像无色或以灰色显示，应先选中“着色”复选项，再进行调整，“着色”复选项主要是以另一种颜色代替原有的颜色。

5.1.6 “渐变映射”命令

“渐变映射”命令主要用于对图像以渐变颜色进行叠加，从而改变图像的色彩。

【例 5-6】利用“渐变映射”命令，在“照片 6.jpg”素材图像中调整图像的整体颜色。

所用素材：素材文件\第 5 章\照片 6.jpg　　**完成效果**：效果文件\第 5 章\照片 6.jpg

Step 1：打开“照片 6.jpg”图像文件，如图 5-16 所示。

Step 2：选择【图像】/【调整】/【渐变映射】命令，打开“渐变映射”对话框，在其中单击“灰度映射所用的渐变”下拉列表，打开“渐变编辑器”对话框。

Step 3：在打开的对话框中设置渐变颜色，如图 5-17 所示，其中第 1 个颜色滑块为黑色（R：8，G：30，B：31），第 2 个色块为褐色（R：156，G：135，B：37），第 3 个颜色滑块为蓝色（R：187，G：241，B：246），第 4 个颜色滑块与第 3 个相同，滑块可通过在渐变颜色块上单击添加。

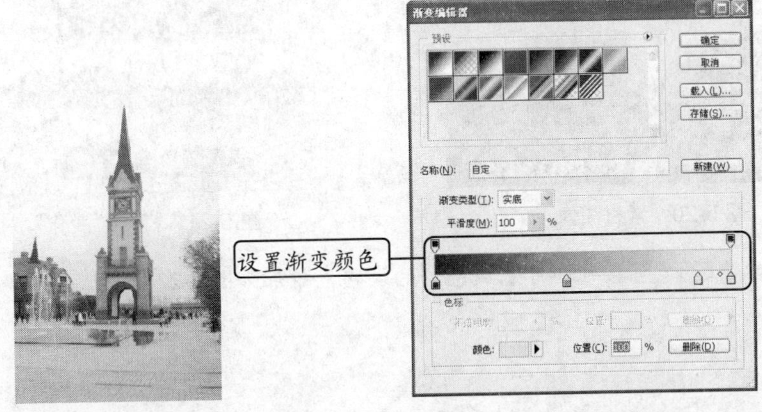

图 5-16　素材图像　　图 5-17　打开“渐变编辑器”对话框

Step 4：完成后单击 确定 按钮，返回“渐变映射”对话框，如图 5-18 所示，然后单击 确定 按钮，即可完成色彩的调整，效果如图 5-19 所示。

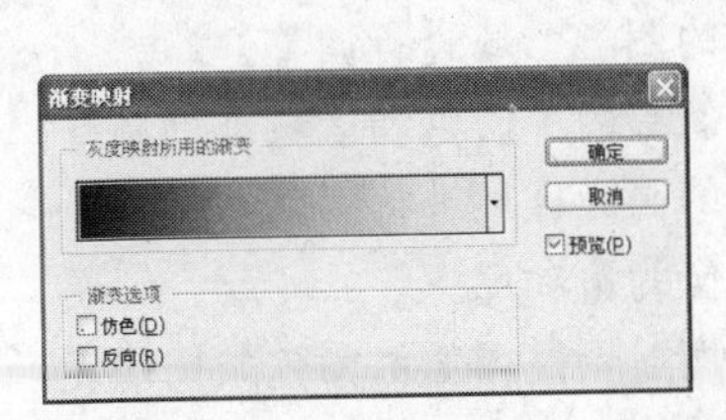

图 5-18　打开“渐变映射”对话框

图 5-19　调整后的效果

提示：若在“渐变映射”对话框中选中“仿色”和“反向”复选项，将实现抖动渐变和反转渐变。

5.1.7 “变化”命令

使用“变化”命令可以直观地为图像增加或减少某些色彩，还可以方便地控制图像的色彩关系。

【例 5-7】利用“变化”命令，修正“照片 7.jpg”素材图像的颜色。

所用素材：素材文件\第 5 章\照片 7.jpg　　**完成效果**：效果文件\第 5 章\照片 7.jpg

Step 1：打开“照片 7.jpg”图像文件，如图 5-20 所示。

Step 2：选择【图像】/【调整】/【变化】命令，打开“变化”对话框，在其中单击两次“加深蓝色”和两次“加深青色”选项，如图 5-21 所示。

图 5-20　素材图像

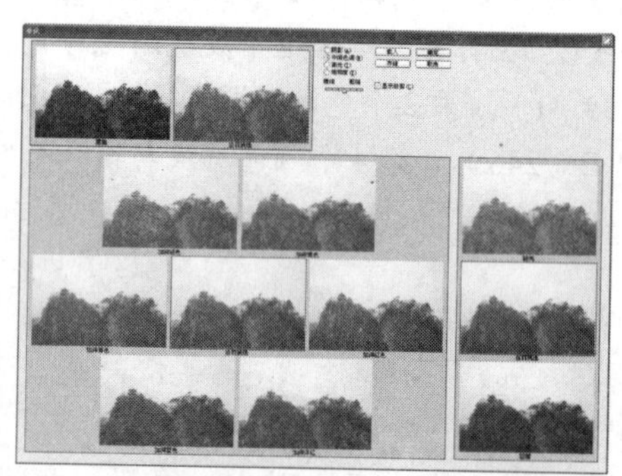

图 5-21　打开“变化”对话框

Step 3：单击 确定 按钮即可完成色彩的调整，效果如图 5-22 所示。

图 5-22　调整后的效果

【知识补充】在“变化”对话框中，其他选项含义如下。

- “阴影”单选项：选中该单选项，将对图像中的阴影区域进行调整。
- “中间色调”单选项：选中该单选项，将对图像中的中间色调区域进行调整。
- “高光”单选项：选中该单选项，将对图像中的高光区域进行调整。
- “饱和度”单选项：选中该单选项，将调整图像的饱和度。
- “加深绿色”等缩略图：可根据缩略图名称来即时调整图像的颜色或明暗度，单击次数越多，变化越明显。

5.1.8 “去色”命令

“去色”命令可以去除图像中的所有颜色信息，从而使图像呈灰色显示。

【例 5-8】利用“去色”命令，去除“照片 8.jpg”素材图像的一部分色彩。

所用素材：素材文件\第 5 章\照片 8.jpg　　**完成效果**：效果文件\第 5 章\照片 8.jpg

Step 1：打开“照片 8.jpg”图像文件，在工具箱中选择“磁性套索工具”，为图像中的花朵部分创建选区，如图 5-23 所示。

Step 2：按“Ctrl+Alt+D”快捷组合键，打开“羽化”对话框，在其中设置羽化值为 30 像素，单击 确定 按钮，羽化选区。

Step 3：按“Ctrl+Shift+I”快捷组合键，反选选区，然后选择【图像】/【调整】/【去色】命令，即可将选区中的图像去色，按“Ctrl+D”键取消选区，效果如图 5-24 所示。

图 5-23　创建选区

图 5-24　完成效果

5.1.9 “通道混合器”命令

使用“通道混合器”命令可以将图像中不同的通道颜色进行混合，从而达到改变图像色彩的目的。

【例 5-9】利用“通道混合器”命令，将“照片 9.jpg”素材图像中的海葵图像由原来的白色调整为紫色。

所用素材：素材文件\第 5 章\照片 9.jpg　　**完成效果**：效果文件\第 5 章\照片 9.jpg

Step 1：打开“照片 9.jpg”图像文件，如图 5-25 所示。

Step 2：选择【图像】/【调整】/【通道混合器】命令，打开“通道混合器”对话框，在其中的“输出通道”下拉列表框中选择“绿”选项，表示要混合“绿”通道，在“源通道”选区中拖动滑块，调整颜色参数，如图 5-26 所示。

图 5-25　素材图像

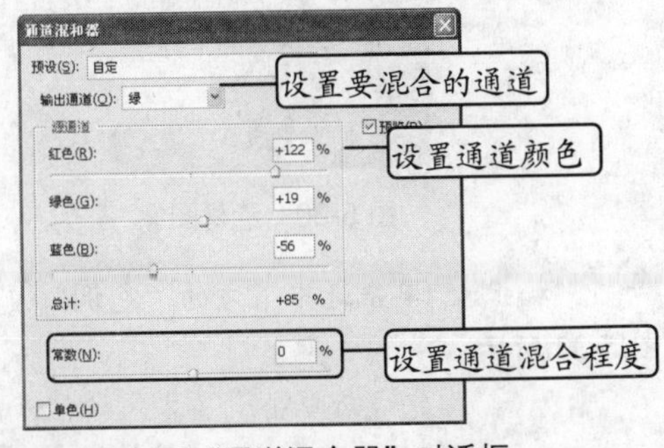

图 5-26　打开“通道混合器”对话框

Step 3：完成后单击 确定 按钮，效果如图 5-27 所示。

Step 4：选择【图像】/【调整】/【通道混合器】命令，打开“通道混合器”对话框，在其中的“输出通道”下拉列表框中选择“蓝”选项，表示要混合“蓝”通道，在“源通道”选区中拖动滑块，调整颜色参数，如图 5-28 所示。

Step 5：完成后单击 确定 按钮，最终效果如图 5-29 所示。

图 5-27　素材图像

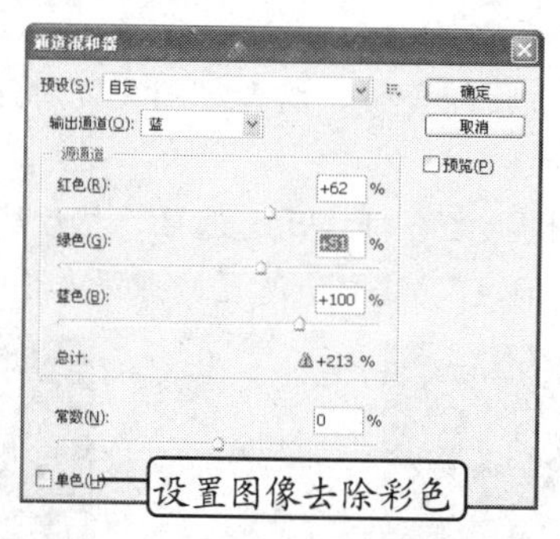

图 5-28　打开“通道混合器”对话框

图 5-29　调整后的效果

5.1.10 “黑白”命令

使用“黑白”命令可以将彩色图像转换为黑白图像，也可以根据选择的具体颜色来调整色调值和颜色浓淡。

【例 5-10】利用“黑白”命令，将“照片 10.jpg”图像处理为单色照片。

所用素材：素材文件\第 5 章\照片 10.jpg　　**完成效果**：效果文件\第 5 章\照片 10.jpg

Step 1：打开“照片 10.jpg”图像文件，如图 5-30 所示。

Step 2：选择【图像】/【调整】/【黑白】命令，打开“黑白”对话框，在其中拖动滑块设置参数，分别增加图像中颜色的百分比，如图 5-31 所示。

图 5-30　素材图像

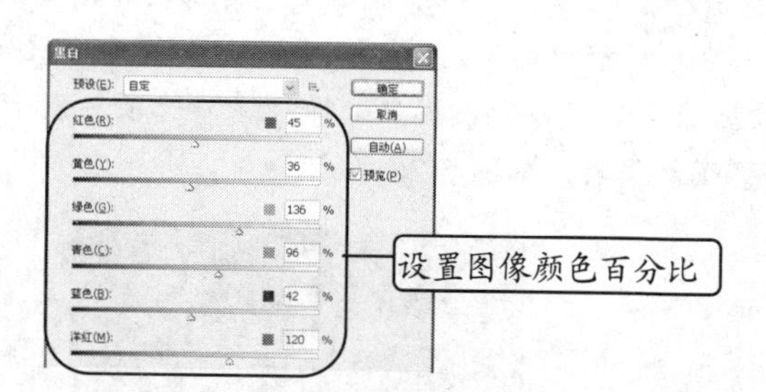

图 5-31　打开“黑白”对话框

Step 3：单击选中下方的“色调”复选项，在其中拖动滑块，设置“色相”和“饱和度”，如图 5-32 所示。

Step 4：完成后单击 确定 按钮，最终效果如图 5-33 所示。

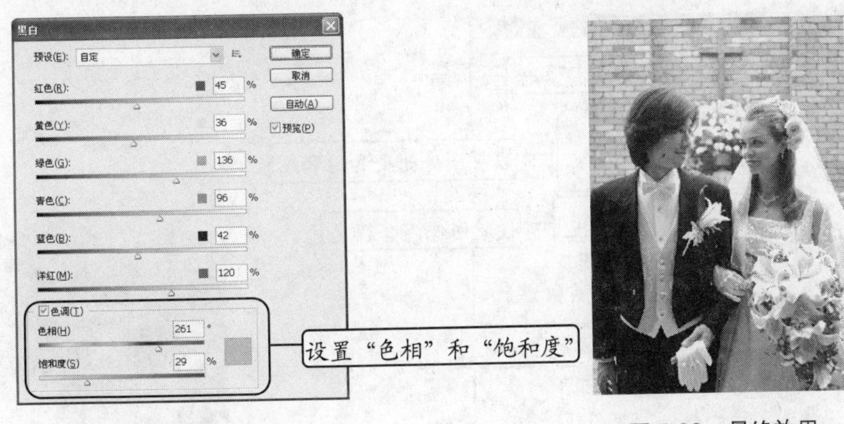

图 5-32　设置“色调”　　　　图 5-33　最终效果

5.2 局部调整图像色彩

在调整图像色彩的过程中，有时只需要调整图像中的一部分色彩，下面将介绍使用调整命令快速调整图像中部分色彩的方法。

5.2.1 “匹配颜色”命令

使用“匹配颜色”命令可以使源图像的色彩与目标图像的色彩进行混合，从而达到改变目标图像色彩的目的。

【例 5-11】利用“匹配颜色”命令，将“照片 11A.jpg”图像与“照片 11B.jpg”图像进行颜色匹配。

所用素材：素材文件\第 5 章\照片 11A.jpg、照片 11B.jpg
完成效果：效果文件\第 5 章\照片 11.jpg

Step 1：打开“照片 11A.jpg”和“照片 11B.jpg”图像文件，如图 5-34 所示。

图 5-34　打开素材图像

Step 2：在图像窗口中选择“照片 11A.jpg”图像文件，然后选择【图像】/【调整】/【匹配颜色】命令，打开“匹配颜色”对话框。

Step 3：在其中拖动滑块，设置图像的亮度和饱和度，选择源图像文件，并设置图像混合度参数，如图 5-35 所示。

Step 4：完成后单击 确定 按钮，最终效果如图 5-36 所示。

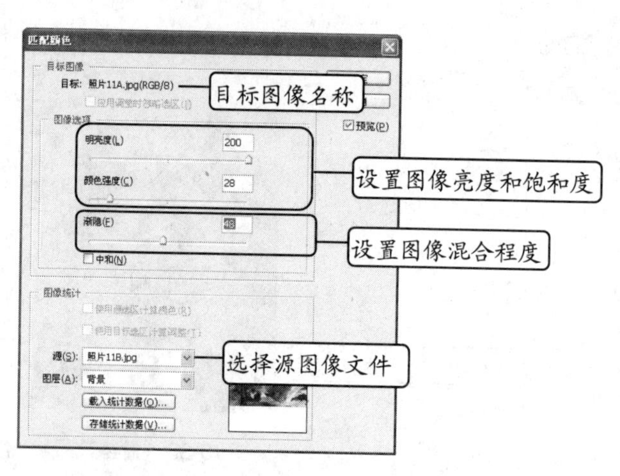

图 5-35　设置色调

图 5-36　最终效果

注意：若在“匹配颜色”对话框中没有设置源图像，则“渐隐”参数设置将不产生任何作用。

5.2.2　“可选颜色”命令

使用“可选颜色”命令可以对 RGB、CMYK 和灰度等模式的图像中的某种颜色进行调整，而不影响其他颜色。

【例 5-12】利用“可选颜色”命令，将“照片 12.jpg”图像中的黄色花朵调整为粉色。

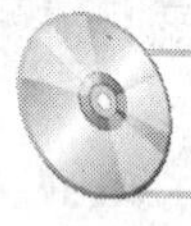

所用素材：素材文件\第 5 章\照片 12.jpg　　**完成效果**：效果文件\第 5 章\照片 12.jpg

Step 1：打开“照片 12.jpg”图像文件，如图 5-37 所示。

Step 2：选择【图像】/【调整】/【可选颜色】命令，打开“可选颜色”对话框。

Step 3：在“颜色”下拉列表框中选择需要调整的颜色，这里选择“黄色”选项，然后拖动下面的颜色滑块，设置各种颜色的参数，如图 5-38 所示。

Step 4：完成后单击 确定 按钮，最终效果如图 5-39 所示。

图 5-37　素材图像

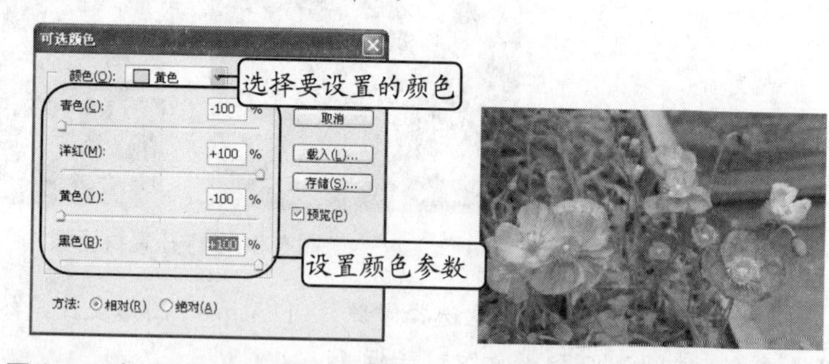

图 5-38　打开“可选颜色”对话框

图 5-39　调整后的效果

提示：在“可选颜色”对话框中选中“相对”单选项，表示以 CMYK 总量的百分比来调整颜色；选中“绝对”单选项，表示以 CMYK 总量的绝对值来调整颜色。

5.2.3 “照片滤镜”命令

使用“照片滤镜”命令可模拟传统光学滤镜特效，使图像呈暖色调、冷色调或其他颜色色调显示。

【例 5-13】利用“照片滤镜”命令，将“照片 13.jpg”图像中的色彩调整为暖色调。

所用素材：素材文件\第 5 章\照片 13.jpg　　**完成效果**：效果文件\第 5 章\照片 13.jpg

Step 1：打开“照片 13.jpg”图像文件，如图 5-40 所示。

Step 2：选择【图像】/【调整】/【照片滤镜】命令，打开“照片滤镜”对话框。

Step 3：在“滤镜”下拉列表框中选择色调，这里选择“深黄”选项，然后拖动“浓度”选项的滑块设置颜色浓度，如图 5-41 所示。

Step 4：完成后单击 确定 按钮，最终效果如图 5-42 所示。

图 5-40　创建选区

图 5-41　打开“照片滤镜”对话框

图 5-42　完成效果

5.2.4 “替换颜色”命令

使用“替换颜色”命令可以改变图像中固定区域颜色的色相、饱和度和明暗度，从而达到改变图像色彩的目的。

【例 5-14】利用“替换颜色”命令，将“照片 14.jpg”图像中的色彩调整为暖色调。

所用素材：素材文件\第 5 章\照片 14.jpg　　**完成效果**：效果文件\第 5 章\照片 14.jpg

Step 1：打开“照片 14.jpg”图像文件，如图 5-43 所示。

Step 2：选择【图像】/【调整】/【替换颜色】命令，打开“替换颜色”对话框。

Step 3：在“选区”选区中单击“吸管工具”按钮，在图像中的黄色树叶上单击取样，再拖动“颜色容差”滑块，设置选区颜色“容差”值为“116”，如图 5-44 所示。

Step 4：在“替换栏”中拖动“色相”颜色滑块，调整替换颜色，如图 5-45 所示。

Step 5：完成后单击 确定 按钮，最终效果如图 5-46 所示。

注意：在通过“替换颜色”命令调整图像的色彩时，必须精确设置被调整颜色所在的区域，这样调整后的图像色彩才会更合理。

图 5-43 素材图像 图 5-44 打开“替换颜色”对话框 图 5-45 设置替换的颜色 图 5-46 完成效果

5.2.5 “阴影/高光”命令

使用“阴影/高光”命令，可以修复图像中过亮或过暗的区域，从而使图像显示出更多的细节。

【例 5-15】利用“阴影/高光”命令，恢复“照片 15.jpg”图像中暗部和亮部细节。

所用素材：素材文件\第 5 章\照片 15.jpg　**完成效果**：效果文件\第 5 章\照片 15.jpg

Step 1：打开“照片 15.jpg”图像文件，如图 5-47 所示。

Step 2：选择【图像】/【调整】/【阴影/高光】命令，打开“阴影/高光”对话框。

Step 3：拖动“阴影”滑块，设置阴影的数量为 74%，高光数量为 25%，如图 5-48 所示。

Step 4：完成后单击 确定 按钮，最终效果如图 5-49 所示。

图 5-47 素材图像

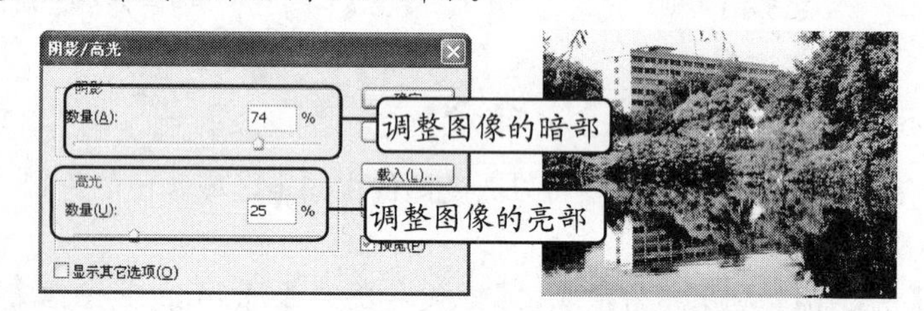

图 5-48 打开“阴影/高光”对话框　图 5-49 完成效果

5.3 调整图像特殊色彩

调整图像的颜色具有多样性，不仅可以调整图像的简单颜色，还可以调整图像的特殊色彩。本节将介绍在 Photoshop CS3 中调整图像特殊色彩的方法。

5.3.1 “反向”命令

使用“反向”命令可将图像的色彩反转，如同将黑色转变为白色一样，且不会丢失图像颜色信息。

【例 5-16】将“照片 16”图像中的颜色反向，制作成负片的图像颜色效果。

所用素材：素材文件\第 5 章\照片 16.jpg　**完成效果**：效果文件\第 5 章\照片 16.jpg

Step 1：打开“照片 16.jpg”图像文件，如图 5-50 所示。

Step 2：选择【图像】/【调整】/【反向】命令，即可将图像中的颜色反向，如图 5-51 所示。

图 5-50　素材图像

图 5-51　完成效果

提示：“反向”命令不仅能将图像转化为负片，还可以将负片转化为原图像，只需再次选择【图像】/【调整】/【反向】命令即可。

5.3.2 “色调分离”命令

使用“色调分离”命令可以指定图像的色调级数，并按此级数将图像的像素映射为最接近的颜色。

【例 5-17】利用“色调分离”命令，将“照片 17.jpg”中的图像处理成特殊多色块的图像样式。

所用素材：素材文件\第 5 章\照片 17.jpg　　**完成效果**：效果文件\第 5 章\照片 17.jpg

Step 1：打开“照片 17.jpg”图像文件，如图 5-52 所示。

Step 2：选择【图像】/【调整】/【色调分离】命令，打开“色调分离”对话框。

Step 3：拖动“色阶”滑块，设置图像中颜色的“色阶”值为 4，如图 5-53 所示。

Step 4：完成后单击 确定 按钮，最终效果如图 5-54 所示。

注意：在“色调分离”对话框中的“色阶”值越小，“色调分离”越明显，值越大，则“色调分离”越不明显。

图 5-52　素材图像

图 5-53　打开“色调分离”对话框

图 5-54　完成效果

5.3.3 “阈值”命令

使用“阈值”命令可以将图像转换为高对比度的黑白图像。

【例 5-18】利用“阈值”命令，将“照片 18.jpg”图像制作成一幅艺术画。

所用素材：素材文件\第 5 章\照片 18.jpg　　**完成效果**：效果文件\第 5 章\照片 18.jpg

Step 1：打开“照片 18.jpg”图像文件，如图 5-55 所示。

Step 2：选择【图像】/【调整】/【阈值】命令，打开“阈值”对话框。

Step 3：拖动“阈值色阶”滑块，设置图像中黑色程度为 150，如图 5-56 所示。

Step 4：完成后单击 确定 按钮，效果如图 5-57 所示。

图 5-55 素材图像

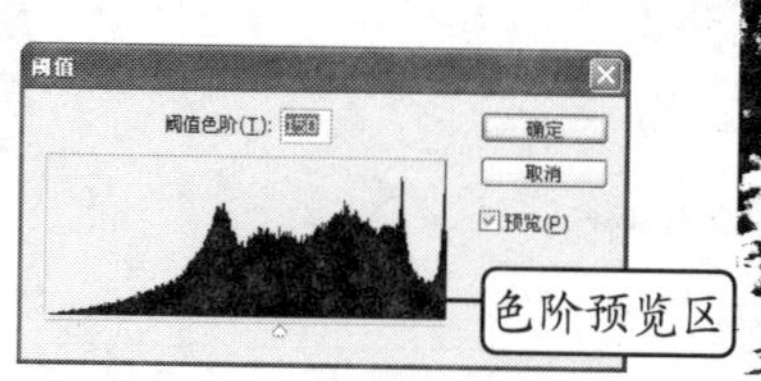

图 5-56 “阈值”对话框

图 5-57 完成效果

Step 5：选择【编辑】/【渐隐阈值】命令，打开“渐隐”对话框，在其中拖动滑块，设置“不透明度”为“50%”，“模式”为“正片叠底”，如图 5-58 所示。

Step 6：完成后单击 确定 按钮，最终效果如图 5-59 所示。

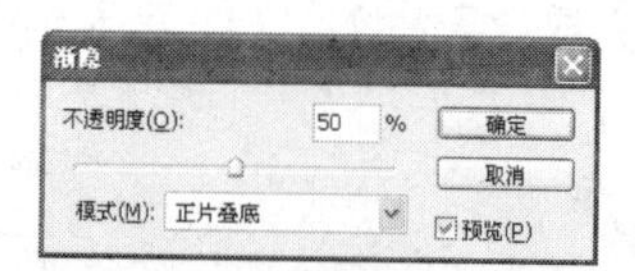

图 5-58 打开“渐隐”对话框

图 5-59 艺术画效果

> **提示**：“渐隐”命令主要用来控制上一步操作对图像的影响程度，不仅对色彩调整命令有用，对“滤镜”命令同样有用。

5.3.4 “色调均化”命令

“色调均化”命令可以在调整颜色时，重新分配图像中各像素的亮度值，其中最暗值为黑色或相近的颜色，最亮值为白色，中间像素均匀分布。

【例 5-19】利用“阈值”命令，使“照片 19.jpg”图像中的像素均匀分布。

Step 1：打开“照片 19.jpg”图像文件，如图 5-60 所示。

Step 2：选择【图像】/【调整】/【色调均化】命令，即可使图像中的像素平均分布，如图 5-61 所示。

所用素材：素材文件\第 5 章\照片 19.jpg

完成效果：效果文件\第 5 章\照片 19.jpg

图 5-60 素材图像

图 5-61 完成效果

5.4 应用实践——处理艺术婚纱照

影楼在照艺术照时，一般后期都会对数码照片进行分析、修复、美化或合成等处理，从而为照片添加上艺术效果。影楼在处理婚纱照时，一般是将照片进行色彩调整，利用色彩的多样性调整照片的艺术化和个性化，并对照片中的图像进行简单处理，从而完成艺术照片的处理。如图 5-62 所示为处理后的各种艺术照样品。

图 5-62 艺术婚纱照和个人写真照样品

本例根据客户选择的艺术照风格类型和提供的照片，制作如图 5-63 所示的梦幻艺术婚纱照效果。相关要求如下。

- 画面要求：梦幻清新风格，主要对背景和人物进行调色操作，将画面由原来的冷色调调整为暖色调。
- 分辨率：96 像素/英寸。
- 色彩模式：RGB。

图 5-63 素材照片和完成效果

所用素材：素材文件\第 5 章\艺术婚纱照.jpg
完成效果：效果文件\第 5 章\艺术婚纱照片.psd

5.4.1 艺术照色调的选择

在后期处理照片时，一般是将已经照好的照片导入到计算机中，通过相关软件对画面的色彩进行调整，在调整照片颜色时，需要根据客户在拍照前期选择的艺术照风格类型来调整图像，否则图像的色调将与画面动作起冲突。常见的艺术照色调有冷色调、暖色调和单色调等，如图 5-64 所示分别为冷色调、暖色调和单色调的艺术照片样品。本例主要是将婚纱照中原来偏冷色系调整为暖色调，给人以柔和的梦幻美感。

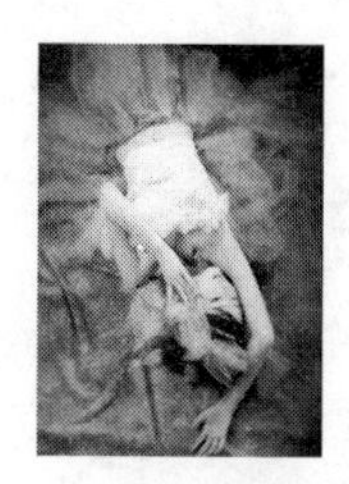

图 5-64　冷色调、暖色调和单色调艺术照样品

5.4.2　艺术婚纱照的创意分析与设计思路

婚纱艺术照的目的是为了结婚留念，客户在选择店铺时，艺术照的画面效果也是重要的选择因素之一，因此，工作人员在处理照片时，也要按照客户要求的风格来对图像进行调整。本例处理的艺术婚纱照，主要是按照客户选择的梦幻清晰风格来调整色调，并制作出特殊的色彩效果，给人以艺术上的感染力，突出画面人物唯美梦幻的效果。

本例的设计思路如图 5-65 所示，首先创建调整图层，统一调整照片颜色，然后选择背景图层来调整图像色彩，最后通过蒙版，制作光晕梦幻效果。

调整图像颜色

调整色彩平衡

调整背景颜色

添加光晕

图 5-65　艺术婚纱照的处理思路

5.4.3　制作过程

1. 调整图像颜色

Step 1：启动 Photoshop CS3，打开“艺术婚纱照.jpg”图像文件，按“Ctrl+J”键复制图层。

Step 2：选择【图像】/【调整】/【亮度/对比度】命令，打开“亮度/对比度”对话框，在其中设置“亮度”为“50”，如图 5-66 所示，单击 确定 按钮，效果如图 5-67 所示。

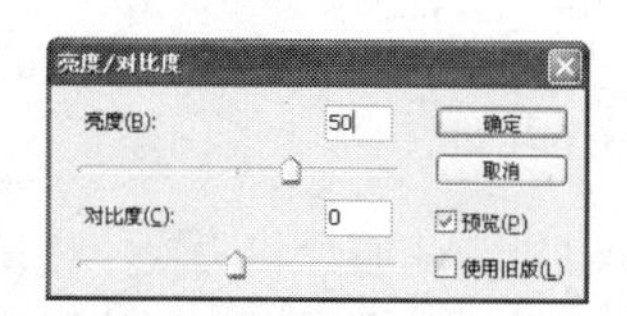

图 5-66　调整亮度

图 5-67　调整效果

Step 3：选择【图层】/【新建调整图层】/【可选颜色】命令，打开“新建图层”对话框，直接单击 确定 按钮，打开“可选颜色选项”对话框。

Step 4：在“颜色”下拉列表中分别选择“黄色”和“绿色”选项，参数设置分别如图 5-68 所示，完成后单击 确定 按钮即可。

Step 5：选择【图层】/【新建调整图层】/【色彩平衡】命令，打开“新建图层”对话框，直接单击 确定 按钮，打开“色彩平衡”对话框。

Step 6：在其中设置“中间调”和“高光”选项，参数设置分别如图 5-69 所示，完成后单击 确定 按钮即可，效果如图 5-70 所示。

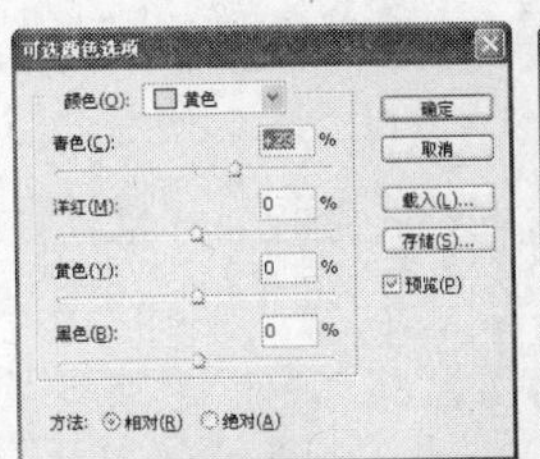

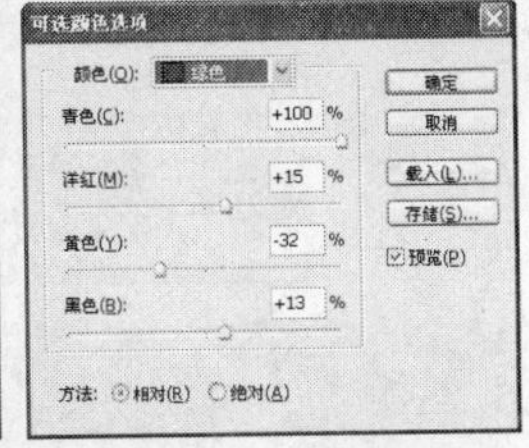

图 5-68　打开“可选颜色选项”对话框

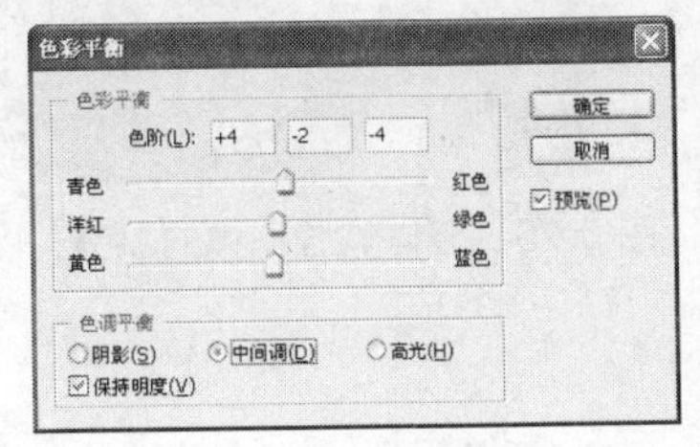

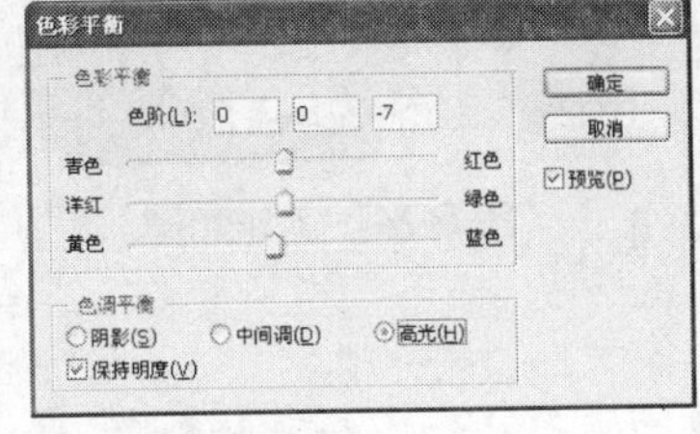

图 5-69　打开“色彩平衡”对话框

图 5-70　调整后效果

2. 局部调整图像

Step 1：按“Ctrl+Alt+Shift+E”快捷组合键盖印图层，然后将图层复制一层，在工具箱中选择“快速选择工具”，在图像中选择背景部分，如图 5-71 所示。

Step 2：选择【图层】/【新建调整图层】/【可选颜色】命令，打开“新建图层”对话框，直接单击 确定 按钮，打开“可选颜色选项”对话框。

Step 3：在的“颜色”下拉列表中分别选择“红色”和“绿色”选项，参数设置分别如图 5-72 所示，完成后单击 确定 按钮即可。

图 5-71　选择图像

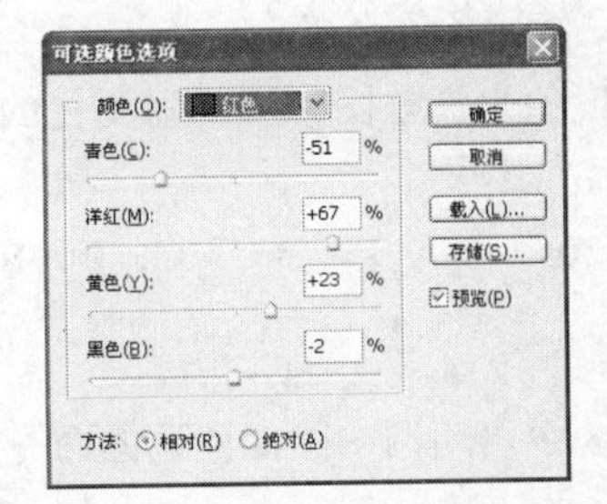

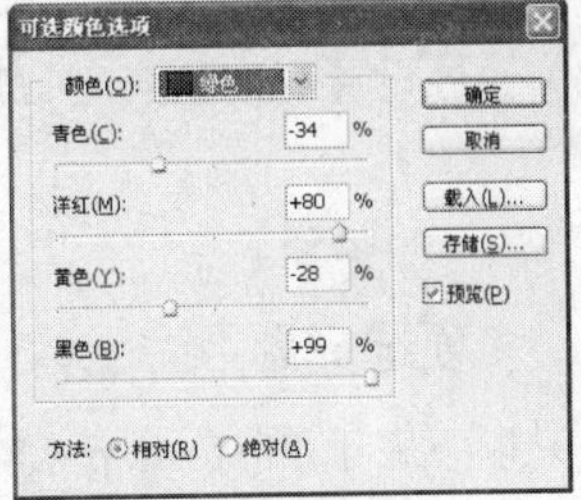

图 5-72　打开“可选颜色选项”对话框

3. 添加光晕效果

Step 1：在“图层”面板中单击“新建图层”按钮，新建一个图层，设置前景为棕褐色（R：158，G：75，B：55），并填充到新建的图层中。

Step 2：在“图层”面板中设置图层混合模式为“滤色”，如图 5-73 所示。

Step 3：按住“Alt”键的同时单击“添加图层蒙版”按钮，添加图层蒙版。

Step 4：在工具箱中选择“画笔工具”，在工具选项栏中选择“柔角 200 像素”画笔，并设置画笔模式为“滤色”，“不透明度”为“50%”，然后在图像的左上角进行涂抹，得到如图 5-74 所示效果。

Step 5：选择【图层】/【新建调整图层】/【色彩平衡】命令，打开“新建图层”对话框，直接单击 确定 按钮，打开“色彩平衡”对话框。

Step 6：在其中选中“高光”单选项，然后单击 确定 按钮即可，效果如图 5-75 所示。

提示：在制作光晕效果时，可根据具体情况设置画笔的大小和涂抹范围。

图 5-73　设置图层混合模式

图 5-74　制作光晕

图 5-75　整体调整图像的“色彩平衡”

5.5 练习与上机

1. 单项选择题

（1）下面命令中属于调整图像色调命令的有（　　）。

A．色阶　　B．曲线　　C．色相/饱和度　　D．阴影/高光

（2）（　　）可以方便快捷地提高图像中暗部区域的亮度。

A．色阶　　B．曲线　　C．曝光度　　D．阴影/高光

（3）用于调整图像中选取的特定颜色区域的色相、饱和度和亮度值的命令是（　　）。

A．色彩平衡　　B．替换颜色　　C．照片滤镜　　D．通道混合器

（4）通过设置亮度值和对比度值来调整图像的明暗变化的“亮度/对比度”命令中，亮度值的取值范围为（　　）。

A．0～255　　B．0　　C．0～100　　D．0～150

2. 多项选择题

（1）以下属于 Photoshop CS3 中自动调整图像色调的命令是（　　）。

A．自动色阶　　B．自动对比度　　C．自动颜色　　D．黑白

（2）下面关于调整图像色彩的使用，叙述正确的是（　　）。

A．使用“渐变映射”命令可以使用渐变颜色对图像进行叠加，从而改变图像色彩

B．使用“色相/饱和度”命令可以改变图像色彩

C．使用“曲线”命令可以调整图像的亮度、对比度及纠正偏色

D．使用“可选颜色”命令可以快速调整图像中的某种颜色，而不影响其他颜色

3. 简单操作题

（1）根据本章所学知识，为一幅黑白照片上色。

提示：使用“选取工具”在图像中创建选区，然后使用“色相/饱和度”命令和“色彩平衡”命令等为图像上色，最终效果如图 5-76 所示。

图 5-76　上色后的效果

所用素材：素材文件\第 5 章\黑白照片.jpg　　**完成效果**：效果文件\第 5 章\黑白照片.jpg

（2）打开提供的“沙漠女子.jpg”图像文件，利用“色调均化”和“黑白”等命令，将照片处理为单色效果，如图 5-77 所示。

提示：利用“色调均化”命令调整图像，然后通过“黑白”命令调整图像，添加“色相”和“饱和度”。

所用素材：素材文件\第 5 章\沙漠女子.jpg
完成效果：效果文件\第 2 章\单色照片.jpg

图 5-77　单色照片

4．综合操作题

（1）利用“匹配颜色”命令调整“照片 20A.jpg”图像中的色调，要求匹配颜色的源图像为“照片 20B.jpg”图像，使颜色和谐。素材图像和参考效果如图 5-78 所示。

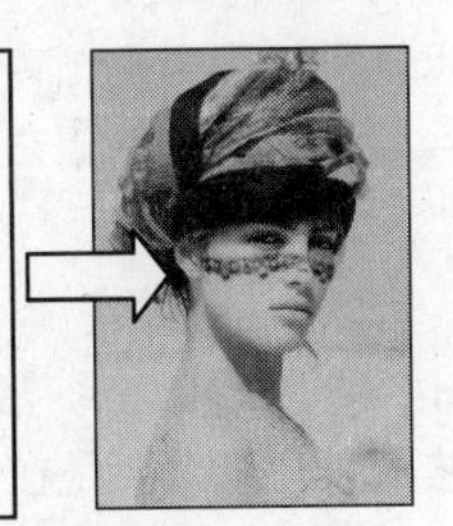

图 5-78　素材和参考效果

所用素材：素材文件\第 5 章\照片 20A.jpg、照片 20B.jpg
完成效果：效果文件\第 5 章\另类照片.jpg

（2）为提供的照片图像校正颜色，要求校正图像中偏红的颜色，并调整图像的明暗度。所需素材和参考效果如图 5-79 所示。

所用素材：素材文件\第 5 章\江边.jpg

完成效果：效果文件\第 5 章\江边.jpg

图 5-79　校正照片颜色前后效果对比

拓展知识

影楼后期的照片处理主要是调整照片的颜色和添加装饰等操作，从而充分表现照片的内涵与特点，掩盖不足之处，达到一定的美化效果，赋予其艺术化的特色。在处理艺术照片时，还需要注意以下几个方面。

一、艺术照常用的风格

艺术照片的风格很广泛，常见的有古典型、清纯型、梦幻型、现代型、日韩型、夸张型和靓丽自然型。

二、处理艺术照片常用软件

目前处理艺术照片的软件较多，常用的有 Adobe 系列和彩影两类。Adobe 系列有 Adobe Photoshop，主要是专业摄影师、图像设计师和 Web 设计人员等使用，其特点是充分利用编辑与合成功能来处理图像的艺术效果；彩影是国内功能最强大、使用最人性化的全新一代高画质、高速度数字图像处理软件，主要是普通家庭用户、摄影爱好者、需要快速进行图片处理的专业人士和图形设计师使用。

三、艺术照片欣赏

图片来源于百度。如图 5-80 所示的婚纱艺术照主要是通过模糊背景，并调整背景的明暗度来突出人物；如图 5-81 所示艺术照背景主要是在图像上进行调整以实现摄影中不可能照出的颜色色调，来提升其艺术感染力。

图 5-80　婚纱艺术照欣赏

图 5-81　艺术照背景欣赏

第6章 通道与蒙版的应用

学习目标

学习在设计中利用通道和蒙版来制作各种特效，包括通道的基本操作和各种蒙版的使用等操作，并掌握根据活动内容来进行海报的设计与制作。

学习重点

掌握通道的新建、复制、删除、分离、合并和载入选区的操作，以及快速蒙版、图层蒙版、矢量蒙版和剪贴蒙版的使用等，并能应用通道和蒙版制作出特殊的效果。

主要内容

- 通道的使用
- 蒙版的使用
- 设计电影海报

6.1 通道的使用

在 Photoshop 中，通道主要用于为图像添加特殊效果，它可以存放图像的颜色和选区信息，是选取图像的某种专色信息的重要手段。利用通道可以制作的特殊图像效果，包括创建渐隐效果、选择通道颜色和创建滤镜效果等。

通道是进行图像编辑的基础操作，因此需要熟练掌握，包括通道的新建、复制、删除和合并等。

6.1.1 认识“通道”面板

“通道”面板默认情况下与“图层”面板在同一组中，主要用于存储图像的信息，任何一个图像都带有其自身的图像信息。打开一幅图像后，“通道”面板中会根据图像的颜色建立颜色通道，如图 6-1 所示为 RGB 模式图像的“通道”面板。

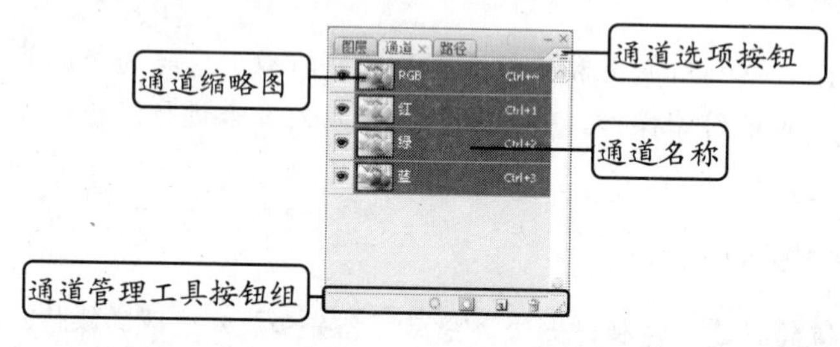

图 6-1 “通道”面板

“通道”面板中各部分的作用如下。

- 通道选项按钮：单击该按钮，在弹出的下拉菜单中可选择与通道有关的操作。
- 通道缩略图：用于显示该通道的缩览图。
- 通道名称：用于显示对应通道的名称。
- 将通道作为选区载入按钮：单击该按钮，可以将当前通道中的图像内容转换为选区，作用与选择【选择】/【载入选区】命令一样。
- 将选区存储为通道按钮：单击该按钮，可以自动创建 Alpha 通道，并将图像中的选区保存，作用与选择【选择】/【存储选区】命令一样。
- 创建新通道按钮：单击该按钮，可以创建新的 Alpha 通道。
- 删除通道按钮：用于删除选择的通道。

提示：若“通道”面板没有显示出来，可以选择【窗口】/【通道】命令来显示，同样，选择【窗口】/【通道】命令，可以隐藏“通道”面板。

6.1.2 创建新通道

通过“通道”面板，可以快速创建 Alpha 通道和专色通道。

1. 创建 Alpha 通道

Alpha 通道主要用于存储图像的选区，以便在载入时用。

【例 6-1】打开一幅图像，在“通道”面板中创建一个 Alpha 通道，通道名称为“填充色”。

Step 1: 选择【文件】/【打开】命令，任意打开一幅素材图像。

Step 2: 单击按钮，在弹出的快捷菜单中选择“新建通道”命令。

Step 3: 在打开的“新建通道”对话框中设置新通道的名称为“填充色”，如图 6-2 所示。

Step 4: 单击 确定 按钮，即可新建一个名为“填充色”的 Alpha 通道，如图 6-3 所示。

图 6-2　打开“新建通道”对话框

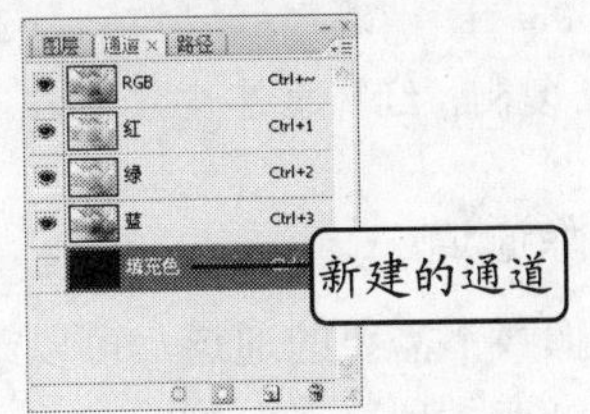

图 6-3　新建的通道效果

> **提示：**也可以直接单击“通道”面板底部的“新建通道”按钮，创建通道，该方法创建的通道系统会自动为其指定名称，依次为 Alpha1、Alpha2、Alpha3、Alpha4 等。

2. 创建专色通道

创建单色通道的方法是，单击通道选项按钮，在弹出的快捷菜单中选择“新建专色通道”命令，打开“新建专色通道”对话框，如图 6-4 所示。在其中可设置通道名称、显示颜色和颜色密度，然后单击 确定 按钮即可。

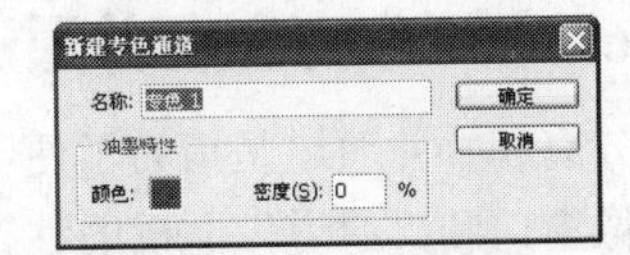

图 6-4　打开“新建专色通道”对话框

6.1.3　复制和删除通道

在应用通道编辑图像的过程中，复制通道和删除通道是常用的操作。

1. 复制通道

复制通道和复制图层的原理相同，是将一个通道中的图像信息进行复制后，粘贴到另一个图像文件的通道中，而原通道中的图像保持不变。

【例 6-2】打开“苹果.jpg”素材图像，为其中的“红”、“绿”和“蓝”通道分别复制一个副本通道。

所用素材：素材文件\第 6 章\苹果.jpg　　**完成效果：**效果文件\第 6 章\苹果.psd

Step 1: 打开“苹果.jpg”图像效果，选择【窗口】/【通道】命令，显示“通道”面板。

Step 2: 在“通道”面板中单击选择“红”通道，然后单击右上角的按钮，在弹出的快捷菜单中选择“复制通道”命令，打开“复制通道”对话框，直接单击 确定 按钮即可，如图 6-5 所示。

Step 3: 在“通道”面板中单击选择“绿”通道，然后在通道上单击鼠标右键，在弹出快捷菜单中选择“复制通道”命令，打开“复制通道”对话框，直接单击 确定 按钮即可，如图 6-6 所示。

Step 4：在“通道”面板中单击选择“蓝”通道，然后按住鼠标左键，将其拖动到面板底部的“创建新通道”按钮上，当光标变成形状时，释放鼠标即可，复制所选通道，如图 6-7 所示。

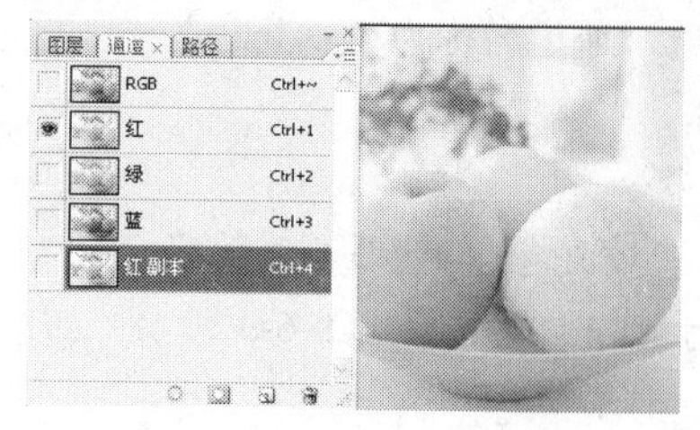

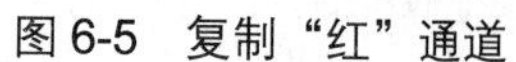

图 6-5　复制“红”通道

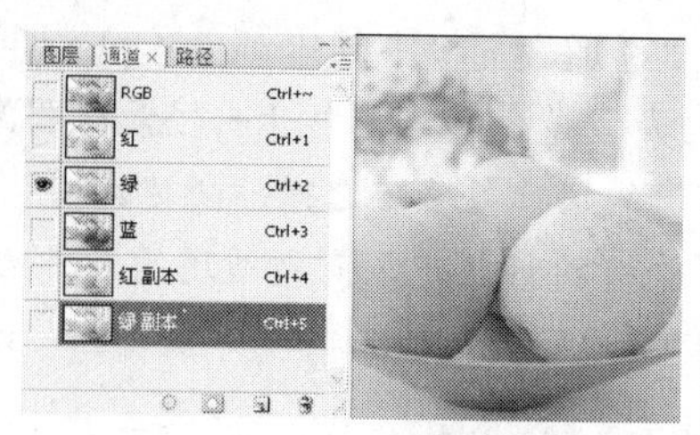

图 6-6　复制“绿”通道

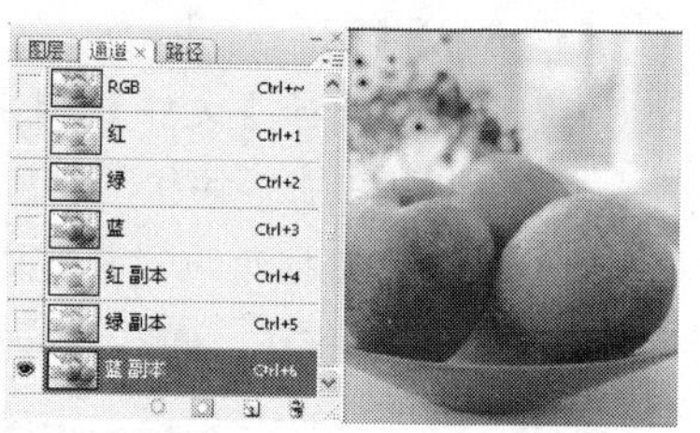

图 6-7　复制“蓝”通道

2. 删除通道

删除图像中不需要的通道，可以改变图像文件的大小，从而提高计算机的运行速度。删除通道的方法主要有以下 3 种。

- 选择要删除的通道，在“通道”面板右上角单击按钮，在弹出的菜单中选择“删除通道”命令即可。
- 选择要删除的通道，在通道上单击鼠标右键，在弹出的快捷菜单中选择“删除通道”命令即可。
- 选择要删除的通道，按住鼠标左键将其拖动到“通道”面板底部的“删除通道”按钮上即可。

6.1.4　分离和合并通道

分离和合并通道是指为了便于图像编辑，而将图像文件中的各个通道分开，各自成为一个拥有独立图像窗口和“通道”面板的独立文件，用户可以对单个通道文件进行编辑，当编辑完成后，再将各个独立的通道文件合并到一个图像文件中。

【例 6-3】利用分离和合并通道的操作处理一幅图像。

所用素材：素材文件\第 6 章\迎春花.jpg　　**完成效果**：效果文件\第 6 章\迎春花.jpg

Step 1：打开“迎春花.jpg”图像文件，如图 6-8 所示。

Step 2：单击按钮，在弹出的菜单中选择“分离通道”命令，系统将自动对图像按原图像中的分色通道数目分解为 3 个独立的灰度图像，如图 6-9 所示。

图 6-8　素材图像

Step 3：将“边学边用 Photoshop 图形图像处理与设计_B”图像作为当前工作图像，选择【图像】/【调整】/【曲线】命令，在打开的对话框中拖动曲线，调整图像的亮度，如图 6-10 所示，完成后单击确定按钮，效果如图 6-11 所示。

Step 4：单击“通道”面板右上角的按钮，在弹出的菜单中选择“合并通道”命令，打开“合并通道”对话框。

Step 5：在打开对话框的“模式”下拉列表中选择“RGB 颜色”选项，设置合并后图像的颜色模式，如图 6-12 所示。

图 6-9　分离通道后生成的图像

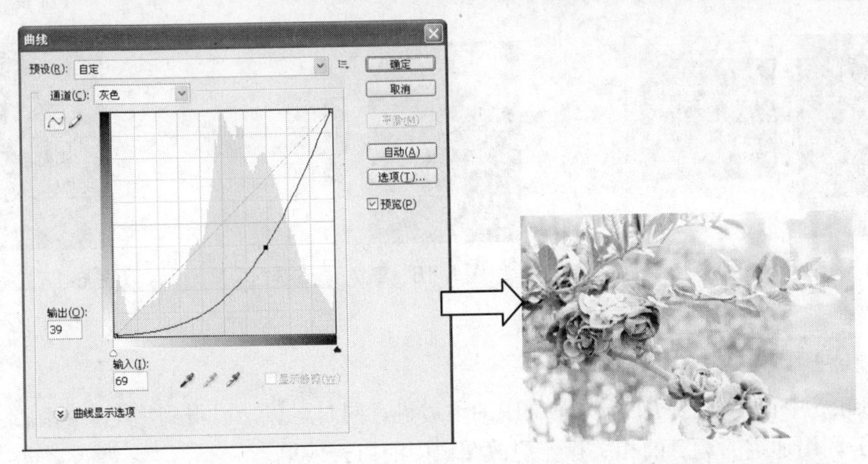

图 6-10　调整曲线　　图 6-11　调整曲线后的效果

Step 6: 完成后单击 确定 按钮，再在打开的“合并 RGB 通道”对话框中直接单击 确定 按钮，如图 6-13 所示，合并通道后的效果如图 6-14 所示。

图 6-12　打开“合并通道”对话框　图 6-13　打开“合并 RGB 通道”对话框　图 6-14　完成后的效果

注意：对图像进行通道分离后，若不做任何改变就进行合并操作，则合并通道后的图像和原图像没有任何区别。另外用于被合并通道的都必须为灰度模式，且必须是打开的图像文件。

6.1.5　载入通道选区

通过通道载入选区是通道应用中最广泛的操作之一，常用于较复杂的图像处理中。

【例 6-4】利用载入通道选区的操作选取图像中的背景部分，并将其填充为“木质”图案。

所用素材：素材文件\第 6 章\花边.jpg　　**完成效果**：效果文件\第 6 章\花边.psd

Step 1：打开“花边.jpg”图像文件，如图 6-15 所示。

Step 2：在“通道”面板中选择“绿”通道，单击其底部的“将通道作为选区载入”按钮，将通道载入选区，如图 6-16 所示。

Step 3：按“Ctrl+Shift+I”快捷组合键反选选区，选择【编辑】/【填充】命令，在打开的“填充”对话框的“使用”下拉列表中选择“图案”选项，在“图案”下拉列表中选择“木质”图案，然后单击 确定 按钮，效果如图 6-17 所示。

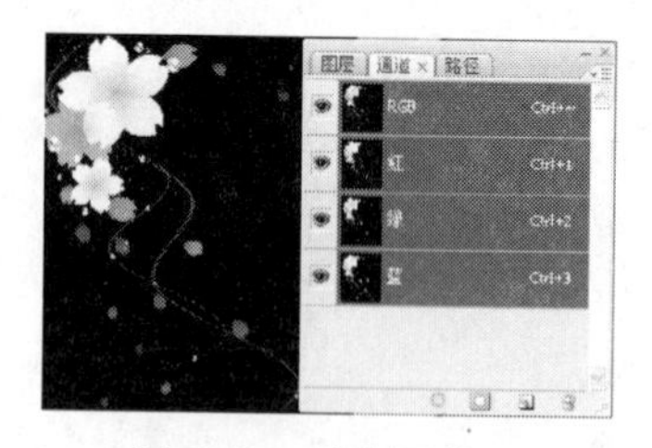

图 6-15　素材图像

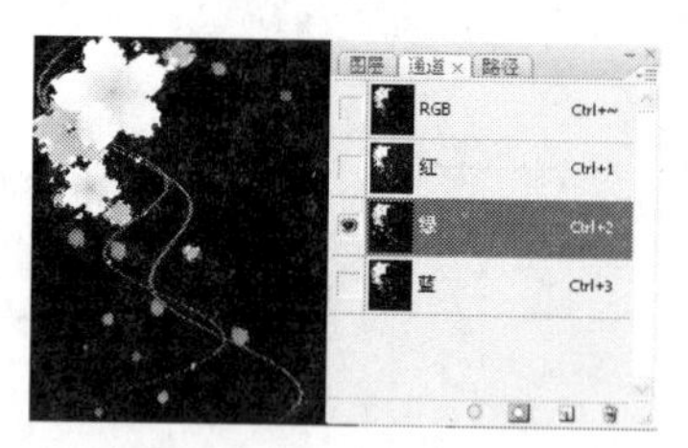

图 6-16　载入通道选区

图 6-17　完成效果

6.1.6　运算通道

在 Photoshop 中也可以对两个不同图像中的通道进行同时运算，以得到更丰富的图像效果。

【例 6-5】利用通道的运算的相关操作更改图像中的白云效果。

所用素材：素材文件\第 6 章\蓝天 1.jpg、蓝天 2.jpg

完成效果：效果文件\第 6 章\天空.jpg

Step 1：打开“蓝天 1.jpg”和“蓝天 2.jpg”图像文件，如图 6-18 所示。

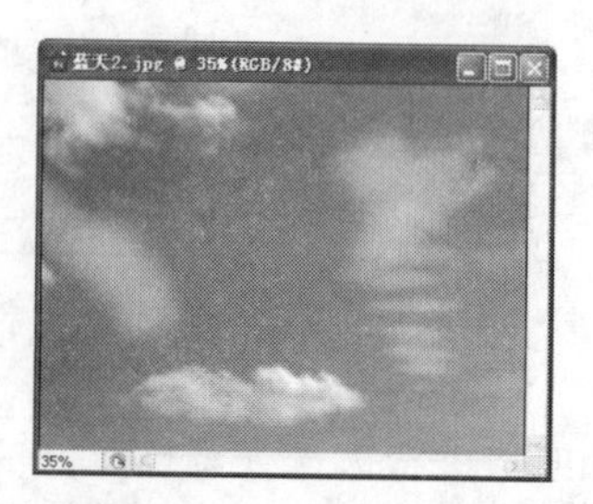

图 6-18　素材图像

Step 2：选择“天空 2”图像，然后选择【图像】/【应用图像】命令，打开“应用图像”对话框，设置源图像为“蓝天 1”图像，目标图像为“蓝天 2”图像，混合模式为“滤色”，如图 6-19 所示。

Step 3：单击 确定 按钮，“蓝天 1”图像中的部分图像混合到“蓝天 2”中，效果如图 6-20 所示。

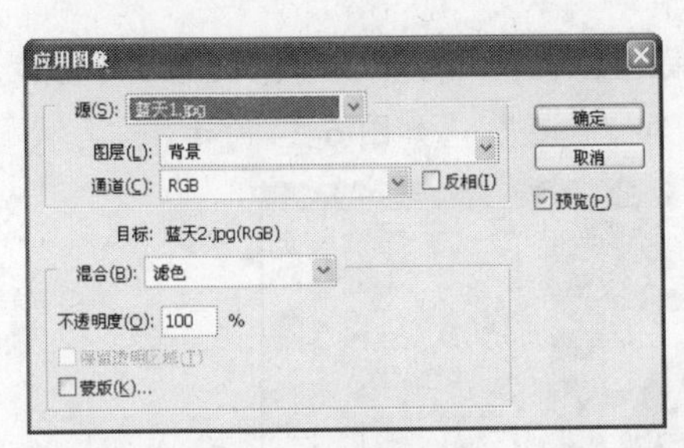

图 6-19　打开“应用图像”对话框

图 6-20　完成效果

注意：当使用“应用图像”命令运算图像时，如果源图像有多个图层，可在“应用图像”对话框中的“图层”下拉列表中选择要运算的图层。

6.2 蒙版的使用

蒙版的使用与通道相同，要熟练使用并制作出更好的图像效果，必须深入了解，并掌握各种蒙版的使用方法。

6.2.1　使用快速蒙版

快速蒙版是一种暂时性的蒙版，是暂时在图像表面产生一种与保护膜类似的保护装置，可通过画笔等图像绘制工具在该区域指定要保护区域，从而创建选区。

【例 6-6】利用快速蒙版制作撕边效果，如图 6-21 所示。

所用素材：素材文件\第 6 章\小妹妹.jpg
完成效果：效果文件\第 6 章\撕边效果.jpg

图 6-21　完成效果

Step 1：打开“小妹妹.jpg”图像文件，选择工具箱中的“椭圆选取工具”，在图像窗口中绘制一个椭圆选框，如图 6-22 所示。

Step 2：按“Ctrl+Shift+I”快捷组合键反选选区，然后单击工具箱中的“快速蒙版模式”按钮，进入快速蒙版模式编辑状态，如图 6-23 所示。

图 6-22　创建选区

图 6-23　进入快速蒙版编辑状态

Step 3：选择【滤镜】/【画笔描边】/【喷色描边】命令，打开“喷色描边”对话框，设置“描边长度”为 20，“喷色半径”为 25，“描边方向”为“垂直”，如图 6-24 所示。

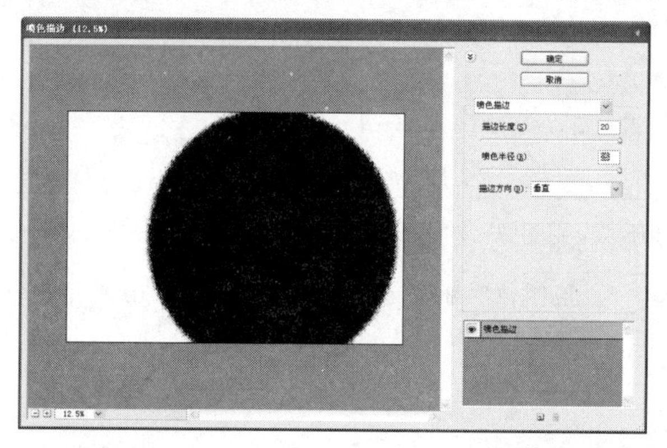

图 6-24　打开“喷色描边”对话框

Step 4：完成后单击 确定 按钮，关闭“喷射描边”对话框，效果如图 6-25 所示。

Step 5：单击工具箱中的“快速蒙版模式”按钮，退出快速蒙版编辑状态，并将快速蒙版转换为选区，如图 6-26 所示。

图 6-25　使用“喷色描边”虑镜

图 6-26　退出快速蒙版编辑状态

Step 6：设置前景色为白色，选择【编辑】/【填充】命令，打开“填充”对话框，按照如图 6-27 所示进行设置。

Step 7：完成后单击 确定 按钮，然后按“Ctrl+D”键取消选区，最终效果如图 6-28 所示。

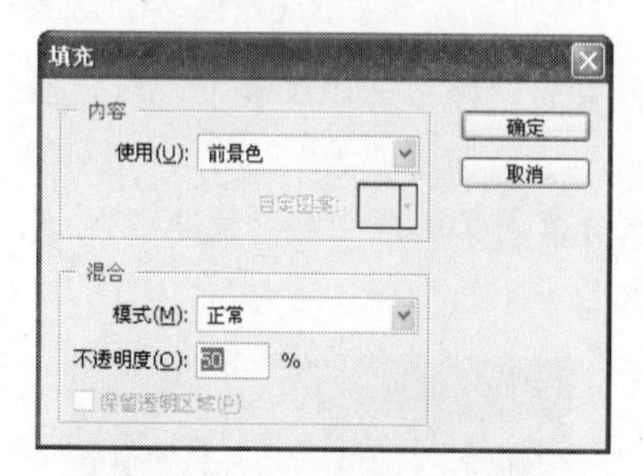

图 6-27　打开“填充”对话框

图 6-28　退出快速蒙版编辑状态

6.2.2　使用图层蒙版

图层蒙版存在于图层之上，图层是蒙版的载体，通过编辑图层蒙版，可以在不影响图层自身任何内容的情况下，为图层添加特殊效果。

1. 创建图层蒙版

使用图层蒙版可以控制图层中不同区域的透明度，是图像合成不可或缺的功能之一。

【例 6-7】利用“图层蒙版”合成一幅艺术照片图像。

所用素材：素材文件\第 6 章\照片 1.jpg、照片 2.jpg

完成效果：效果文件\第 6 章\合成照片.psd

Step 1：打开“照片 1.jpg”和“照片 2.jpg”图像文件，将“照片 2”作为当前图像窗口，选择工具箱中的“矩形选框工具”，在图像窗口中绘制一个矩形选框，如图 6-29 所示。

Step 2：选择工具箱中的“移动工具”，将图像拖动到“照片 1”中，如图 6-30 所示。

图 6-29 创建选区

图 6-30 移动图层

Step 3：选择工具箱中的“快速选择工具”，为图像中的人物部分创建选区，如图 6-31 所示。

Step 4：选择【图层】/【图层蒙版】/【显示选区】命令，此时创建的图层蒙版将隐藏选区之外的图像区域，如图 6-32 所示。

> **提示：**除了通过命令方式创建图层蒙版，还可以在“图层”面板上选择要创建图层蒙版的图层，然后单击“图层”面板底部的“添加图层蒙版”按钮即可。

图 6-31 创建选区

图 6-32 图层蒙版后效果

> **提示：**在编辑蒙版时，应先用鼠标选中蒙版，当蒙版周围出现白色边框时表示选中，否则操作时将会以黑白色填充当前图层或区域。

【知识补充】选择【图层】/【图层蒙版】命令后，在弹出的子菜单中其他命令的作用如下。

- 显示全部：添加图层蒙版后，图像上无任何效果，如图 6-33 所示。
- 隐藏全部：创建图层蒙版后，将隐藏所附着在图层上的所有图像，如图 6-34 所示。
- 隐藏选区：创建图层蒙版后，将隐藏选区内的图像区域，如图 6-35 所示。

图 6-33　显示全部

图 6-34　隐藏全部

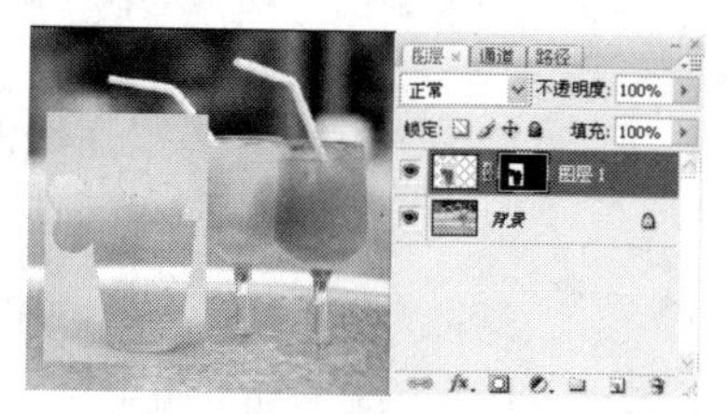
图 6-35　隐藏选区

注意：“显示选区”和“隐藏选区”两个命令只有在图层中创建了选区的状态下才可用。

2. 编辑图层蒙版

当为图层添加图层蒙版后，再对其进行的操作将直接作用于蒙版，通过加深蒙版的颜色可使图层更加透明。也可以在按在“Alt”键的同时，单击“图层”面板中的蒙版缩略图，此时 Photoshop 将在图像窗口中显示蒙版的内容，如图 6-36 所示。单击“图层”面板中的图层缩略图，图像窗口将回到正常显示状态。

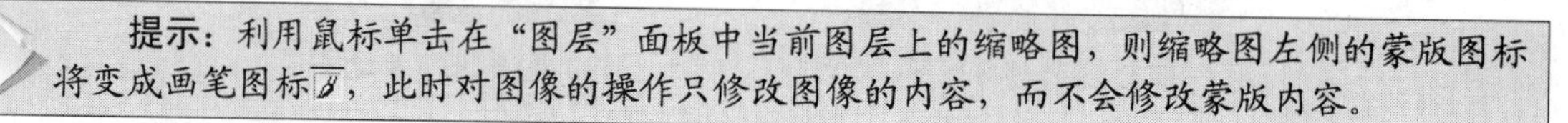
提示：利用鼠标单击在“图层”面板中当前图层上的缩略图，则缩略图左侧的蒙版图标将变成画笔图标，此时对图像的操作只修改图像的内容，而不会修改蒙版内容。

3. 删除图层蒙版

使用鼠标选择需要删除的图层蒙版的缩略图，并将其拖到“图层”面板的“删除图层”按钮上，此时将打开删除图层蒙版提示对话框，如图 6-37 所示，单击 应用 按钮将删除图层蒙版，并保留添加图层蒙版后的效果；单击 取消 按钮将取消图层蒙版，并恢复图层原先的状态，单击 删除 按钮，将删除蒙版。

图 6-36　显示图层蒙版

图 6-37　删除图层蒙版提示对话框

4. 填充图层蒙版

填充图层蒙版即是增加或减少图像的显示区域，可通过画笔等图像绘制工具来完成。当填充色为黑色时，表示增加图像显示区域，此时填充的区域完全显示图像；当填充色为白色时，表示减少图像显示区域，此时填充区域完全不显示图像；当填充色为灰色时，表示减少图像显示区域，填充区域呈半透明显示。

【例 6-8】通过填充图层蒙版的方法，制作简单的艺术照片。

所用素材：素材文件\第 6 章\照片 5.jpg、照片 6.jpg

完成效果：效果文件\第 6 章\简单艺术照.psd

Step 1：打开“照片 6.jpg”和“照片 6.jpg”图像文件，按“Ctrl+A”键全选图像，然后在工具箱中选择“移动工具”，将图像移动到“照片 5.jpg”图像窗口中，如图 6-38 所示。

Step 2：在“图层”面板中选择“图层 1”，单击其底部的“创建图层蒙版”按钮，为图层创建蒙版，如图 6-39 所示。

图 6-38　移动图像

图 6-39　创建图层蒙版

Step 3：在工具箱中选择“画笔工具”，设置前景色为黑色，然后在图像中涂抹，即可得到完全透明的图像显示区域，如图 6-40 所示。

Step 4：设置前景色为白色，然后在图像中涂抹，即可得到不透明的图像显示区域，如图 6-41 所示。

图 6-40　使用黑色填充

图 6-41　使用白色填充

Step 5：设置前景色为灰色（R：172，G：170，B：170），然后在图像中涂抹，即可得到半透明的图像显示区域，完成后的最终效果如图 6-42 所示。

图 6-42　最终效果

6.2.3　使用矢量蒙版

矢量蒙版与图层蒙版相似，也可以控制图层中不同区域的透明，不同的是，图层蒙版是使用一个灰度图像作为蒙版，而矢量蒙版则是利用一个路径作为蒙版，路径内的图像将被保留，而路径外的图像将被隐藏。

【例 6-9】通过创建矢量蒙版的方法，制作一个相框。

所用素材：素材文件\第 6 章\照片 3.jpg、照片 4.jpg
完成效果：效果文件\第 6 章\相框.psd

Step 1：打开“照片 3.jpg”图像文件，在工具箱中选择“钢笔工具”，在工具选项栏中单击“路径”按钮，然后在图像中单击创建锚点，然后通过调整锚点绘制一个心形的路径，如图 6-43 所示。

Step 2：在“图层”面板中双击“背景”图层，在打开的对话框中单击确定按钮，解锁背景图层。

Step 3：按住“Ctrl”键不放，单击“图层”面板的“创建图层蒙版”按钮，即可创建矢量蒙版，如图 6-44 所示。

图 6-43　绘制路径

图 6-44　添加矢量蒙版

Step 4：打开“照片 4.jpg”图像文件，将“照片 3”作为当前图像窗口，然后在工具箱中选择“移动工具”，按住鼠标左键不放，将其拖动到“照片 4”图像中，完成后如图 6-45 所示。

Step 5：在工具箱中选择“钢笔工具”，单击“图层”面板中的“矢量蒙版”缩略图，然后在图像窗口中拖动绘制路径，即可对蒙版进行修改，如图 6-46 所示。

图 6-45　移动图层蒙版

图 6-46　修改图层蒙版

【知识补充】矢量蒙版和图层蒙版一样，也可以进行删除操作，其方法是选择要删除的矢量蒙版图层，然后选择【图层】/【删除矢量蒙版】命令，或使用鼠标拖动矢量蒙版缩略图到“图层”面板中的“删除图层”按钮上，打开如图 6-47 所示的提示对话框，单击确定按钮，即可删除矢量蒙版，将图层恢复到正常状态。

图 6-47　提示对话框

6.2.4　使用剪贴蒙版

使用剪贴蒙版可以同时为多个图层使用相同的透明效果，该蒙版是利用一个图层作为一个蒙版，在该图层上所有创建了剪贴蒙版的图层都将以该图层的透明度为标准。

【例 6-10】通过创建剪贴蒙版的方法，制作如图 6-48 所示素材的背景。

所用素材：素材文件\第 6 章\向日葵.jpg、素材.jpg
完成效果：效果文件\第 6 章\更换背景.psd

图 6-48　创建剪贴蒙版效果

Step 1：打开“素材.jpg”图像，在工具箱中选择“磁性套索工具”，在图像中为人物部分创建选区，如图 6-49 所示。

Step 2：按“Ctrl+Shift+I”快捷组合键反选选区，然后在“图层”面板中单击“创建图层”按钮，再设置前景色为蓝色（R：113，G：238，B：239），背景色为白色。

Step 3：在工具箱中选择“渐变填充工具”，在工具选项栏中设置渐变样式为“从前景到背景”，然后在图像中拖动，渐变填充图像选区，效果如图 6-50 所示。

Step 4：打开“向日葵.jpg”图像文件，利用“快速选择工具”，为花朵图形创建选区，然后选择工具箱中的“移动工具”，将其移动到“素材.jpg”图像中，如图 6-51 所示。

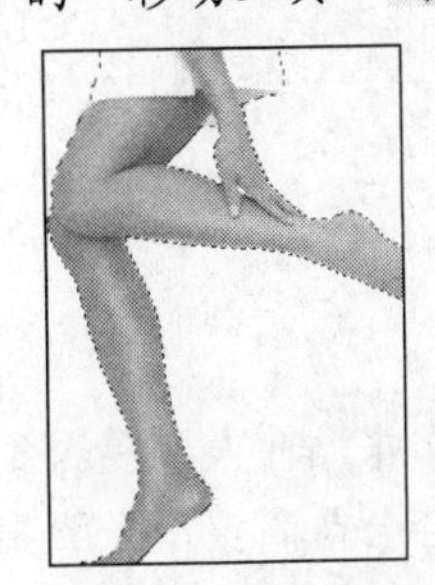

图 6-49　创建选区

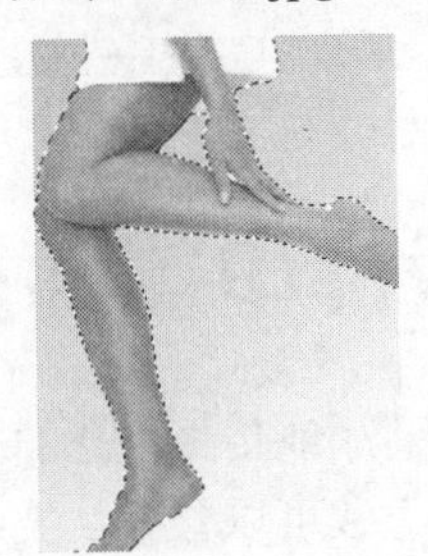

图 6-50　渐变填充

图 6-51　移动素材

Step 5：利用“移动工具”将图像移动并排列顺序，效果如图 6-52 所示。

Step 6：按 5 次“Ctrl+J”键复制图层，选择“图层 2”到“图层 2 副本 4”图层，单击“图层”面板底部的“链接图层”按钮，如图 6-53 所示。

Step 7：保持“图层 2”到“图层 2 副本 4”图层的选中状态，选择【图层】/【创建剪贴蒙版】命令，即可为图像创建剪贴蒙版，效果如图 6-54 所示。

图 6-52　移动图层

图 6-53　链接图层

图 6-54　完成效果

【**知识补充**】对于剪贴蒙版，还可以做以下操作。

- 修改剪贴蒙版：对蒙版图层所做的任何有关其透明度或透明区域的操作都会影响其他图层的效果，如图 6-55 所示为将蒙版图层的“不透明度”修改为 50%的效果。如图 6-56 所示为在蒙版图层上绘制矩形并删除后的效果。
- 释放剪贴蒙版：在“图层”面板中选择添加有剪贴蒙版的图层，然后选择【图层】/【释放剪贴蒙版】命令，或按“Shift+Ctrl+G”快捷组合键，即可将该图层以及其上面的所有添加蒙版效果的图层从剪贴蒙版中释放出来。

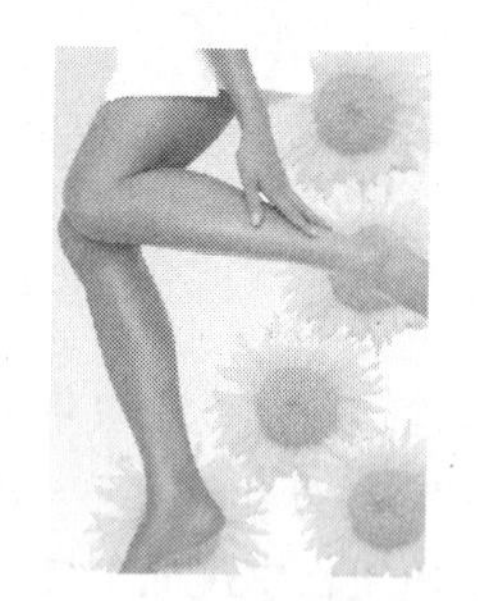

图 6-55　调整不透明度

图 6-56　删除剪贴蒙版区域

> **提示**：在图层上单击鼠标右键，在弹出的快捷菜单中选择“释放剪贴蒙版”命令，也可释放剪贴蒙版。

6.3 应用实践——设计电影海报

海报又称招贴或宣传画，是用于宣传商品或传播信息的平面画，常张贴在人们易看到的地方，从而达到广告先传的目的。海报按用途分，大致可以分为 3 类：一是社会公益海报，一般由政府或企业的宣传活动，常用于宣传政治活动、节日、环保、交通和社会公德等，一般时间周期短，目的性强；二是文化事业海报，用于宣传文艺方面的活动，包括影视、戏剧、音乐、体育、美术、科研和展览等；三是商业海报，主要是工商企业用于产品或宣传企业形象，包括影视海报、杂志海报、食品海报和服饰海报等。如图 6-57 所示为常见的几种海报类型。

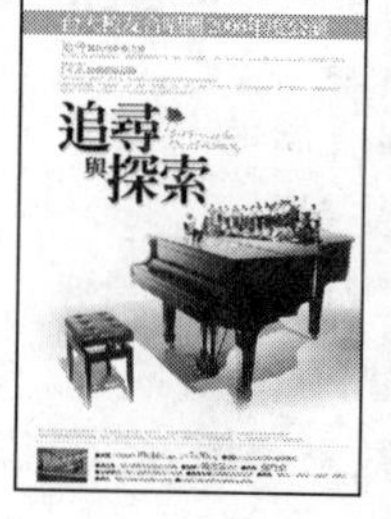

图 6-57　常见海报类型

本例将根据如图 6-58 所示的图像素材，制作如图 6-59 所示的电影海报效果。相关要求如下。

- 电影名称：化蝶。
- 制作要求：突出电影名称和上映时间。
- 海报尺寸：12cm × 18cm。
- 分辨率：150 像素/英寸。
- 色彩模式：RGB。

图 6-58　素材图像

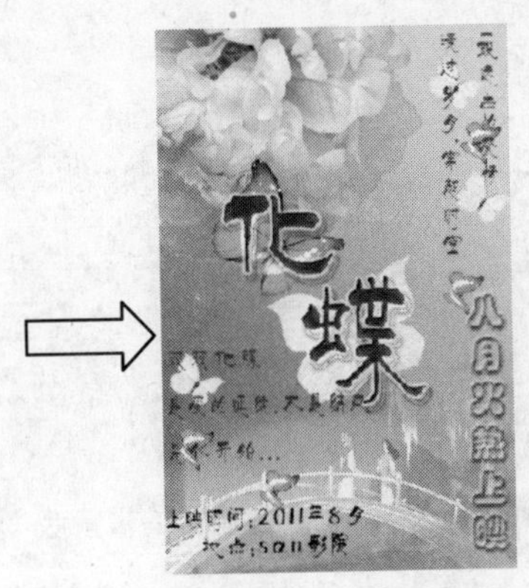

图 6-59　完成效果

所用素材：素材文件\第 6 章\牡丹.jpg、蝴蝶 1.jpg、蝴蝶 2.jpg、天桥.jpg

完成效果：效果文件\第 6 章\电影海报.psd

6.3.1　海报的写作格式和内容

海报作为常见的一种招贴形式，有其固定的格式和内容要求，一般由标题、正文和落款组成。具体介绍如下。

（1）标题：海报的标题写法较多，常见的有单独由文件名构成，如在第一行中间写上“海报”字样；直接由活动的内容作为题目，如画展、影讯和球讯等；以一些描述性的文字为标题，如“×××旧事重提，敲开记忆之门”等。

（2）正文：海报的正文要求明确写出活动的目的和意义，活动的主要项目、时间和地点、参加的具体方法以及一些必要的注意事项等。

（3）落款：在海报上写出主办单位的名称及海报的发文日期。

另外海报的语言要求简明扼要，形式要做到新颖美观，有时为了海报的视觉效果需要，也会适当省略一些部分，可视具体情况来决定。

6.3.2　海报的创意分析和设计思路

海报是众人皆知的广告宣传方法，因此在设计上要具有极强的视觉冲击力、艺术性和思想性等特点，并且能给人眼前一亮的感觉。本例主要设计一张电影海报，设计时主要采用与电影名称“化蝶”相关的素材，进行搭配，使图文相辅相成，并添加上一些修饰文字，在介绍剧情的同时，也不显得过于平淡，整个画面都添加了梦幻色彩，让故事更具有神话色彩。

本例的设计思路如图 6-60 所示，首先渐变填充背景，然后调整素材颜色，并添加到图像窗口中，再通过图层蒙版操作制作梦幻的效果，最后添加文字，并设置图层样式，来重点突出电影名称和上映时间。

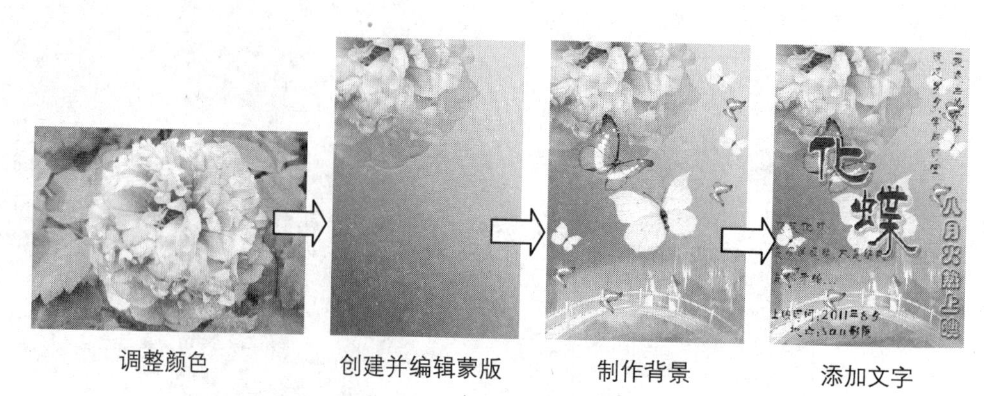

图 6-60　设计海报的操作思路

6.3.3　制作过程

1. 调整颜色

Step 1：启动 Photoshop CS3，新建一个宽度为 12 厘米，高度为 18 厘米，分辨率为 150 像素/英寸，颜色模式为 RGB 模式的图像文件，并将其保存为“电影海报”。

Step 2：在工具箱中选择“渐变填充工具”，设置前景色为紫色（R：167，G：63，B：236），背景色为淡紫色（R：225，G：203，B：239），然后在图像窗口中由左下角向右上角拖动，渐变填充背景，效果如图 6-61 所示。

Step 3：打开“牡丹.jpg”图像文件，打开“通道”面板，在其中单击按钮，在弹出的菜单中选择“分离通道”命令，将通道分离，然后将“红通道”分离出来的通道图像文件作为当前编辑文件。

Step 4：选择【图像】/【调整】/【曲线】命令，打开“曲线”对话框，在其中按照如图 6-62 所示进行设置。

Step 5：完成后单击 确定 按钮即可，效果如图 6-63 所示。

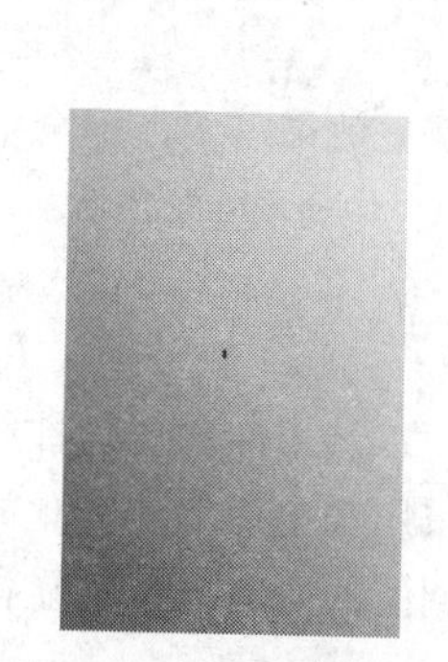
图 6-61　填充背景颜色

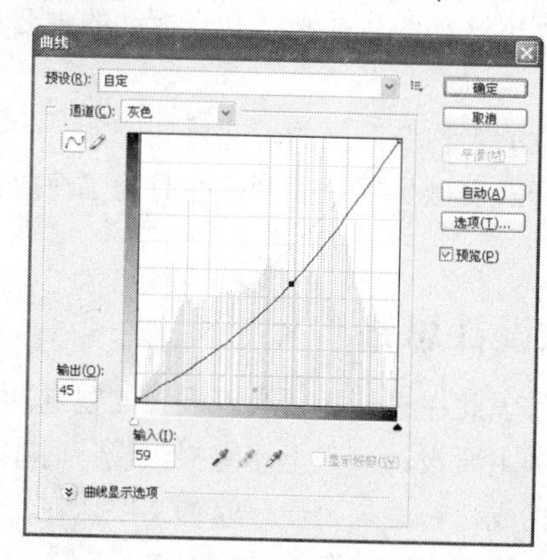

图 6-62　调整曲线

图 6-63　调整曲线后的效果

Step 6：单击“通道”面板右上角的按钮，在弹出的菜单中选择“合并通道”命令，将打开“合并通道”对话框，在“模式”下拉列表框中选择“RGB 颜色”选项，如图 6-64 所示。

Step 7：单击 确定 按钮，打开“合并 RGB 通道”对话框，效果如图 6-65 所示。

Step 8：直接单击 确定 按钮，即可合并通道，合并后的效果如图 6-66 所示。

图 6-64 “合并通道”对话框

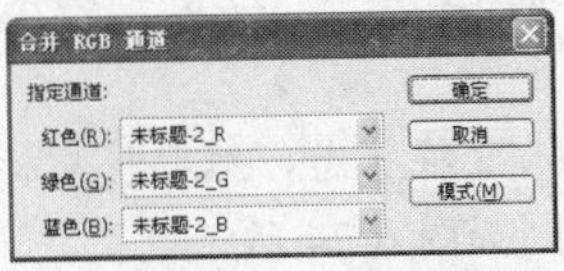

图 6-65 “合并 RGB 通道”对话框

图 6-66 合并通道后的效果

2. 制作背景

Step 1：在工具箱中选择“快速选择工具”，在图像中为花朵区域创建选区。

Step 2：在工具箱中选择“移动工具”，将花朵选区拖动到“电影海报”图像中，如图 6-67 所示。

Step 3：在“图层”面板中选择花朵所在图层，然后单击“图层”面板底部的“创建图层蒙版”按钮，效果如图 6-68 所示。

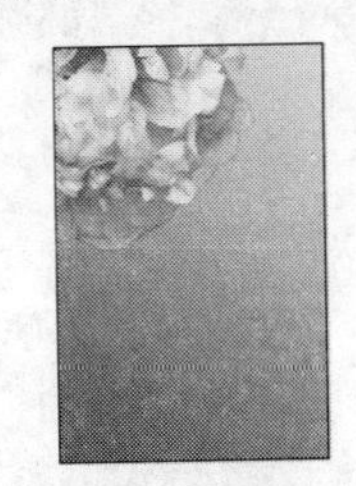

图 6-67 移动图像

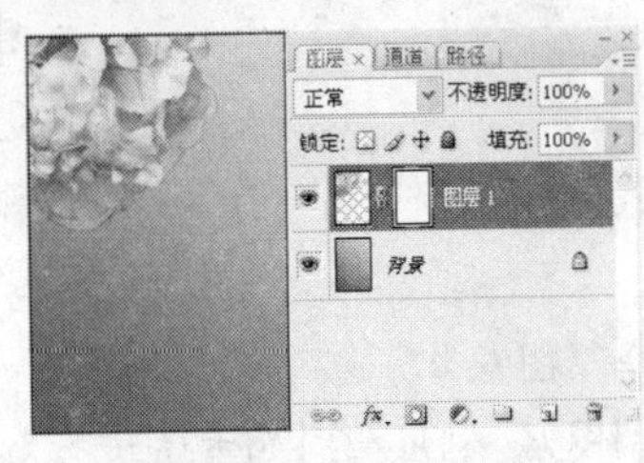

图 6-68 创建图层蒙版

Step 4：设置前景色为灰色（R：158，G：154，B：154），在工具箱中选择“画笔工具”，然后在图像上进行涂抹，如图 6-69 所示。

Step 5：打开“天桥.jpg”图像文件，按“Ctrl+A”键全选，然后在工具箱中选择“移动工具”，将选区拖动到“电影海报”图像中，如图 6-70 所示。

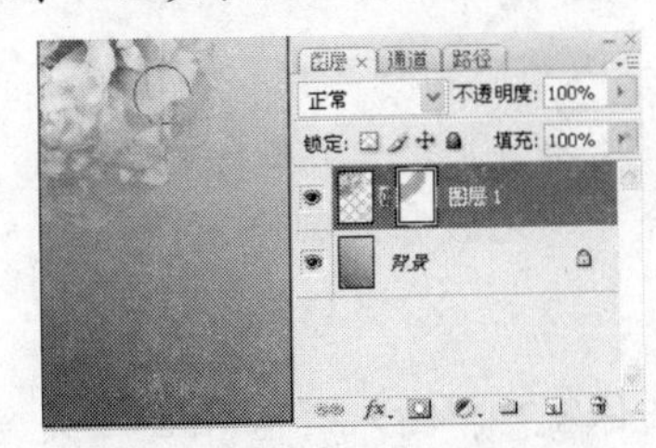

图 6-69 编辑图层蒙版

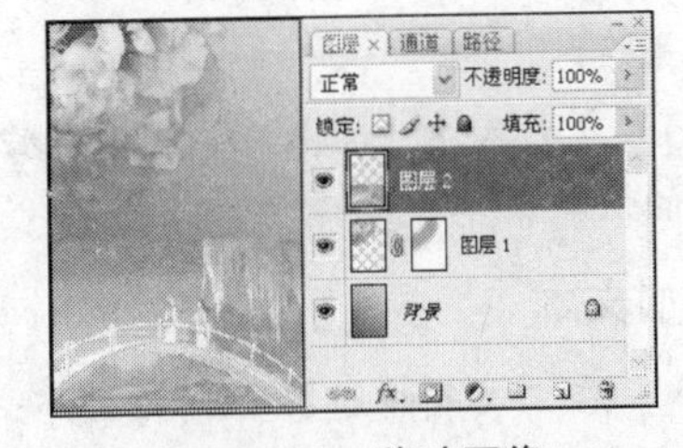

图 6-70 移动图像

Step 6：在“图层”面板中选择花朵所在图层，然后单击其底部的“创建图层蒙版”按钮。

Step 7：设置前景色为黑色，在工具箱中选择“画笔工具”，然后在图像上进行涂抹，如图 6-71 所示。

Step 8：设置前景色为灰色（R：158，G：154，B：154），然后利用“画笔工具”，在图像上进行涂抹，得到如图 6-72 所示效果。

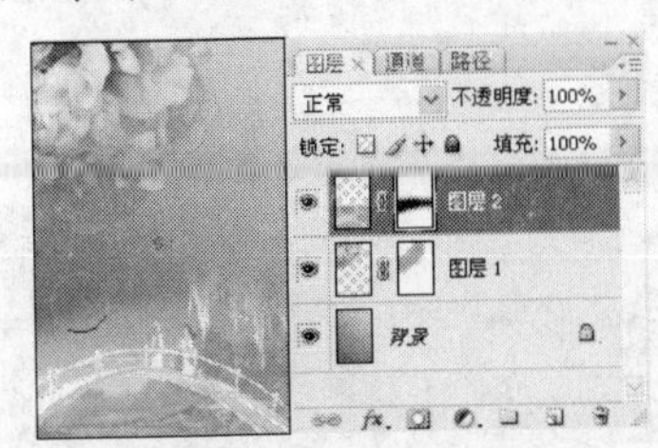

图 6-71 用黑色填充蒙版

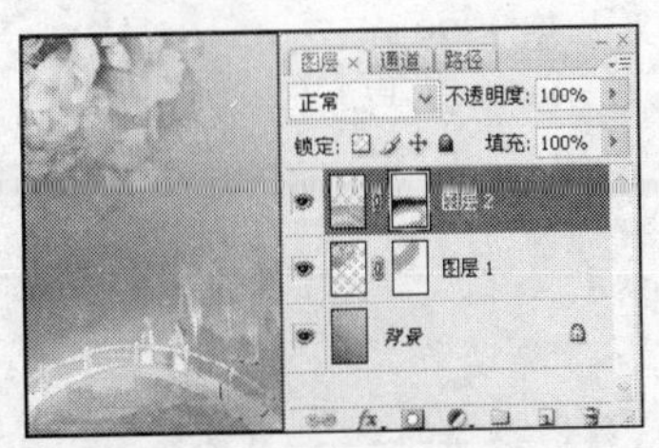

图 6-72 用灰色填充蒙版

3. 制作图像

Step 1：打开“蝴蝶 1.jpg”和“蝴蝶 2.jpg”图像文件。

Step 2：选择工具箱中的“快速选择工具”，分别为图像中蝴蝶图像创建选区，然后将图像移动到“电影海报”图像中，效果如图 6-73 所示。

Step 3：按“Ctrl+T”键使图像进入变换状态，然后将鼠标移动到图像四周的控制点上，拖动调整图像进行自由变换，并移动位置，得到如图 6-74 所示效果。

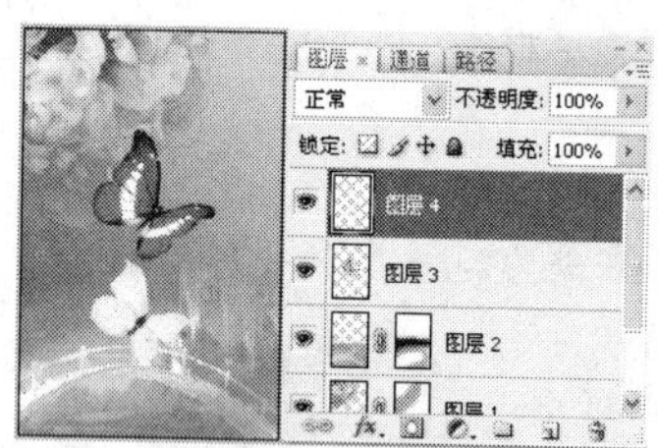

图 6-73 移动图像

图 6-74 调整图像

Step 4：在“图层”面板中选择“图层 4”，按 3 次“Ctrl+J”键复制图层，利用相同的方法进行自由变换，得到如图 6-75 所示效果。

Step 5：选择“图层 3”，按 4 次“Ctrl+J”键复制图层，然后利用相同的方法进行自由变换，得到如图 6-76 所示效果。

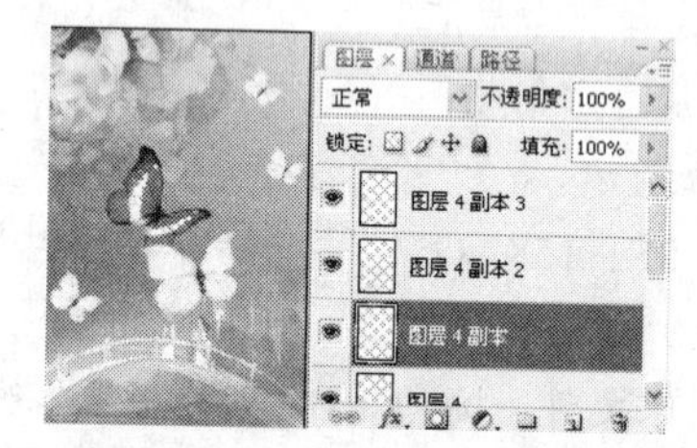

图 6-75 复制蝴蝶 1 图像

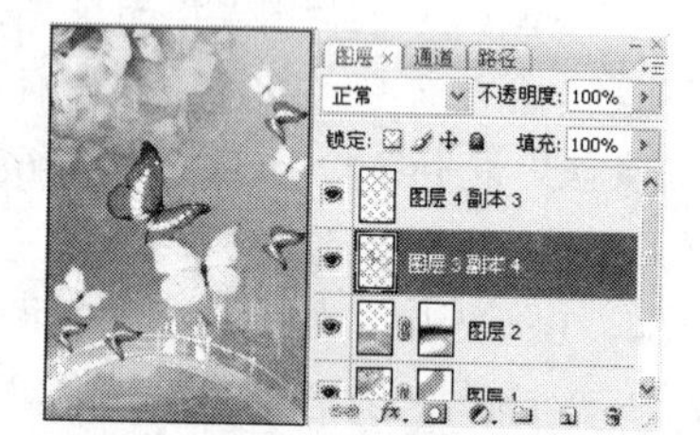

图 6-76 复制蝴蝶 2 图像

Step 6：分别选择“图层 4”到“图层 4 副本 3”和“图层 3”到“图层 3 副本 4”，单击鼠标右键，在弹出的快捷菜单中选择“合并图层”命令，将图层合并，完成背景制作。

4. 添加文本

Step 1：在工具箱中选择“横排文字工具”，在图像窗口中输入“双双化蝶 是爱的延续 不是结束 是个开始……”，设置文本颜色为褐色（R：104，G：23，B：92），字体为“汉仪柏青体简”，字号为 24，效果如图 6-77 所示。

Step 2：再次在图像窗口中依次输入“化”和“蝶”文本，设置文本颜色为红色（R：250，G：0，B：0），字体为“汉仪柏青体简”，字号为 120，效果如图 6-78 所示。

Step 3：在工具箱中选择“直排文字工具”，在图像窗口中输入文本“一段远古的爱情、漫过时间、穿越岁月”，设置文本颜色为褐色（R：104，G：23，B：92），字体为“汉仪柏青体简”，字号为 24，效果如图 6-79 所示。

图 6-77 输入横排文字

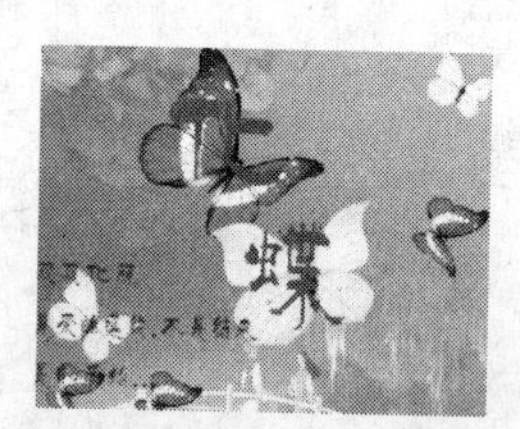

图 6-78 输入单个文字

图 6-79 输入直排文字

Step 4: 再次在图像窗口中依次输入“八月火热上映”，设置文本颜色为红色（R: 250，G: 0，B: 0），字体为“汉仪咪咪体”，字号为34，效果如图6-80所示。

Step 5: 在工具箱中选择“横排文字工具” T，在图像窗口中输入“上映时间：2011年8月”和“地址：san影院”文本，设置文本颜色为黑色（R: 0，G: 0，B: 0），字体为“汉仪柏青体简”，字号为24，效果如图6-81所示。

Step 6: 选择“化蝶”文本所在图层，并将其合并，然后单击鼠标右键，在弹出的快捷菜单中选择“栅格化图层”命令，然后双击该图层，打开“图层样式”对话框，在其中选中“投影”、“内阴影”、“外发光”和“光泽”复选项，其中“投影”参数设置如图6-82所示，其他保持默认。

图6-80 输入直排文字

图6-81 输入横排文字

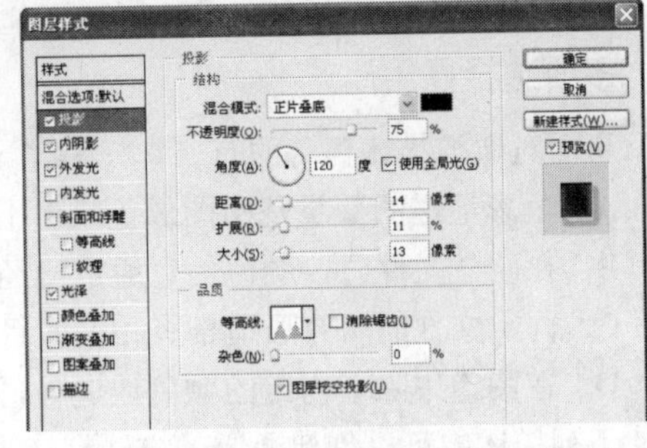

图6-82 打开“图层样式”对话框

Step 7: 完成后单击 确定 按钮，得到如图6-83所示效果。

Step 8: 选择“八月火热上映”文本所在图层，单击鼠标右键，在弹出的快捷菜单中选择“栅格化图层”命令，然后双击该图层，打开“图层样式”对话框，在其中选中“斜面和浮雕”和“描边”复选项，其中“斜面和浮雕”参数设置如图6-84所示，其他保持默认。

Step 9: 完成后单击 确定 按钮，完成海报制作，效果如图6-85所示。

图6-83 应用图层样式

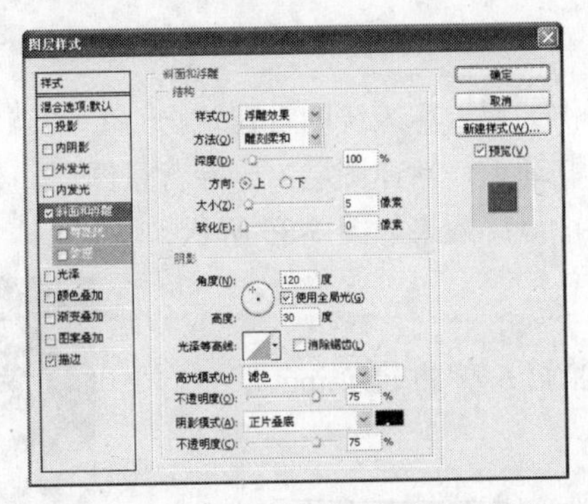

图6-84 打开“图层样式”对话框

图6-85 最终效果

6.4 练习与上机

1. 单项选择题

（1）下面的（ ）通道是CMYK颜色模式下的图像通道。

A．红通道　　B．青色通道　　C．绿通道　　D．蓝通道

（2）直接在“图层”面板中，单击其底部的按钮，可为图像添加（　　）。

A．图层蒙版　　B．通道蒙版　　C．快速蒙版　　D．Alpha 通道

（3）按住键盘中（　　）键的同时，单击所需要的 Alpha 通道，可以快速将该通道的选区载入到原图像中。

A．Alt　　B．Ctrl　　C．Ctrl+Enter　　D．Shift+Enter

（4）Alpha 通道是用于保存选区的通道，对于复杂的选区，创建后可以将其保存在 Alpha 通道中，以便多次重复使用，只需单击“通道”面板下方的（　　）按钮，即可将选区快速保存到 Alpha 通道中。

A．　　B．　　C．　　D．

2. 多项选择题

（1）下面对通道描述正确的有（　　）。

A．色彩通道的数量是由图像色阶而不是因色彩模式的不同而不同

B．在新建文件时，颜色信息通道已经自动建立了

C．同一文件的所有通道都有相同数目的像素点和分辨率

D．在图像中除了内定的颜色通道外，还可生成新的 Alpha 通道

（2）下列描述中可以创建通道的方法有（　　）。

A．单击“通道”面板右上角的按钮，在弹出的菜单中选择“新建通道”命令

B．单击“通道”面板底部的“新建通道”按钮创建通道

C．将 Alpha 通道拖动到“通道”面板底部的“新建通道”按钮上

D．单击“通道”面板底部的“删除通道”按钮即可

（3）可以控制图层中不同区域的透明度的蒙版图层是（　　）。

A．快速蒙版　　B．图层蒙版　　C．矢量蒙版　　D．文字蒙版

3. 简单操作题

（1）根据本章所学知识，制作一幅云雾缭绕的古建筑物。

提示：在“通道”面板中复制通道，新建图层，删除背景图层，载入通道选区，并以白色填充选区，然后拖动图像到建筑图像中，最终效果如图 6-86 所示。

所用素材：素材文件\第 6 章\古建筑.jpg、白云.jpg

完成效果：效果文件\第 6 章\云雾缭绕.psd

图 6-86　云雾缭绕

（2）打开提供的“雪山.jpg”图像文件，利用通道的相关操作，制作下雪的效果，处理后的效果如图 6-87 所示。

提示：新建一个通道，将前景色设置为白色，然后使用一种分散状的画笔在通道中轻轻涂抹，以得到雪下落时的形态，选择通道中的白色所在的图像选区，返回加到 RGB 模式下的图像，用前景色

填充选区即可。

所用素材：素材文件\第 6 章\雪山.jpg

完成效果：效果文件\第 6 章\雪景.psd

图 6-87　合成图像效果

（3）打开提供的“金字塔.jpg”和“沙漠.jpg”图像文件，利用蒙版的相关操作，制作海市蜃楼效果，处理后的效果如图 6-88 所示。

提示：将“沙漠.jpg”图像移动到“金字塔.jpg”图像中，为“沙漠.jpg.”所在图层创建图层蒙版，然后通过画笔绘制透明区域即可。

所用素材：素材文件\第 6 章\金字塔.jpg、沙漠.jpg

完成效果：效果文件\第 6 章\海市蜃楼.psd

图 6-88　合成图像效果

4. 综合操作题

（1）利用本章所学的相关操作，制作影视海报的效果，要求名片大小为 12cm×18cm，分辨率为 150 像素/英寸，色彩模式为 RGB 模式，保留图层。参考效果如图 6-89 所示。

所用素材：素材文件\第 6 章\恋人.jpg

完成效果：效果文件\第 6 章\影视海报.psd

图 6-89　影视海报

（2）要求根据提供的 3 幅图像素材制作环保公益海报，要求文件大小为 176mm×105mm，分辨率为 72 像素/英寸，色彩模式为 RGB 模式。所需素材和参考效果如图 6-90 所示。

所用素材：素材文件\第 6 章\景物 1.jpg、景物 2.jpg、景物 3.jpg

完成效果：效果文件\第 6 章\海报.psd

视频演示：第 6 章\综合练习\海报.swf

图 6-90 海报效果

拓展知识

海报设计主要是给观众以视觉上的冲击和享受，从而达到宣传推广的作用。除了本章前面所介绍的海报设计知识外，在进行海报设计时，还需要注意以下几个方面。

一、海报内容的写作注意事项

要具体真实地写明活动的地点、时间和主要内容，在文中可以用些鼓动性的词语，但是不能过于夸大事实，其文字要求简洁明了，篇幅要短小精悍，版式可以做艺术性的处理，以吸引观众。

二、海报的主要特点

加入一些美术设计，以吸引更多的人加入活动，同时海报还可以在媒体上刊登、播放，但大部分是张贴于人们易于见到的地方，其广告性色彩浓厚。二是商业性，海报主要是为某项活动做的前期广告和宣传，其目的是让人们参与其中。演出类海报是海报中最常见的部分，而演出类广告又往往着眼于商业性目的，但学术报告类的海报一般是不具有商业性的。

三、海报设计欣赏

如图 6-91 所示为一幅电影的宣传海报，该海报利用电影情节作为宣传亮点，如图 6-92 所示为一幅宣传环保的海报，海报在设计中舍去了传统的标题和落款，并运用了美术的手法表现海报主题。

图 6-91 电影海报

图 6-92 环保海报

第7章 文字与路径的应用

📖 学习目标

学习在设计中运用“文字工具”等输入文字的操作方法和运用“钢笔工具”等绘制路径的方法，并掌握用路径绘制图形的方法，如绘制标志和卡通形象等。

📖 学习重点

掌握文字和路径的相关操作，包括输入文字、设置文字格式、绘制路径和编辑路径等操作，并能应用路径绘制各种卡通形象。

📖 主要内容

- 文字的使用
- 路径的使用
- 应用实践——设计卡通形象

7.1 文字的使用

在图像处理中，文字起着非常重要的作用，Photoshop CS3 提供了强大的文字处理功能，可以利用“文字工具”直接在图像中输入文字，并对文字进行编辑、变形等操作，从而使文字更具艺术效果。

文字是进行各种创作时必不可少的元素，因此需要熟练掌握，包括文字的输入、创建文字选区、设置文字格式、创建变形文字和转换文字图层等操作。

7.1.1 输入文字

输入文字主要是通过“文字工具”来实现的，Photoshop CS3 的“文字工具”包括“横排文字工具”、“直排文字工具”、“横排文字蒙版工具”和“直排文字蒙版工具”。如图 7-1 所示。

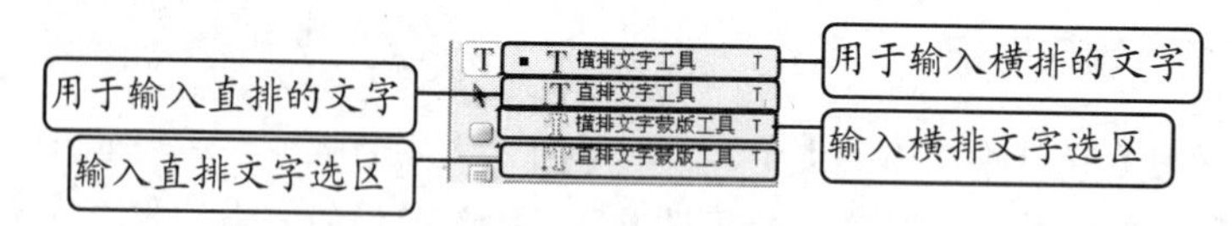

图 7-1 位于工具箱中的 4 个文字工具

1. 输入单行文字

在处理图像时常常会输入单行的文字来修饰图像。

【例 7-1】利用“文字工具”，在图像中输入横排文字和直排文字。

Step 1：选择【文件】/【打开】命令，任意打开一幅素材图像。

Step 2：在工具箱中选择“横排文字工具” T，在其工具选项栏中设置字体为“隶书”，字号为 48 点，颜色为白色。

Step 3：在图像中需要输入文字的位置处单击，然后输入“羊角花开”文字，文字输入完成后，单击工具选项栏中的✓按钮，完成文字的输入，如图 7-2 所示。

Step 4：在工具箱中选择“直排文字工具” IT，在图像中需要输入文字的位置处单击，然后输入“红得像你的脸”文字，文字输入完成后，单击工具选项栏中的✓按钮，完成文字的输入，如图 7-3 所示。

图 7-2 输入横排文字

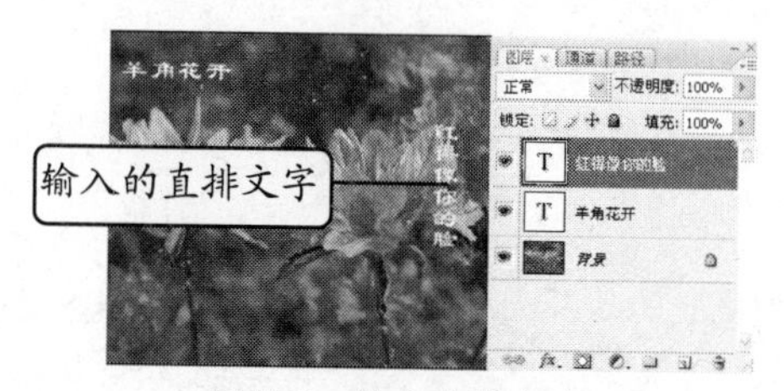

图 7-3 输入直排文字

【知识补充】“文字工具”的工具选项栏如图 7-4 所示，其中其他各选项含义如下。

图 7-4 文字工具选项栏

- 按钮：单击此按钮，可以将选择的水平方向的文字转换为垂直方向，或将选择的垂直方向的文字转换为水平方向。
- Regular 下拉列表：用于设置文字使用的字体形态，但只有选择某些具有该属性的字体后，该下拉列表框才能激活。该下拉列表框包括 Regular（规则的）、Italic（斜体）、Bold（粗体）和 Bold Italic（粗斜体）4 个选项。
- aa 锐利 下拉列表：用于设置消除文字锯齿的功能。提供了“无”、“锐利”、“明晰”、“强”和“平滑”5 个选项。
- 按钮组：用于设置段落文字排列的方式，包括“顶对齐”、“居中”和“底对齐”3 个选项。当文字为直排时，3 个按钮变为形状，分别为“左对齐”、“居中”和“右对齐”。
- 按钮：用于创建变形文字。
- 按钮：单击该按钮，可以显示或隐藏“字符”和“段落”面板，用于调整文字格式和段落格式。
- 按钮，单击该按钮，可以取消当前文字的输入操作。

2. 沿路径输入文字

在输入文字的过程中，也可以通过路径来辅助文字的输入，从而使文字产生意想不到的效果。

【例 7-2】利用沿路径输入文字的功能，为化妆品广告输入文字。

所用素材：素材文件\第 7 章\化妆品.jpg　　**完成效果**：效果文件\第 7 章\化妆品.psd

Step 1：打开“化妆品.jpg”图像文件，在工具箱中选择“钢笔工具”，然后在图像中单击创建路径的起始点，如图 7-5 所示。

Step 2：释放鼠标，在图像中另一处单击并拖动，创建一条弧形路径，如图 7-6 所示。

图 7-5　创建路径起始点

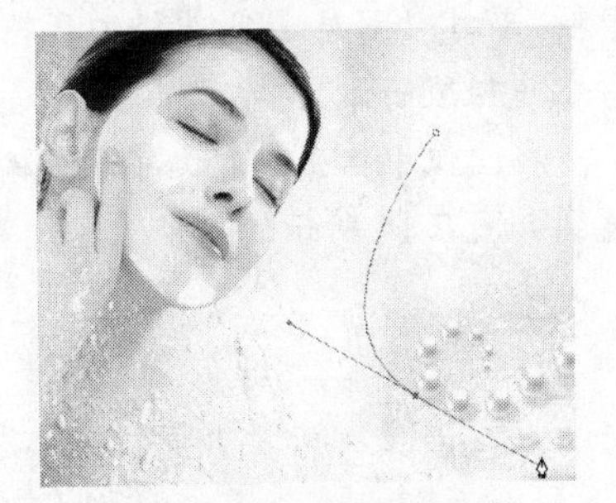

图 7-6　创建后的路径

Step 3：选择工具箱中的“横排文字工具”T，并在工具选项栏中设置字体为“汉仪柏青体简”，字号为 48 点，颜色为蓝色（R：125，G：181，B：239）。

Step 4：移动鼠标指针到路径上，当鼠标指针变为形状时单击，进入文字输入状态，如图 7-7 所示。

Step 5：输入“补水，活泉更专业”文字，然后按“Ctrl+Enter”键确认，如图 7-8 所示。

Step 6：沿路径输入文字的最终效果如图 7-9 所示。

图 7-7 进入文字输入状态

图 7-8 输入文字

图 7-9 最终效果

7.1.2 创建文字选区

通过“横排文字蒙版工具”和“直排文字蒙版工具”可以创建文字选区，在文字设计方面起着重要作用。

【例 7-3】利用“文字蒙版工具”制作如图 7-10 所示的美术文字。

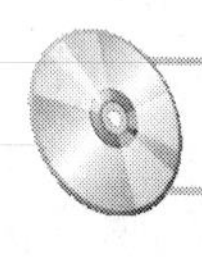

完成效果：效果文件\第 7 章\美术字.psdg

图 7-10 美术字效果

Step 1：新建一个图像文件，名称为“美术字”，其他为 Photoshop 默认大小的文件。

Step 2：设置前景色为橙色（R：250，G：210，B：28），使用“椭圆选框工具”绘制如图 7-11 所示的椭圆选区，然后按“Alt+Delete”键填充选区，效果如图 7-12 所示。

Step 3：新建“图层 1”，选择工具箱中的“横排文字蒙版工具”，然后在工具选项栏中设置字体为“方正超粗黑简体”，字号为 100 点。

Step 4：在图像中单击进入文字蒙版输入状态，然后输入文字“聘”，如图 7-13 所示，按“Ctrl+Enter”键确认，得到如图 7-14 所示的文字选区效果。

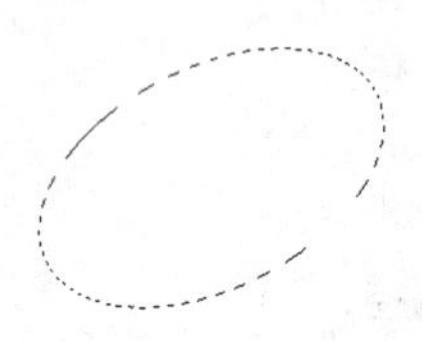
图 7-11 绘制选区

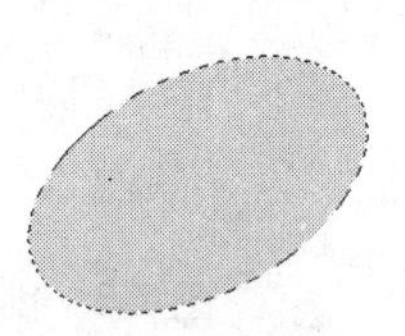
图 7-12 填充选区

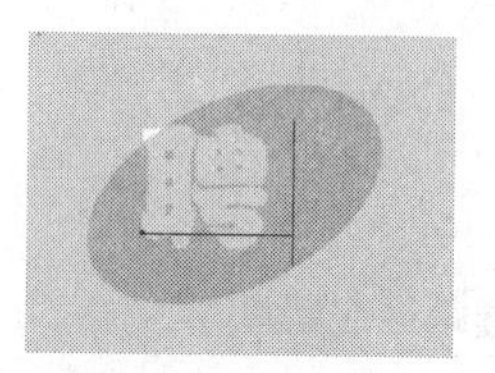

图 7-13 输入文字

图 7-14 文字选区

Step 5：使用红色填充文字选区，取消选区后，将填充后的文字图像通过变换操作调整到如图 7-15 所示效果。

Step 6：按住“Ctrl”键单击“图层 1”，以载入“图层 1”中文字图像的选区，如图 7-16 所示。

Step 7：将选区向右上方移动一段距离，如图 7-17 所示。

Step 8：新建“图层 2”，并在“图层”控制面板中将“图层 2”移动到“图层 1”的下方。

Step 9：设置前景色为白色，按“Alt+Delete”键填充选区，效果如图 7-18 所示。

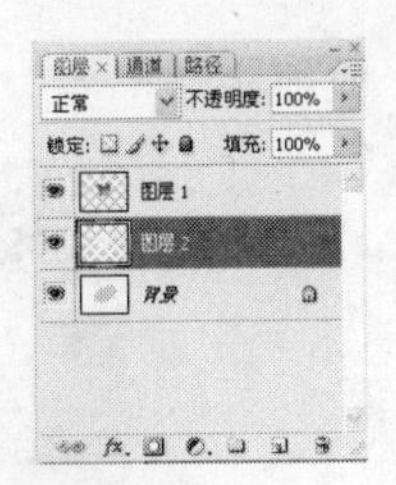

图 7-15　变换文字图像　　图 7-16　载入选区　　图 7-17　移动选区　　图 7-18　填充新图层

Step 10：按“Ctrl+D”键取消选区后，最终效果如图 7-10 所示。

提示：图像的变换前面已经介绍，此处主要使用了旋转、透视和变形变换。

7.1.3　设置字符和段落格式

Photoshop CS3 提供的强大的文字格式功能，可以通过对文字格式，包括字符和段落格式进行设置，使文字更具艺术美感。

1. 设置字符格式

除了可以在文字工具选项栏中设置字符格式外，开可以通过“字符”面板来进行设置，如图 7-19 所示为“字符”面板。

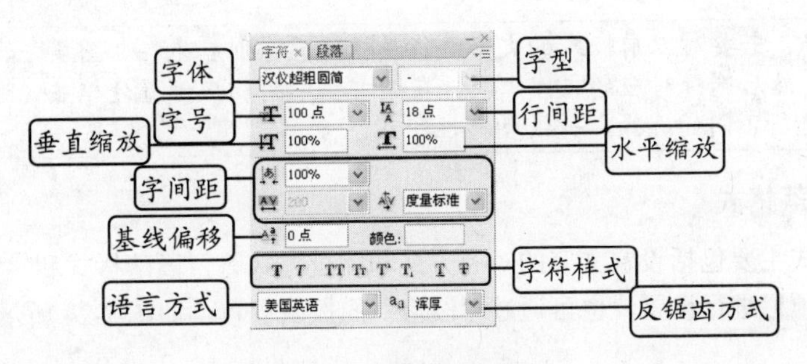

图 7-19　“字符”面板

【例 7-4】为一幅素材添加广告文字。

所用素材：素材文件\第 7 章\秋天.jpg　　**完成效果**：效果文件\第 7 章\秋天.psd

Step 1：打开“秋天.jpg”图像文件，然后使用“横排文字工具” T 在图像中输入“天凉好个秋”文字，如图 7-20 所示。

Step 2：拖动鼠标选择第 1 个文字，然后在工具选项栏中单击按钮，打开“字符”面板。

Step 3：在其中设置字体为“汉仪超粗圆简”，字号为 12，“垂直缩放”为 140，“水平缩放”为 110，“基线偏移”为 40，颜色为粉红色（R：231，G：141，B：179），效果如图 7-21 所示。

Step 4：单击✓按钮，确认文字输入。

Step 5：再次使用“横排文字工具” T 在图像中输入“tianlianghaogeqiu”文字。

Step 6：拖动鼠标选择输入的文字，在其中设置字体为 cooper black，字号为 36，行距为 12%，“字符间距”为 20，“基线偏移”为 0，颜色为白色，并单击“全部大写字母”按钮，效果如图 7-22 所示。

图 7-20　打开素材

图 7-21　设置字符属性后的效果

Step7：单击✓按钮，确认文字输入，选择“移动工具”，移动文字到合适的位置即可，效果如图 7-23 所示。

图 7-22　设置文字格式

图 7-23　完成效果

注意：若要对以前输入的文字进行属性设置，则应先在“图层”面板中选择该文字所在的图层，然后选择对应的文字工具，在该文字中的相应位置处单击，进入文字编辑状态，再对文字进行不同的选择，并设置属性即可。

2. 设置段落格式

设置段落格式主要包括设置文字的对齐方式和缩进方式等，段落格式和字符格式一样，不仅可以通过文字工具选项栏进行设置，也可通过“段落”面板来设置，如图 7-24 所示为“段落”面板。

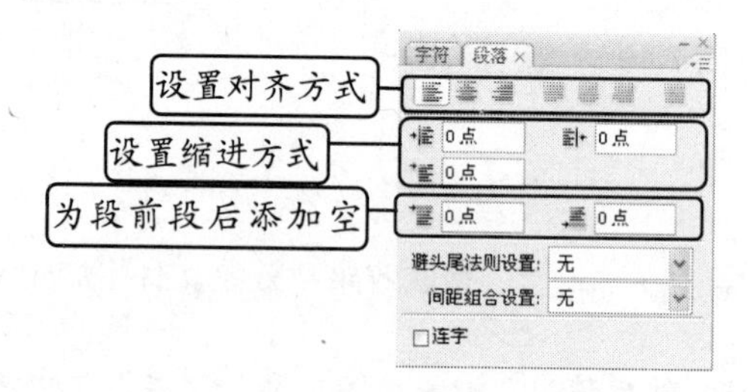

图 7-24　“段落”面板

【例 7-5】利用设置段落格式的操作，为一幅素材添加文字。

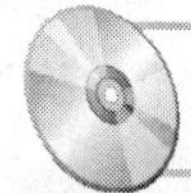

所用素材：素材文件\第 7 章\荷花.jpg　　**完成效果**：效果文件\第 7 章\诗歌.psd

Step 1：打开“荷花.jpg”图像文件，然后使用“横排文字工具”T在图像中拖动鼠标，绘制一个文字框，如图 7-25 所示。

Step 2：在工具选项栏中设置字体为“隶书”，字号为 36，颜色为白色，然后在文字框中输入如

图 7-26 所示文字。

图 7-25　绘制文字框

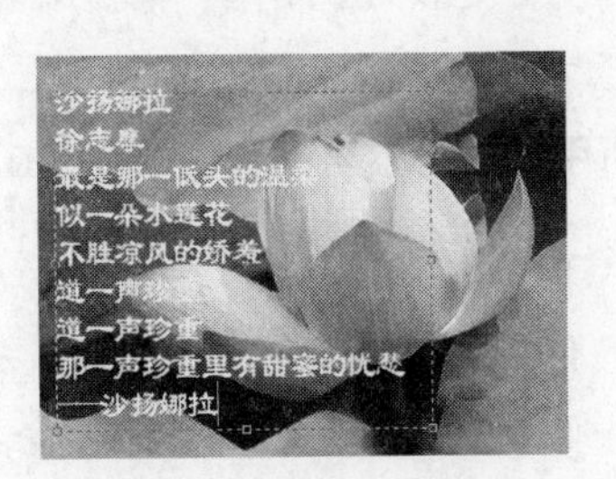

图 7-26　输入段落文字

提示：若要输入直排段落文字，可以在工具箱中选择“直排文字工具”，然后拖动鼠标绘制文字框，再在其中输入文字即可。

Step 3：将光标置于第一段中的任意位置，单击“段落”面板中的“居中对齐文字”按钮，将第一段标题行居中放置，如图 7-27 所示。

Step 4：将光标置于第二段中的任意位置，在“段落”面板中设置“左缩进”为 250 点，效果如图 7-28 所示。

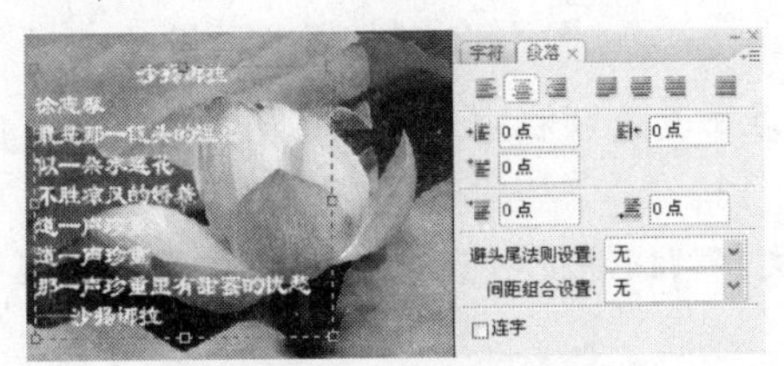

图 7-27　第一段居中对齐

图 7-28　设置“左缩进”

Step 5：将光标置于第二段中的任意位置，并设置段前空格和段后空格为 5 点，以增加该段与第一段和第三段间的距离，效果如图 7-29 所示。

Step 6：最后将第一段文字的字号设置为 60 点，按“Ctrl+Enter”键退出文字编辑状态，最终效果如图 7-30 所示。

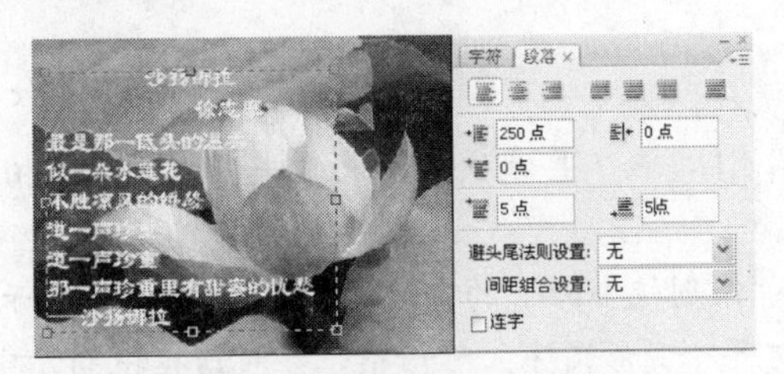

图 7-29　设置段前段后空格

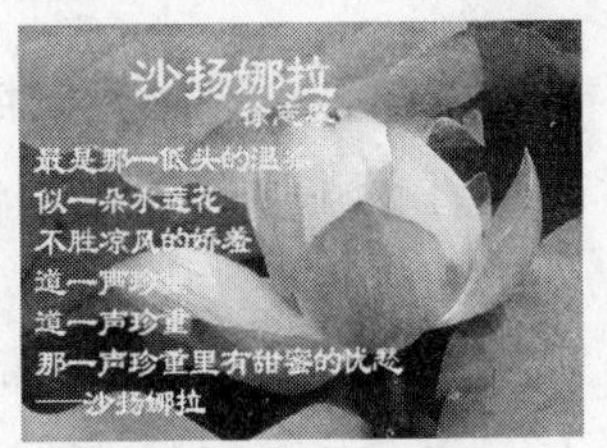

图 7-30　完成效果

注意：当设置段落属性为“全部对齐”时，段落文字中的每行会布满文字输入框两端，并且系统会自动调整文字间的距离。

7.1.4　创建变形文字

Photoshop CS3 在文字工具选项栏中提供了一个“文字变形工具”，通过它可以将选择的文字进行变形设置，从而增强文字的艺术效果。

【例7-6】使用变形文字制作一幅折扇的扇面效果。

所用素材：素材文件\第7章\国画.jpg　　**完成效果**：效果文件\第7章\折扇.psd

Step 1：新建一个图像文件，设置画面的尺寸为800mm×390mm，并保存为“折扇.psd”。

Step 2：使用“选区工具”绘制一个如图7-31所示的扇形选区。

Step 3：选择【文件】/【打开】命令，打开“国画.jpg”图像文件，按“Ctrl+A”键全选，再按“Ctrl+C”键复制。

Step 4：切换到“折扇.psd”图像窗口，选择【编辑】/【贴入】命令，将山水画粘贴到选择区域中，效果如图7-32所示。

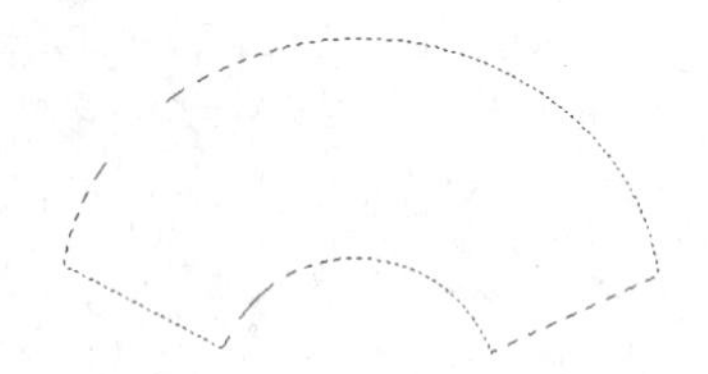

图7-31　绘制扇形选区

图7-32　制作扇面背景

Step 5：选择工具箱中的“直排文字工具”T，在工具选项栏中设置字体为“方正黄草简体”，字号为24，字体颜色设置为褐色（R：96，G：13，B：13）。

Step 6：在图像窗口中的右侧单击鼠标，并输入文字“饯别校书云”，再单击工具选项栏中的✓按钮，完成文字的编辑，效果如图7-33所示。

Step 7：按“Ctrl+T”键，对文字进行旋转变换，完成效果如图7-34所示。

图7-33　输入“饯别校书云”

图7-34　自由变换文字

Step 8：选择工具箱中的“直排文字工具”T，在工具选项栏中设置字体为“汉仪柏青体简”，字体大小为24，字体颜色为黑色。

Step 9：在图像窗口中单击鼠标，并输入“饯别校书云”的内容，效果如图7-35所示。

Step 10：单击工具选项栏中的工按钮，打开“变形文字”对话框，在对话框中的“样式”下拉列表框中选择“扇形”选项，选中“水平”单选项，在“弯曲”文字框中输入73，如图7-36所示。

图7-35　输入内容

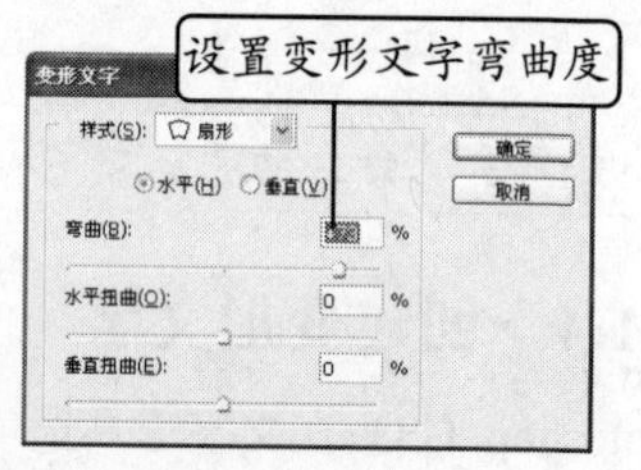

图7-36　打开“变形文字”对话框

Step 11：单击[确定]按钮，关闭“变形文字”对话框，变形后的效果如图 7-37 所示。

Step 12：选择工具箱中的“移动工具”按钮，调整文字的位置，最终效果如图 7-38 所示。

图 7-37　变形后的效果

图 7-38　最终效果

提示：在“变形文字”对话框中的“样式”下拉列表框中内置了 15 种变形样式，分别为扇形、下弧、上弧、拱形、凸起、贝壳、花冠、旗帜、波浪、鱼形、增加、鱼眼、膨胀、挤压和扭转等。

7.1.5　转换文字图层

在输入文字后，还可以将文字图层转换为其他普通图层，从而进行编辑，得到更加丰富的效果。

【例 7-7】在素材图像中输入文字，然后转换文字图层并进行编辑，从而得到如图 7-39 所示的效果。

所用素材：素材文件\第 7 章\枫叶.jpg
完成效果：效果文件\第 7 章\枫叶.psd

图 7-39　完成效果

Step 1：打开“枫叶.jpg”素材图像，如图 7-40 所示。

Step 2：在工具箱中选择“直排文字工具”，在工具选项栏中设置字体为“华文琥珀”，大小为 36 点，颜色为白色，然后在图像窗口输入“霜叶红于二月花”文字，如图 7-41 所示。

图 7-40　打开素材

图 7-41　输入文字

Step 3：选择【图层】/【栅格化】/【文字】命令，或在文字图层上单击鼠标右键，在弹出的快捷菜单中选择“栅格化文字”命令，即可将文字图层转换为普通图层。

Step 4：按住“Ctrl”键不放，同时用鼠标在“图层”面板中的图层缩略图上单击，将文字载入选区，效果如图 7-42 所示。

Step 5：选择【编辑】/【填充】命令，打开“填充”对话框，在“使用”下拉列表框中选择“图案”选项，在“自定义图案”下拉列表框中选择“画布”图案，如图 7-43 所示。

Step 6：单击 确定 按钮，然后取消选区即可，完成后的效果如图 7-39 所示。

图 7-42　载入选区

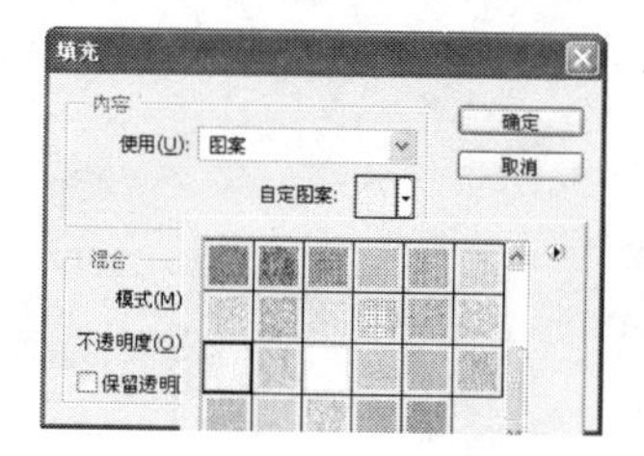

图 7-43　选择图案

【知识补充】除了可以将文字图层转换为普通透明图层外，还可以将文字图层转换为工作路径或形状图层，其方法是在文字图层上单击鼠标右键，在弹出的快捷菜单中选择“创建工作路径”命令或“转换为形状”命令即可，如图 7-44 所示为将文字图层转换为工作路径，如图 7-45 所示为将文字图层转换为形状图层。

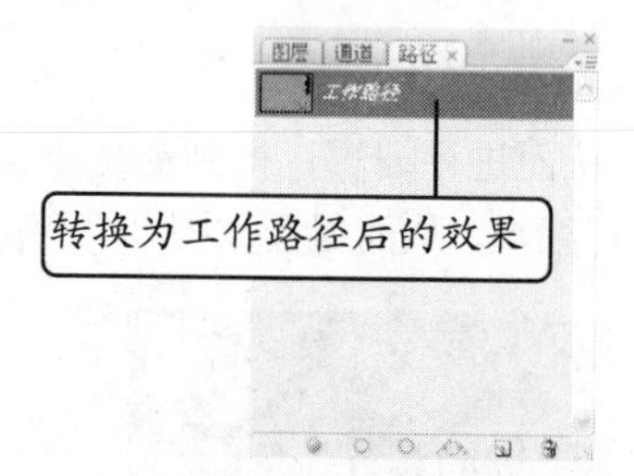

图 7-44　转换为工作路径

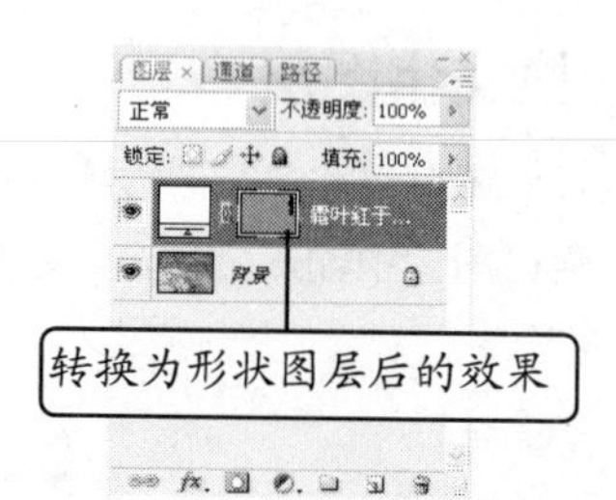

图 7-45　转换为形状图层

7.2 路径的使用

在 Photoshop CS3 中路径是使用贝赛尔曲线所构成的一段闭合或者开放的曲线或线段，编辑时可以对线段或曲线进行描边、填充或转换为选区等操作。

7.2.1　认识“路径”面板

“路径”面板默认情况下与“图层”面板在同一面板组中，由于路径不是图层，因此路径创建后不会显示在“图层”面板中，而是显示在“路径”面板中。“路径”面板主要用来储存和编辑路径，如图 7-46 所示。

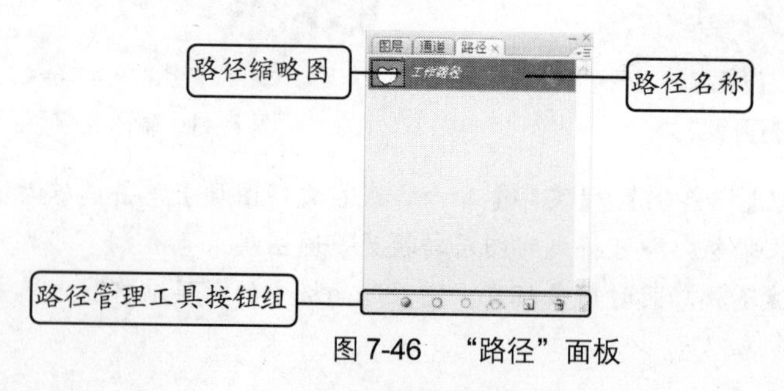

图 7-46　“路径”面板

7.2.2　绘制路径

使用工具箱中的“钢笔工具” .可以绘制出任意形状的路径。

1. 绘制直线路径

直线路径一般用于绘制较为规则的图形，选择“钢笔工具” .后在图像窗口中不同的地方单击，即可快速绘制出直线路径。

【例 7-8】利用“钢笔工具” .来绘制直线路径，制作简单的网页背景。

所用素材：素材文件\第 7 章\网页背景.jpg　　**完成效果**：效果文件\第 7 章\网页背景.psd

Step 1：打开“网页背景.jpg”图像文件，如图 7-47 所示。

Step 2：在工具箱中选择“钢笔工具” .，在图像窗口的左上方单击添加一个锚点，按住“Shift”键，向右移动鼠标单击添加第二个锚点，如图 7-48 所示。

Step 3：按照上一步的方法将鼠标向右移动，并单击添加第 3 个锚点，如图 7-49 所示。

图 7-47　素材图像

图 7-48　绘制垂直直线路径

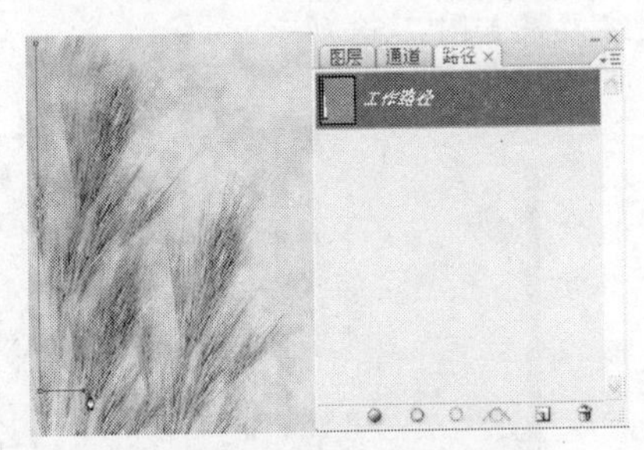

图 7-49　绘制水平直线路径

Step 4：按照前面添加锚点的方法继续添加锚点绘制路径，注意在添加最后一个锚点时，应单击第一个锚点位置，以闭合路径绘制后的直线路径，如图 7-50 所示。

Step 5：在“路径”面板中将同时显示绘制的工作路径，如图 7-51 所示，双击该路径缩略图，在打开的“存储路径”对话框中单击 确定 按钮，将路径存储为“路径 1”，如图 7-52 所示。

图 7-50　完成路径创建

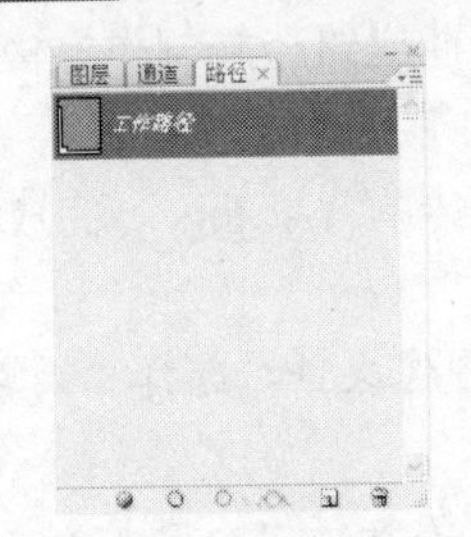

图 7-51　“路径”面板

图 7-52　存储工作路径

Step 6：继续使用“钢笔工具” .在图像右侧绘制封闭路径，绘制后的路径如图 7-53 所示。

Step 7：设置前景色为黑色（R：0，G：0，B：0），单击“路径”控制面板中的“用前景色填充路径”按钮 ，使用前景色填充后的效果如图 7-54 所示。

Step 8：选择工具箱中的“路径选择工具” ，单击选择顶部的路径，然后连续按 5 次键盘上的向上键，将其向上移动 5 个像素，如图 7-55 所示。

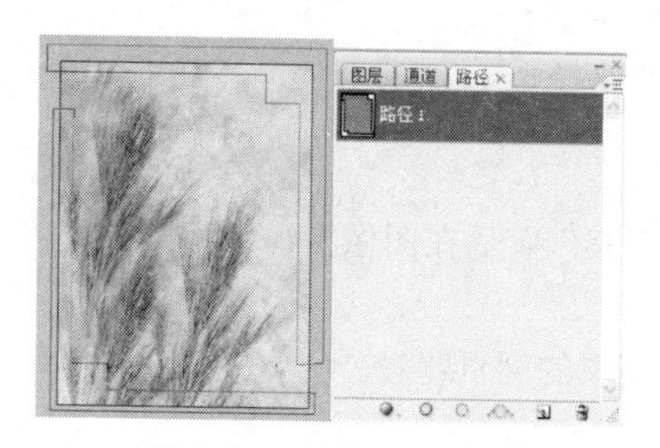

图 7-53　绘制右侧路径

图 7-54　填充路径

图 7-55　移动路径

Step 9：选择底部的路径，然后连续按 5 次键盘上的向下键，将其向下移动 5 个像素，如图 7-56 所示。

Step 10：设置前景色为白色（R：251，G：251，B：251），单击"路径"控制面板中的"用前景色填充路径"按钮，使用前景色填充后的效果如图 7-57 所示。

Step 11：按住"Shift"键的同时单击"路径"控制面板中"路径 1"缩略图，将路径隐藏即可，最终效果如图 7-58 所示。

图 7-56　移动路径

图 7-57　填充路径

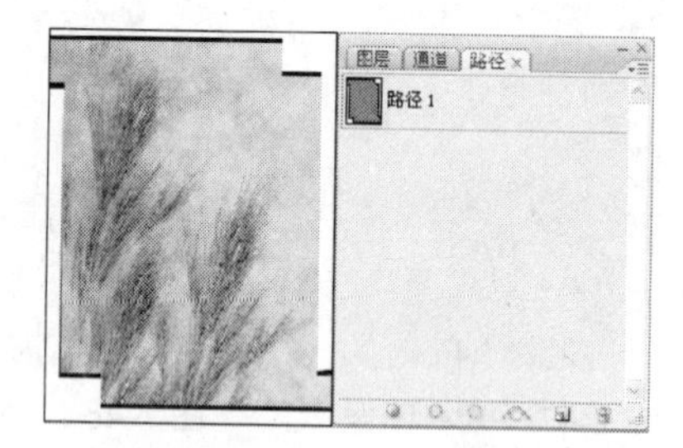

图 7-58　完成效果

2. 绘制曲线路径

在绘制路径时常常需要绘制一些不同弧度的曲线路径，使用"钢笔工具"即可轻松地绘制出需要的曲线路径。

【例 7-9】利用"钢笔工具"绘制曲线路径来制作宣传单的背景。

所用素材：素材文件\第 7 章\宣传单背景.jpg　**完成效果**：效果文件\第 7 章\宣传单背景.psd

Step 1：打开"宣传单背景.jpg"图像文件，选择"钢笔工具"，在画布中单击添加一个锚点，如图 7-59 所示。

Step 2：在图像底部单击并拖动，添加第二个带控制手柄的锚点，如图 7-60 所示。

Step 3：继续添加带控制手柄的锚点，绘制后的曲线路径如图 7-61 所示。

Step 4：设置前景色为蓝色（R：61，G：118，B：224），然后单击"路径"控制面板中的"用前景色填充路径"按钮，使用前景色填充后的效果如图 7-62 所示。

Step 5：新建"图层 1"，按照上面的方法，继续绘制曲线路径，直至得到类似如图 7-63 所示的效果。

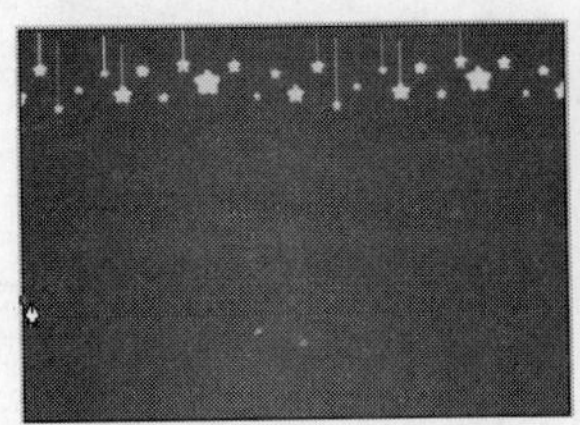
图 7-59　绘制第一个锚点

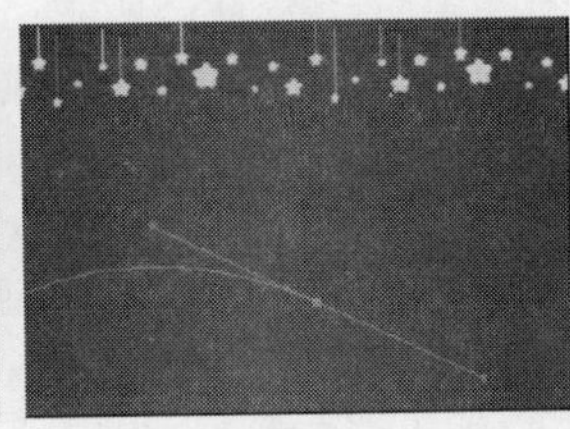
图 7-60　绘制第二个锚点

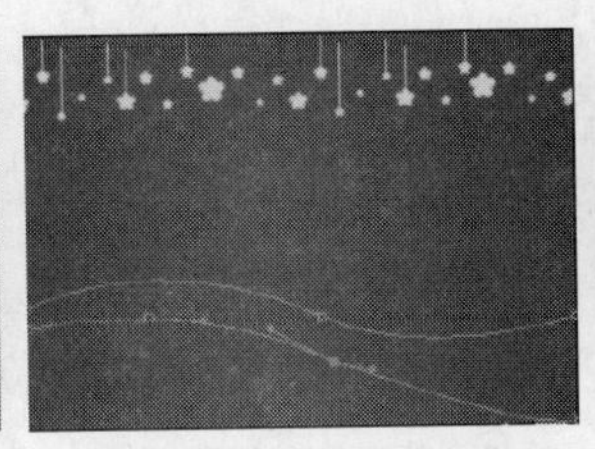
图 7-61　完成路径绘制

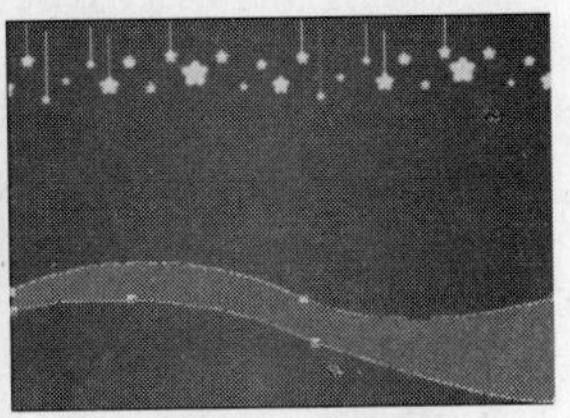
图 7-62　填充颜色

Step 6：分别设置前景色为淡蓝色（R：37，G：23，B：220）和暗黄色（R：230，G：243，B：21），然后单击“路径”控制面板中的“用前景色填充路径”按钮，使用前景色填充后的效果如图 7-64 所示。

Step 7：在“图层”控制面板中将“图层 1”的不透明度设置为 45%，然后在“路径”面板中按住“Shift”键的同时单击路径缩略图，隐藏路径，最终效果如图 7-65 所示。

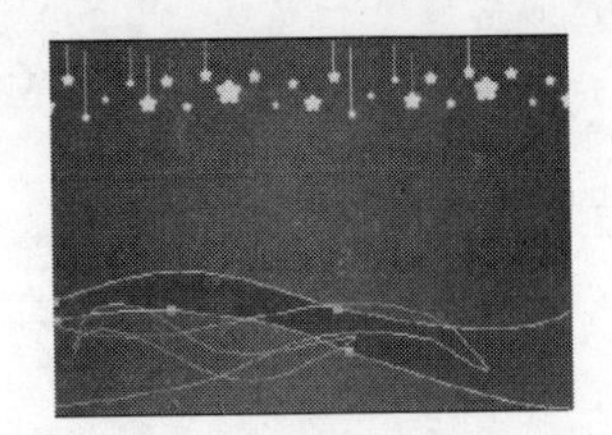
图 7-63　完成绘制路径效果

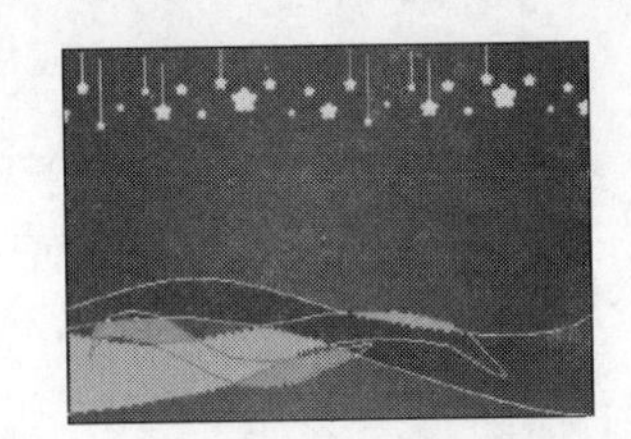
图 7-64　填充颜色

图 7-65　完成效果

提示：曲线路径绘制完成后，这时使用工具箱中的“直接选择工具”拖动锚点上的控制手柄，可方便地调整曲线的弧度。

3. 绘制自由路径

使用“自由钢笔工具”可以沿鼠标移动的轨迹绘制自由路径，或沿图像的边缘自动产生路径。

【例 7-10】使用“自由钢笔工具”绘制一个沿素材图像边缘生成的自由路径。

所用素材：素材文件\第 7 章\哈密瓜.jpg

Step 1：打开“哈密瓜.jpg”图像文件，在工具箱中选择“自由钢笔工具”，在图像中沿着盘子图像单击，并按住鼠标左键绘制，如图 7-66 所示。

Step 2：在工具选项栏中选中“磁性的”复选项，此时鼠标将变为形状，然后沿着盘子图像的边缘单击并拖动，即可创建带有磁性的锚点，如图 7-67 所示。

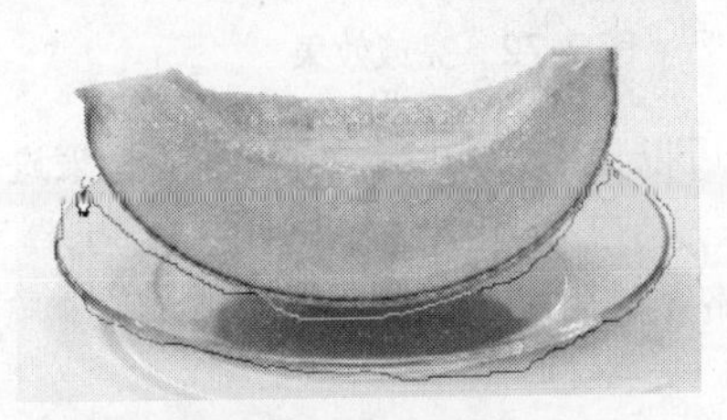
图 7-66　自由绘制

图 7-67　沿图像边缘绘制

7.2.3 调节路径形状

路径创建好后，若对创建的路径不满意，可以通过一些工具进行调整。

【例 7-11】通过使用工具调节路径的方法，将素材图像中的三角形路径调整为心形路径。

所用素材：素材文件\第 7 章\调整路径.psd　**完成效果**：效果文件\第 7 章\调整路径.psd

Step 1：打开“调整路径.psd”图像文件，如图 7-68 所示。

Step 2：在工具箱中选择“添加锚点工具”，然后在三角形的中间单击，增加锚点，如图 7-69 所示。

Step 3：在工具箱中选择“转换点工具”，然后拖动锚点控制线，调整路径的弧度，如图 7-70 所示。

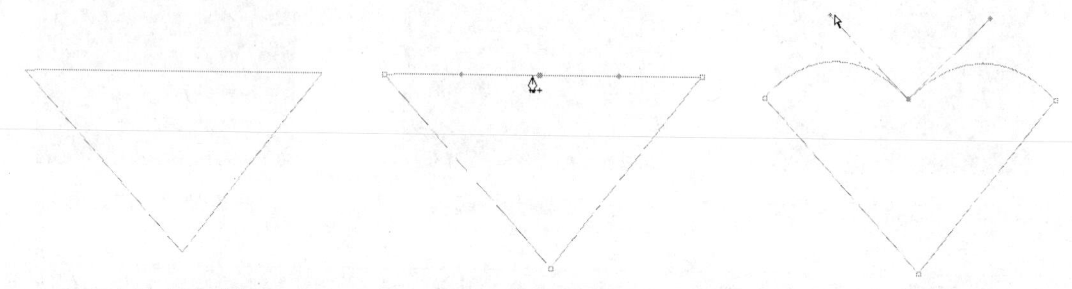

图 7-68　打开素材　图 7-69　添加锚点　图 7-70　调整弧度

Step 4：选择“添加锚点工具”，继续添加锚点，并拖动调整位置，如图 7-71 所示。

Step 5：选择“转换点工具”，在锚点上拖动控制柄调整弧度，完成后的最终效果如图 7-72 所示。

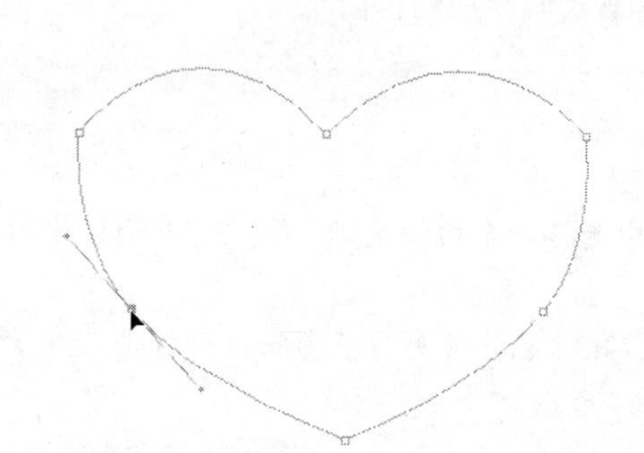

图 7-71　拖动锚点

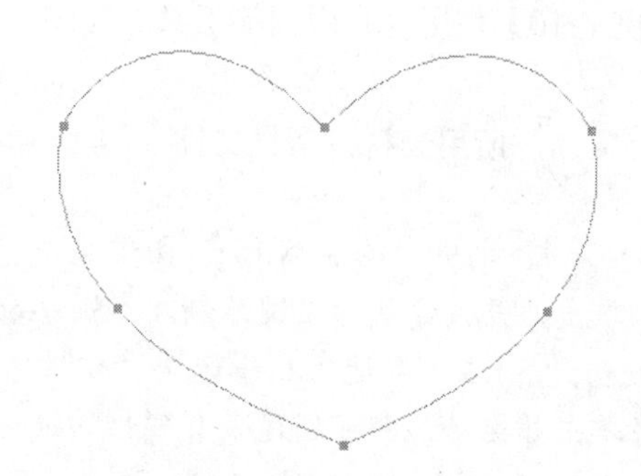

图 7-72　完成效果

【知识补充】除了上面用到的调整路径形状的工具外，还可以使用“删除锚点工具”来进行调整，“删除锚点工具”常用于删除路径中多余的锚点。其方法是在工具箱中选择“删除锚点工具”，然后在路径中的锚点上单击即可删除，如图 7-73 所示为删除路径前后的对比效果。

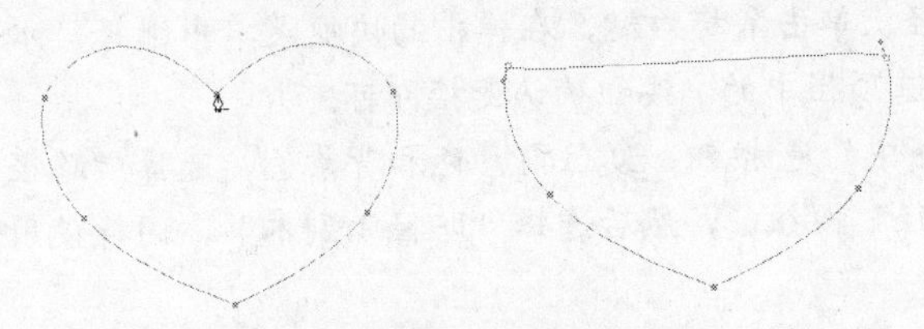

图 7-73　删除锚点前后效果

7.2.4　选择和变换路径

要对路径进行编辑，必须先选择路径，才能对该路径进行操作。

【例 7-12】通过对路径进行操作，制作出如图 7-74 所示的对称路径效果。

完成效果：效果文件\第 7 章\选择和变换路径.psd

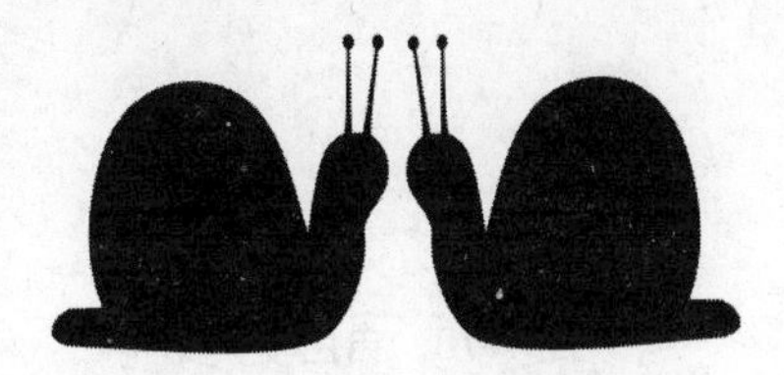

图 7-74　对称路径效果

Step 1：新建一个名称为"选择和变换路径"的默认大小的图像文件。

Step 2：在工具箱中选择"自由形状工具"，在工具选项栏中单击"路径"按钮，在"形状"下拉列表框中选择"蜗牛"选项，然后在图像窗口中拖动绘制，如图 7-75 所示。

Step 3：选择工具箱中的"路径选择工具"，在图像窗口中单击路径，即可将路径选中，效果如图 7-76 所示。

> **提示：**当用"路径选择工具"在路径上单击后，将选择所有路径和路径上的所有锚点，而使用"直接选择工具"时，只选中单击处锚点间的路径而不选中锚点。

Step 4：在"路径"面板中双击创建的蜗牛路径，在打开的"存储路径"对话框中直接单击 确定 按钮，将路径存储为"路径 1"，然后单击鼠标右键，在弹出的快捷菜单中选择"复制路径"命令，在打开的"复制路径"对话框中单击 确定 按钮，复制路径，如图 7-77 所示。

图 7-75　创建路径

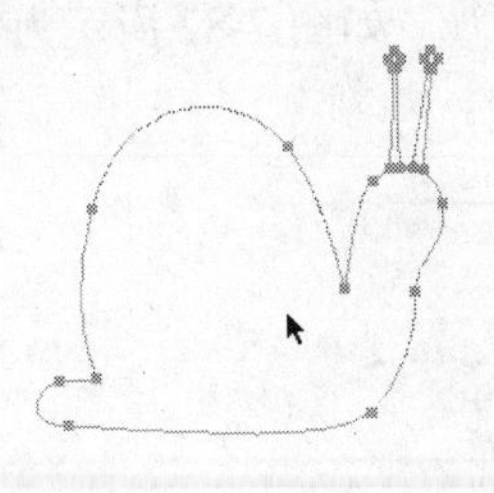

图 7-76　选择路径

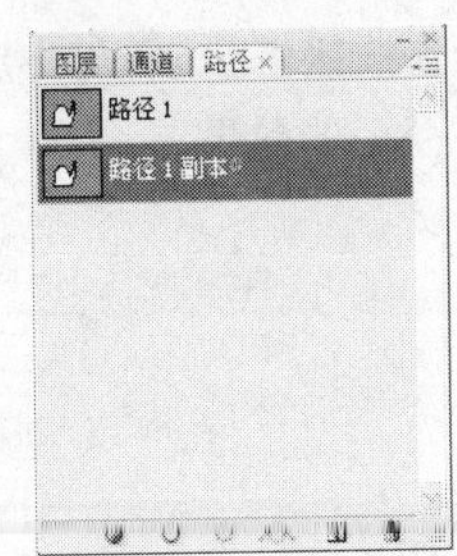

图 7-77　复制的路径

Step 5：在"路径 1 副本"上单击鼠标右键，在弹出的快捷菜单中选择"自由变换"命令，路径将进入自由变换状态，效果如图 7-78 所示。

Step 6：再次在路径上单击鼠标右键，在弹出的快捷菜单中选择“水平翻转”命令即可，如图7-79所示，然后单击工具选项栏中的✓按钮确认变换即可。

Step 7：单击工具箱中的■按钮，复位前景色和背景色，选择“路径 1”，单击“路径”面板底部的“用前景色填充路径”按钮，然后选择“路径 1 副本”，同样使用前景色填充，完成后的效果如图 7-74 所示。

> **提示**：若在“路径”面板中的路径为工作路径时，在复制前需要将其拖动到“新建路径”按钮中，转换为普通路径才能进行复制。

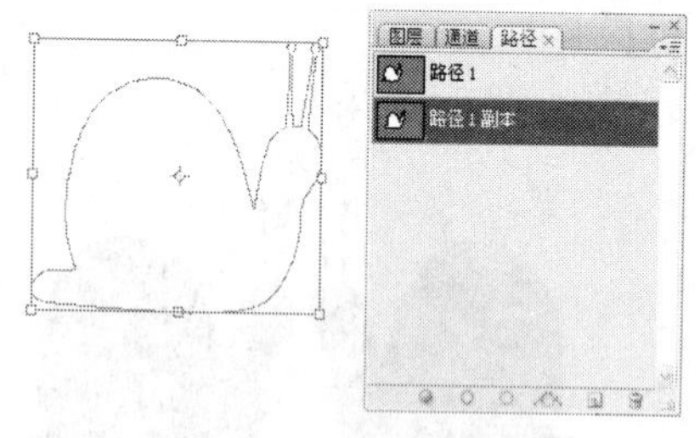

图 7-78　自由变换路径

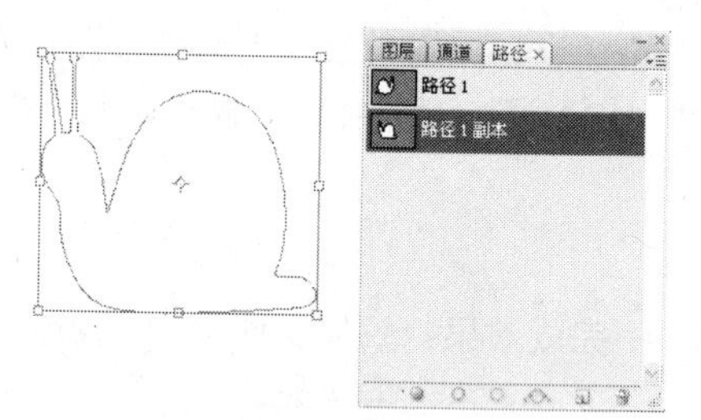

图 7-79　水平翻转路径

7.2.5　路径与选区的转换

完成路径的绘制后，还可以通过“路径”面板底部的“将路径作为选区载入”按钮将路径转换成选区。如图 7-80 所示为需要转换的路径，如图 7-81 所示为转换为选区后的效果。

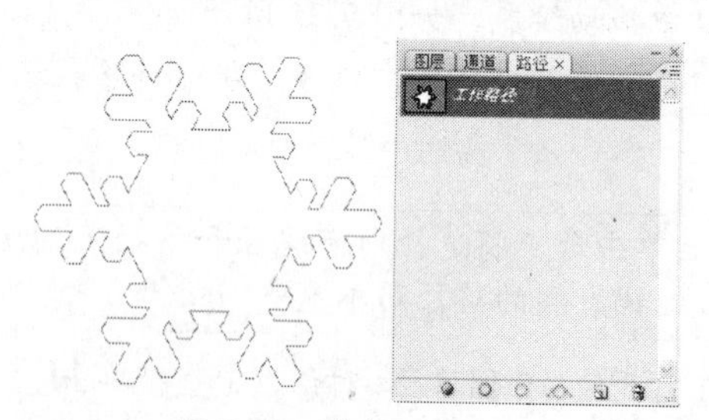

图 7-80　路径显示

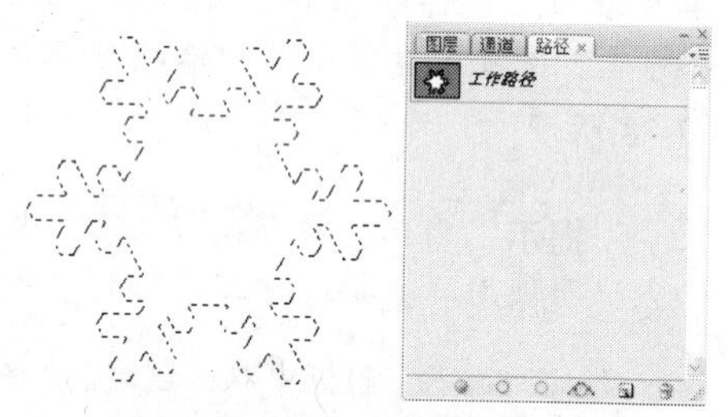

图 7-81　转换为选区后的效果

【知识补充】同样，也可以将选区转换为路径，只需单击“路径”面板底部的“从选区生成工作路径”按钮，即可将选区转换成路径。如图 7-82 所示为需要转换的选区，如图 7-83 所示则为转换为路径后的效果。

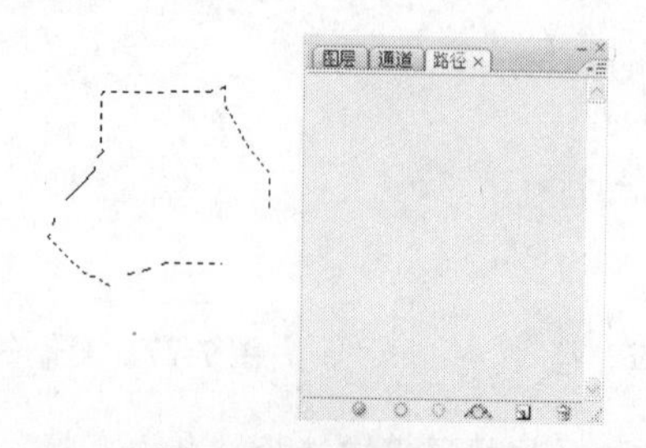

图 7-82　选区显示

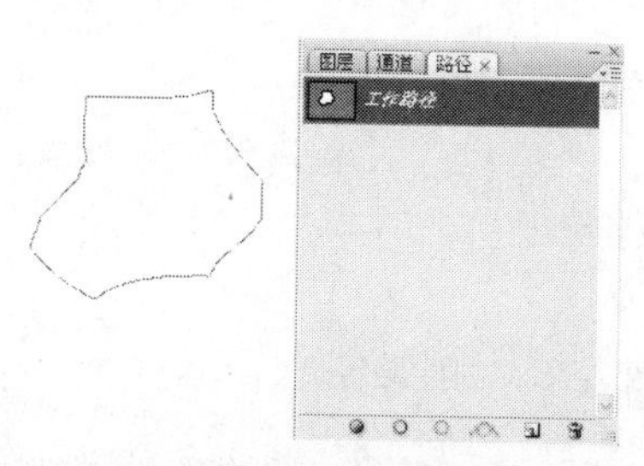

图 7-83　转换为路径

7.2.6　填充与描边路径

当路径创建并编辑完成后，可以对其进行填充和描边路径操作，使其成为具有各种效果的图形。

1. 填充路径

填充路径是指用指定的颜色或图案填充路径包括的区域。

【例 7-13】利用填充路径的操作对创建的路径填充一种图案。

完成效果：效果文件\第 7 章\填充路径.psd

Step 1：新建一个名称为“填充路径”的默认大小的图像文件。

Step 2：在工具箱中选择“钢笔工具”，然后在图像窗口拖动绘制如图 7-84 所示的路径。

Step 3：单击“路径”面板中右上角的按钮，在弹出的菜单中选择“填充路径”命令，打开“填充路径”对话框，在“使用”下拉列表中选择“图案”选项，在“自定义图案”列表框中选择“星云”图案作为填充内容，如图 7-85 所示。

Step 4：设置完成后，单击 确定 按钮即可，填充图案后的效果如图 7-86 所示。

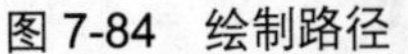

图 7-84　绘制路径

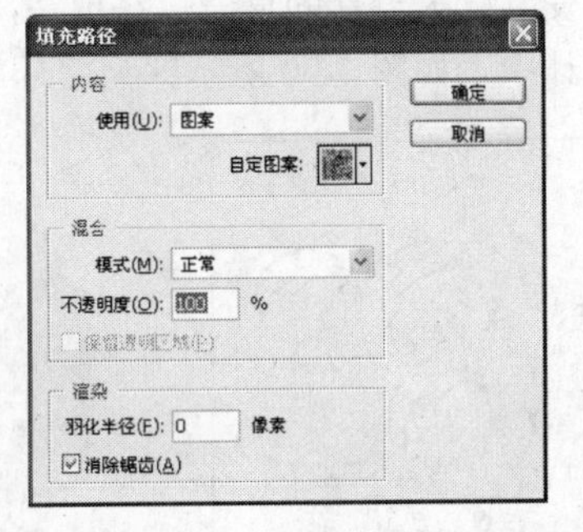

图 7-85　打开“填充路径”对话框

图 7-86　“填充路径”效果

【**知识补充**】使用颜色填充路径时，方法与使用图案填充路径相同，只是在“填充路径”对话框中的“使用”下拉列表中选择“颜色”选项，然后在对话框中选择需要的颜色即可。

2. 描边路径

路径的描边是使用一种图像绘制工具或修饰工具沿着路径绘制图像或修饰图像的操作。

【例 7-14】利用描边路径的操作制作一幅海报的背景。

所用素材：素材文件\第 7 章\描边路径.jpg　**完成效果**：效果文件\第 7 章\描边路径.psd

Step 1：打开“描边路径.jpg”图像文件。

Step 2：在工具箱中选择“钢笔工具”，然后在图像窗口拖动，绘制如图 7-87 所示的路径。

Step 3：单击“路径”面板中右上角的按钮，在弹出的菜单中选择“描边路径”命令，打开“描边路径”对话框，在其中按照如图 7-88 所示进行设置。

Step 4：设置完成后，单击 确定 按钮即可，描边路径后的效果如图 7-89 所示。

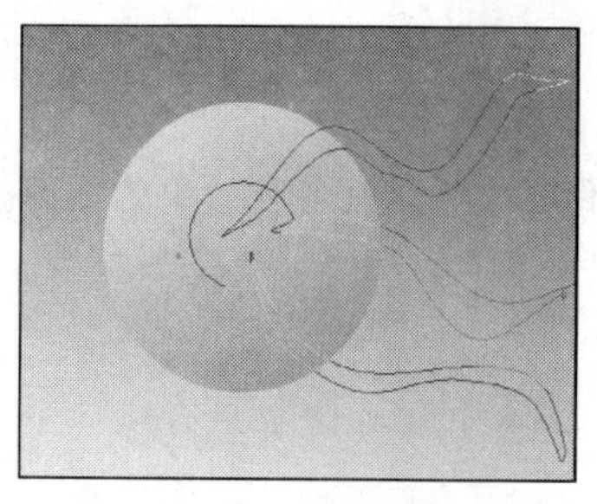

图 7-87　绘制路径

图 7-88　“描边路径”对话框

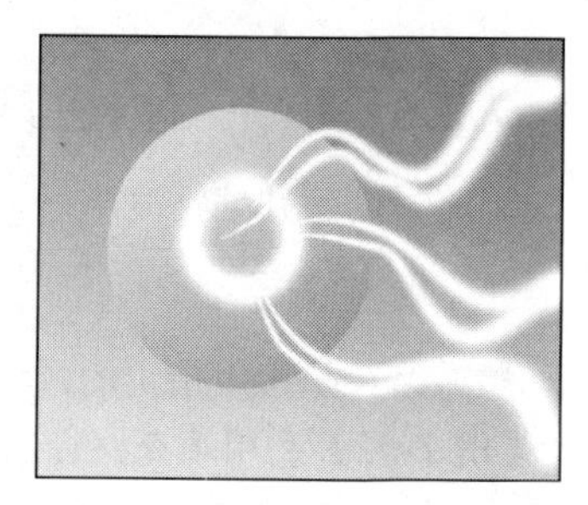

图 7-89　“描边路径”效果

提示：在工具箱中选择描边路径的画笔、橡皮擦或图章等工具，然后单击“路径”面板中的“用画笔描边路径”按钮○，也可以对路径进行描边。对于没有封闭的路径，同样可以使用“画笔工具”对其进行描边。

7.3 应用实践——设计卡通形象

卡通因其风趣幽默，而受到广大群众的喜爱，在现在，卡通不仅作为一类单纯的画面供人们娱乐欣赏，也广泛应用于标志设计中。如图 7-90 所示即为娱乐欣赏卡通和商业标志卡通的形象样品。

图 7-90　娱乐欣赏卡通和商业标志卡通的形象样品

以将根据客户要求制作如图 7-91 所示的卡通形象为例，来介绍卡通形象设计的相关操作。具体要求如下。

- 卡通名称：黑白猫。
- 制作要求：突出卡通形象的风趣幽默。
- 文件大小：5.5mm × 5.5cm。
- 分辨率：300 像素/英寸。
- 色彩模式：RGB。

图 7-91　完成效果

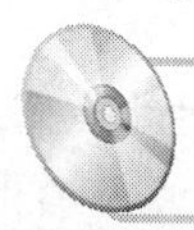

完成效果：效果文件\第 7 章\卡通形象.psd

7.3.1 卡通形象设计注意事项

在设计卡通形象的过程中，要注意卡通的设计必须具有新意，但不能脱离实际，由于要达到诙谐的目的，可在绘制过程中利用夸张的手法，使画面更加风趣。卡通形象设计的颜色选择也是一项重要内容，卡通主要是以简单的图像表现丰富的思想，因此在颜色的选择和搭配上，不能太多、太凌乱，要把握整体的色彩平衡。

7.3.2 卡通形象的创意分析与设计思路

卡通形象的主要特点是诙谐和娱乐的性质，因此在设计时，应具有幽默风趣和造型可爱等特点，并且能通过简单的线条，丰富地将需要展现的思想、心理活动等表现出来。本例将利用简单的颜色搭配和线条，来刻画卡通的表情和动作，使其给人幽默、诙谐的感觉。

本例的设计思路如图7-92所示，首先为背景填充颜色，然后利用“钢笔工具”绘制卡通形象的路径，再填充路径得到卡通形象，最后添加上修饰文字即可。

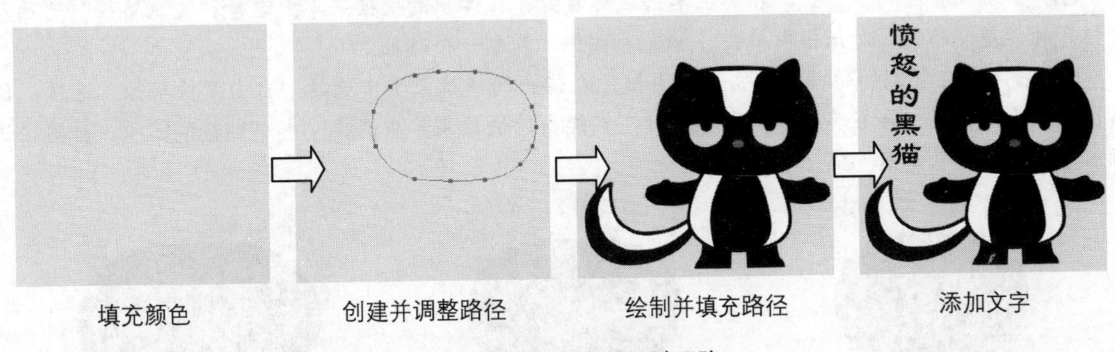

图7-92 卡通形象的设计思路

7.3.3 制作过程

1. 绘制卡通形象的头部

Step 1：启动Photoshop CS3，新建一个宽度为5.5厘米，高度为5.5厘米，分辨率为300像素/英寸，颜色模式为RGB模式的图像文件，并将其保存为“卡通形象”。

Step 2：设置前景色为粉红色（R：236，G：204，B：237），选择【编辑】/【填充】命令，在打开的“填充”对话框中的“使用”下拉列表框中选择“前景色”选项，然后单击 确定 按钮，以前景色填充背景图像，效果如图7-93所示。

Step 3：在工具箱中选择“钢笔工具”，然后在图像窗口中绘制如图7-94所示的大致路径。

Step 4：在工具箱中选择“添加锚点工具”，然后在路径上单击，添加锚点，并拖动以调节路径形状，完成后的效果如图7-95所示。

Step 5：在“路径”面板中双击工作路径，在打开的对话框中直接单击 确定 按钮，将工作路径转换为普通路径，然后设置前景色为黑色，单击“路径”面板底部的“用前景色填充路径”按钮，效果如图7-96所示。

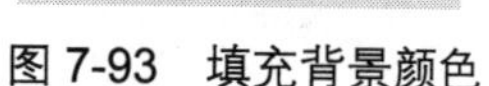

图 7-93 填充背景颜色

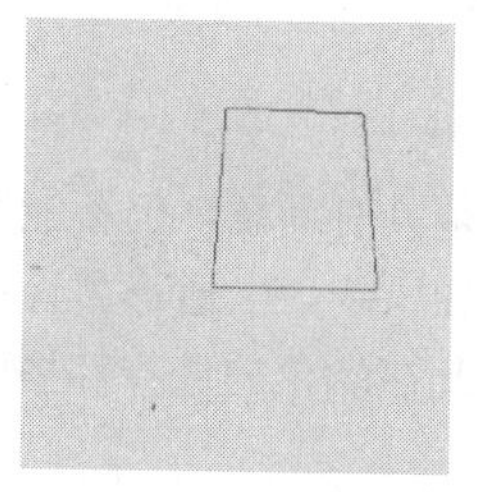

图 7-94 绘制路径

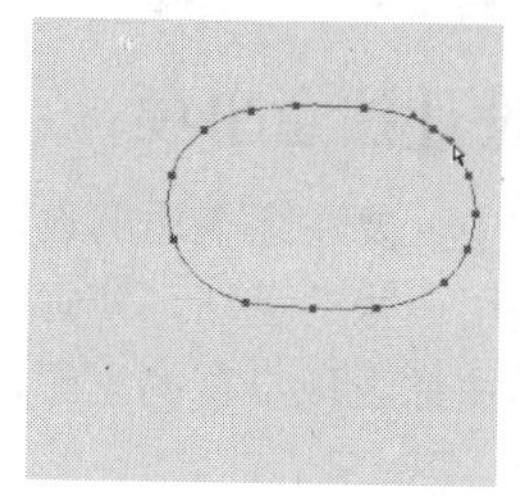

图 7-95 调整路径形状

图 7-96 填充路径

2. 绘制卡通形象的其他部分

Step 1：在“路径”面板中单击“新建路径”按钮，新建一个默认名称为“路径 2”的路径，然后在工具箱中选择“钢笔工具”，然后在图像窗口中绘制如图 7-97 所示的大致路径。

Step 2：选择“添加锚点工具”，然后在路径上单击，添加锚点，并拖动调节形状，如图 7-98 所示。

Step 3：选中“路径 2”，在其上单击鼠标右键，在弹出的快捷菜单中选择“复制路径”选项，在打开的“复制路径”对话框中单击 确定 按钮，复制一个路径。

Step 4：在复制的路径中单击鼠标右键，在弹出的快捷菜单中选择“自由变换路径”选项，使路径进入变换状态，再在其上单击鼠标右键，在弹出的快捷菜单中选择“水平翻转”选项，将路径进行水平翻转，效果如图 7-99 所示。

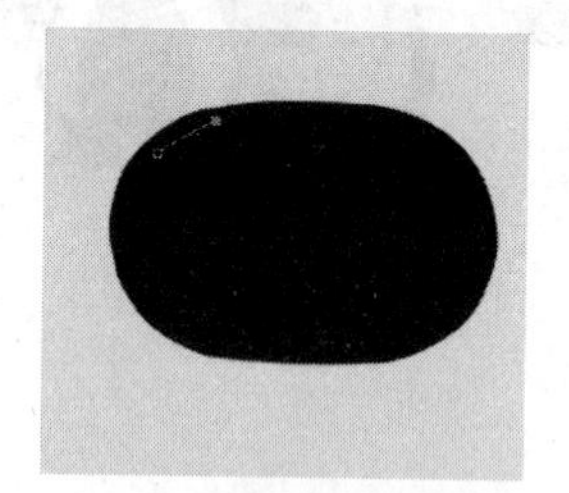

图 7-97 绘制直线路径

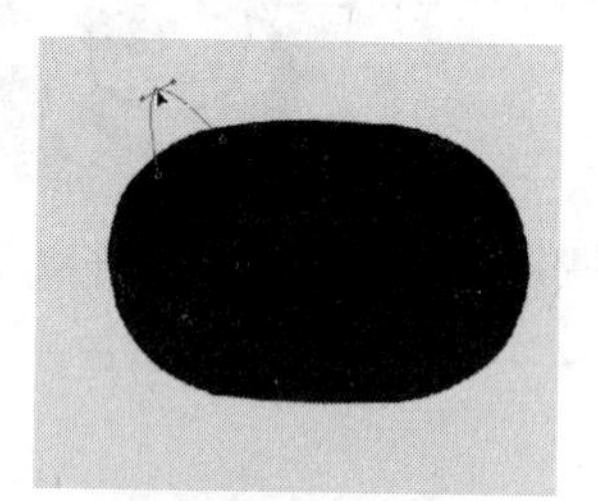

图 7-98 调整路径

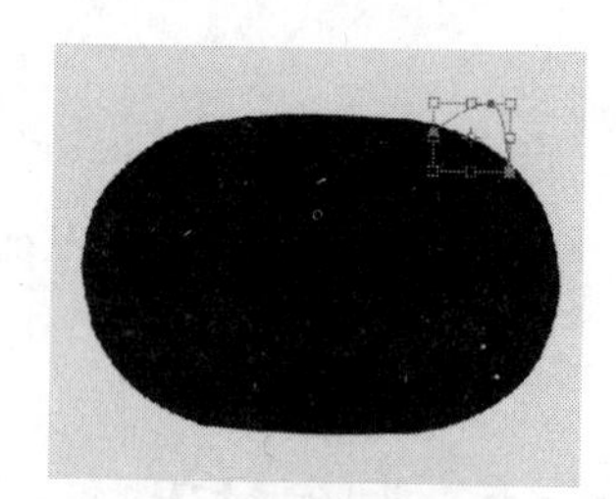

图 7-99 复制并变换路径

Step 5：单击“路径”面板右上角的按钮，在弹出的菜单中选择“填充路径”命令，打开“填充路径”对话框，在“使用”下拉列表中选择“颜色”选项，在打开的对话框中选择黑色，单击 确定 按钮，返回到“填充路径”对话框，如图 7-100 所示。

Step 6：单击 确定 按钮确认填充路径，填充效果如图 7-101 所示。

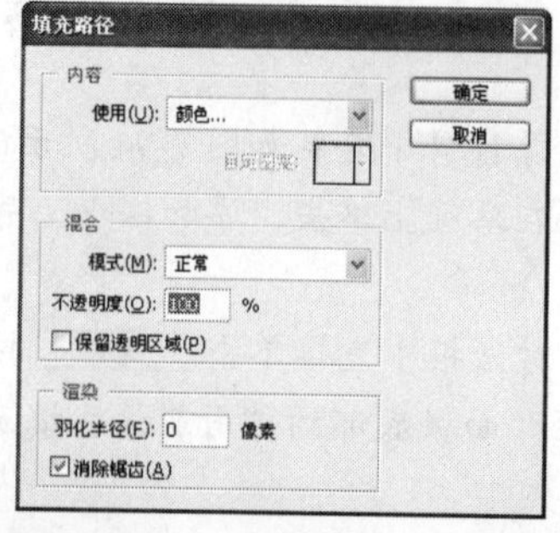

图 7-100 “填充路径”对话框

图 7-101 填充后的路径

Step 7：继续使用“钢笔工具”，在图像窗口中绘制，并对路径进行调节，得到如图 7-102 所示的路径效果。

Step 8：分别对路径进行填充，其中眼睛的颜色为粉红色（R：236，G：204，B：237），嘴巴的颜色为红色（R：226，G：23，B：61），完成后的效果如图 7-103 所示。

> 提示：在绘制路径时，若对“钢笔工具”运用不熟悉，可以在绘制下一个路径前，新建一个路径层。

图 7-102　绘制其他路径

图 7-103　填充路径

3. 添加文字

Step 1：在工具箱中选择“直排文字工具”，然后在图像窗口的左上角输入“愤怒的黑猫”文字，如图 7-104 所示。

Step 2：在“字符”面板中设置字体为“隶书”，字号为 14 点，垂直缩放为 155%，水平缩放为 143%，如图 7-105 所示。

Step 3：设置字符格式后的效果如图 7-106 所示，完成卡通形象的制作。

图 7-104　输入直排文字

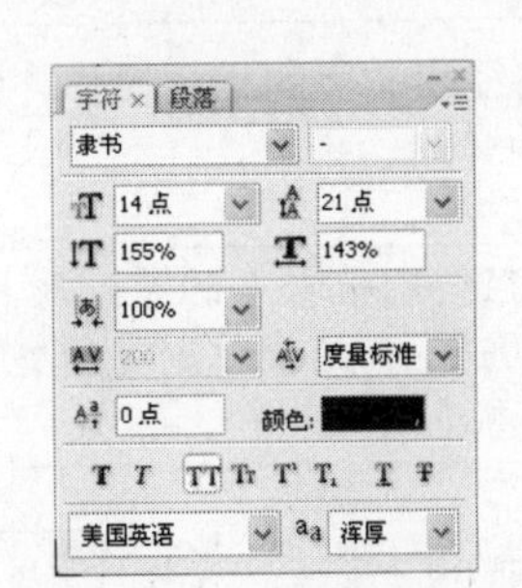

图 7-105　设置字符格式

图 7-106　完成效果

7.4 练习与上机

1. 单项选择题

（1）按“T”键可快速选择“文字工具”，按（　　）键则可在文字工具组内的 4 个文字工具之间来回切换。

A. D　　B. Shift+T　　C. Shift+D　　D. Ctrl+T

（2）单击（　　）按钮可以直接通过“横排文字工具”来创建直排文字。

A. 　　B. 　　C. 　　D.

（3）下面不属于变形文字样式的有（　　）。

A．扇形、下弧、上弧　　B．拱形、凸起、贝壳、花冠

C．旗帜、波浪、鱼形、增加　　D．平行、垂直

2. 多项选择题

（1）在修改文字的颜色时，下列说法正确的是（　　）。

A．按“Alt+Delete”键可使文字显示前景色

B．按“Ctrl+Delete”键可使文字显示背景色

C．按“Shift+Delete”键可使文字显示背景色

D．按“Ctrl+BackSpace”键可使文字显示背景色

（2）下面（　　）工具可以对路径进行编辑。

A．钢笔　　B．自由钢笔　　C．添加锚点　　D．文字

（3）文字的字体、字号和颜色等属性可以通过（　　）来设置。

A．文字工具选项栏　　B．“字符”面板

C．“段落”面板　　D．“样式”面板

3. 简单操作题

（1）根据本章所学的知识，制作一个公章，最终效果如图 7-107 所示。

提示：利用绘制路径和填充路径的方法制作公章的轮廓，然后使用沿路径输入文字的操作制作公章上的文字。

（2）根据本章所学知识，利用路径和文字的相关操作，绘制一个雪人卡通形象，完成后的效果如图 7-108 所示。

提示：使用形状绘制路径绘制出雪人的大致形状，然后使用“钢笔工具”绘制其他的装饰部分，使用“将路径转换为选区”的操作渐变填充雪人，然后对路径进行填充和描边操作，最后使用“画笔工具”绘制雪花效果。

完成效果：效果文件\第 7 章\公章.psd

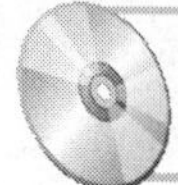

完成效果：效果文件\第 7 章\雪人.psd

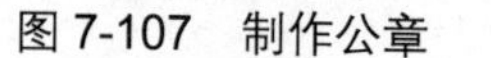

图 7-107　制作公章

图 7-108　雪人效果

4. 综合操作题

（1）利用本章所学的相关操作，制作一张贺卡，要求贺卡大小为 15cm×10cm，分辨率为 150 像素/英寸，色彩模式为 RGB 模式，保留图层。素材如图 7-109 所示，参考效果如图 7-110 所示。

所用素材：素材文件\第 7 章\素材.jpg　　**完成效果**：效果文件\第 7 章\贺卡.psd

（2）利用本章所学的相关操作，制作一个商业标志，要求文件大小为 5cm×5cm，分辨率为 300 像素/英寸，色彩模式为 RGB 模式。参考效果如图 7-111 所示。

完成效果：效果文件\第 7 章\标志.psd　　**视频演示**：第 7 章\综合练习\标志.swf

图 7-109　素材

图 7-110　贺卡效果

图 7-111　标志效果

拓展知识

卡通形象主要是以动画和漫画为主，现在，卡通已经涉及商业范围内，如卡通形象的商业标志。除了本章前面介绍的卡通绘制外，在进行卡通商业标志设计时，还需要注意以下几个方面。

一、卡通标志设计的表现形式

卡通形象一般是通过归纳、夸张和变形的手法来塑造其外形，以达到风趣的特点，在设计卡通标志时，还需要考虑商品与卡通形象的完美融合，如不能为牛肉食品设计猪的卡通形象。在设计的思想上应采用积极向上、和谐的画面设计。

二、卡通形象设计欣赏

图片来源于百度图片。如图 7-112 所示为迪士尼公司出品的著名的卡通形象米老鼠，其设计亮点是将老鼠拟人化，以夸张的手法突出其幽默诙谐的表情；如图 7-113 所示为一个订餐店的标志形象，其亮点是以一个厨师的卡通形象结合文字体现商店的性质，使人对店铺的经营对象一目了然。

图 7-112　迪士尼

图 7-113　卡通标志

第8章 滤镜的使用

📖 学习目标

学习在设计中如何利用滤镜改变图像效果、掩盖缺陷，以及制作特殊效果的方法，包括滤镜的基本操作和各种滤镜的功能特效等，并掌握滤镜在各类设计作品中的应用，如制作站台公益灯箱广告等。

📖 学习重点

掌握滤镜的添加和使用规则，以及各种滤镜实现的特色效果等操作，并能运用滤镜制作广告等。

📖 主要内容

- 滤镜的基本操作
- 其他滤镜的功能特效
- 应用实践——制作公益灯箱广告

8.1 滤镜的基本操作

为图像添加滤镜即是指为图像添加特殊效果，不同的滤镜具有不同的效果，Photoshop CS3 提供了多种滤镜效果供用户使用。

滤镜的基本操作包括滤镜的添加和常用滤镜的使用方法，下面具体进行讲解。

8.1.1 添加滤镜

Photoshop CS3 中多数滤镜的对话框都是相似的，其使用方法也大致相同，都是通过菜单命令来进行操作。

【例 8-1】利用添加滤镜的操作为一幅素材添加如图 8-1 所示的滤镜效果。

所用素材：素材文件\第 8 章\素材 1.jpg
完成效果：效果文件\第 8 章\烟灰墨.psd

图 8-1　烟灰墨效果

Step 1：打开“素材 1.jpg”图像文件，如图 8-2 所示。

Step 2：选择【滤镜】/【画笔描边】/【烟灰墨】命令，打开“烟灰墨”对话框。

Step 3：在“描边宽度”文本框中输入 10，“描边压力”文本框中输入 2，“对比度”文本框中输入 16，如图 8-3 所示。

图 8-2　素材图像

图 8-3　“烟灰墨”对话框

Step 4：设置完成后单击 确定 按钮，应用“烟灰墨”滤镜效果，如图 8-1 所示。

提示： 当在菜单命令中选择了一种滤镜后，没有弹出“滤镜设置”对话框，则该滤镜效果将直接添加到图像中。

【知识补充】 在为图像添加滤镜效果时，还应该注意以下事项。

- 滤镜只对当前可视图层作用，且可以连续应用。一个图层则可应用多次滤镜。
- 滤镜不能应用于位图模式、索引颜色和 48 位 RGB 模式的图像，且一些滤镜只对 RGB 模式的图像起作用。另外，滤镜只能应用于图层的有色区域，对完全透明的区域无效果。
- 有些滤镜会在内存中处理，然后直接应用到图像中，因此内存的容量对滤镜效果的生成速度有巨大影响。
- 若要使用与上次相同的滤镜，可以在“滤镜”菜单顶部选择相应的命令，按“Ctrl+f”键对图像再次应用上次使用过的滤镜效果。
- 在打开的相应对话框中，若不需要使用设置的滤镜参数，可以按住“Alt”键，此时 取消 按钮将变为 复位 按钮，单击此按钮，即刻将参数重置为应用前的状态。

8.1.2 滤镜库的应用

滤镜库集合了 Photoshop 中的常用滤镜，包括风格化、画笔描边、扭曲、素描、纹理和艺术效果等滤镜，在同一幅图像中可实现应用多个滤镜的堆栈效果。

选择【滤镜】/【滤镜库】命令，打开“滤镜库”对话框，在该对话框中间的列表框中单击左侧的▷按钮，可展开相应的滤镜组，并提供了常用的滤镜缩略图，再次单击▽按钮，可将其收回。如图 8-4 所示即为图片素材添加“胶片颗粒”、“颗粒”、“水彩画纸”、“扩散亮光”和“成角的线条”滤镜。

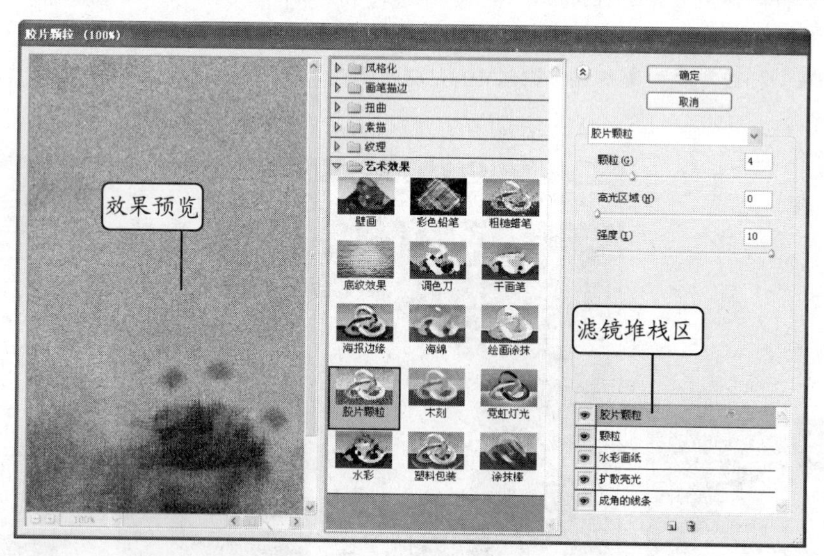

图 8-4 应用多个滤镜效果

注意： 若要同时使用多个滤镜，可在对话框的右下角单击“新建效果图层”按钮，在原效果图层上再新建一个效果图层，然后单击需要的滤镜即可；若不需要应用某个滤镜效果，则选中该效果图层，然后单击下方的“删除效果图层”按钮，即可删除该滤镜效果。

8.1.3 “抽出”滤镜

使用“抽出”滤镜，可以将图像中特定区域精确地从背景中提取出来，因此可以将其看作是对绘制选区功能的补充。

【例 8-2】利用“抽出”滤镜的方法，为素材图像中的“鹰”更换背景。

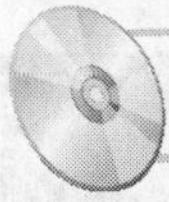

所用素材：素材文件\第 8 章\鹰.jpg、森林.jpg　**完成效果**：效果文件\第 8 章\抽出滤镜.psd

Step 1：打开“鹰.jpg”图像文件，如图 8-5 所示。

Step 2：选择【滤镜】/【抽出】命令，或按“Alt+X”键，打开“抽出”对话框。

Step 3：选择“边缘高光器工具”，并在预览窗口中沿鹰的边缘拖动，绘制一个绿色封闭的区域，如图 8-6 所示。

Step 4：选择“填充工具”，在绘制的绿色封闭区域内任意地方单击，这时封闭区域内会被填充半透明蓝色，如图 8-7 所示。

图 8-5　打开素材图像

图 8-6　绘制封闭区域

图 8-7　填充区域

Step 5：单击 预览 按钮，此时预览窗口中会显示抽出后的动物图像，如图 8-8 所示。

Step 6：在“效果”下拉列表中选择“白色杂边”选项，使预览窗口中的透明区域显示为白色，然后使用“边缘修饰工具”在图像中有缺失的部分涂抹，以修复缺失的图像，效果如图 8-9 所示。

图 8-8　显示抽出的图像

图 8-9　修复图像

Step 7：选择“清除工具”，仔细在图像边缘涂抹，直到动物图像外的所有区域都显示为白色为止，效果如图 8-10 所示。

Step 8：单击[确定]按钮，应用滤镜，此时被抽出的鹰图像独立显示在图像窗口，并且系统会将原背景图层转换成普通图层，抽出图像外的图像将被删除，效果如图 8-11 所示。

Step 9：打开“森林.jpg”图像文件，使用“移动工具”将“鹰”图像窗口抽出的图像拖动到“森林”图像窗口中即可，效果如图 8-12 所示。

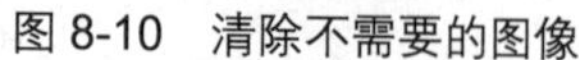

图 8-10　清除不需要的图像

图 8-11　应用滤镜

图 8-12　移动图像

【知识补充】选择【滤镜】/【抽出】命令，打开“抽出”对话框，左侧列表中各工具含义如下。

- 边缘高光器工具：用于绘制分离图像的区域，绘制时会在预览框中显示圆形的笔头大小，在对话框右侧的“画笔大小”数值框中设置相应数值，即可调整其大小。绘制后的颜色可在“高光”下拉列表中选择，默认为绿色。另外，在绘制时应注意使绘制颜色与分离对象边缘重叠。
- 填充工具：只有使用“边缘高光器工具”绘制区域后，才能激活该工具，主要用于填充边缘内的区域，被填充区域为保留区域，单击该工具后，在分离图像中单击即可。系统默认的填充色为蓝色，在对话框右侧的“填充”下拉列表中可设置不同的填充色。
- 橡皮擦工具：使用“边缘高光器工具”描绘出需抽出图像的边缘后，将激活该工具，主要用于擦除边缘高光器工具绘制的高光。
- 清除工具：用于在预览状态下清除抽出区域中的背景痕迹，单击对话框右上侧的[预览]按钮，即可进入图像预览状态。
- 边缘修饰工具：用于在预览状态下编辑抽出对象的边缘，编辑好后单击[确定]按钮，将应用“抽出”滤镜效果。

8.1.4　“液化”滤镜

使用“液化”滤镜可以对图像的任何部分进行各种各样的类似液化效果的变形处理，如收缩、膨胀、旋转等，且在液化过程中，可对其各种效果程度进行随意控制，是修饰图像和创建艺术效果常用的方法之一。

【例 8-3】利用“液化”滤镜的方法来制作特殊效果。

所用素材：素材文件\第 8 章\水果.jpg　　**完成效果**：效果文件\第 8 章\液化滤镜.psd

Step 1：打开“水果.jpg”图像文件，选择【滤镜】/【液化】命令，或按“Shift+Ctrl+X”快捷组合键，打开“液化”对话框，如图 8-13 所示。

Step 2：选择对话框左上侧的“变形工具”，然后在图像预览框中涂抹，可使图像中的颜色产生流动效果，如图 8-14 所示。

图 8-13　打开“液化”对话框

图 8-14　颜色流动效果

Step 3：选择“顺时针旋转扭曲工具”，在预览框中单击，并按住鼠标左键不放，可使光标处图像产生顺时针旋转扭曲效果，如图 8-15 所示。

Step 4：选择“褶皱工具”，在预览框中单击并按住鼠标左键不放进行涂抹，可使光标处图像产生向内收缩变形效果，如图 8-16 所示。

Step 5：选择“膨胀工具”，在预览框中单击并按住鼠标左键不放进行涂抹，可使光标处图像产生向外膨胀放大的效果，如图 8-17 所示。

Step 6：选择“左推工具”，在预览框中拖动鼠标，可使鼠标经过处的图像像素产生位移变形的效果，如图 8-18 所示，完成特殊效果制作。

图 8-15　顺时针旋转效果

图 8-16　褶皱效果

图 8-17　膨胀效果

图 8-18　位移效果

8.1.5　“消失点”滤镜

使用“消失点”滤镜可以在选定的图像区域内进行克隆、喷绘和粘贴图像等操作，使对象根据选定区域内的透视关系自动进行调整，以适配透视关系。

【例 8-4】利用“消失点”滤镜，在一幅图像中按透视关系复制图像中的小猫图像。

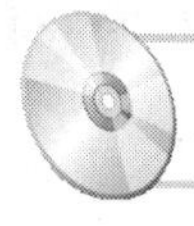

所用素材：素材文件\第 8 章\小猫.jpg　　完成效果：效果文件\第 8 章\消失点滤镜.psd

Step 1：打开“小猫.jpg”图像文件，选择【滤镜】/【消失点】命令，或按“Atl+Ctrl+C”快捷组合键，打开“消失点”对话框，如图 8-19 所示。

Step 2：选择“创建平面工具”，并在预览窗口中不同的部位，单击 4 次，以创建具有 4 个顶点的透视平面，如图 8-20 所示。

Step 3：选择“图章工具”，然后按住“Alt”键的同时，在透视平面内的小猫上单击取样。

Step 4：移动鼠标到透视平面的左侧处并单击，即可将取样处的小猫复制到单击处，如图 8-21 所示。

图 8-19　“消失点”对话框

图 8-20　创建顶点

图 8-21　复制图像

8.1.6　“图案生成器”滤镜

使用“图案生成器”滤镜可以根据选取图像的部分或剪贴板中的图像来生成各种图案，其特殊的混合算法避免了在应用图像时的简单重复，实现了拼贴块与拼贴块之间的无缝拼接。

【例 8-5】利用“图案生成器”滤镜合成新图案。

所用素材：素材文件\第 8 章\屋.jpg　　完成效果：效果文件\第 8 章\图案生成器滤镜.psd

Step 1：打开“屋.jpg”图像，选择【滤镜】/【图案生成器】命令，或按“Atl+Shift+X”快捷组合键，打开“图案生成器”对话框。

Step 2：选择“矩形选框工具”，在预览框中绘制一个区域作为图案生成区，如图 8-22 所示。

Step 3：单击 生成 按钮，得到图案平铺效果，如图 8-23 所示。

图 8-22　创建图案生成区

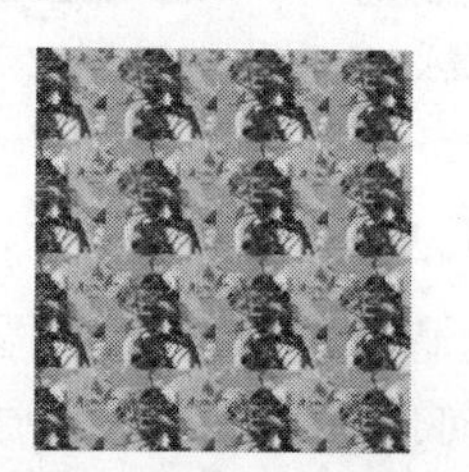

图 8-23　生成的图案效果

8.2 其他滤镜的功能特效

在 Photoshop CS3 中，除了前面讲解到的滤镜，还提供了其他大量的滤镜供用户使用，本节将详细介绍。

8.2.1 “风格化”滤镜组

“风格化”滤镜组主要通过移动和置换图像的像素，并提高图像像素的对比度，来产生印象派及其他风格化效果。该组滤镜提供了 9 种滤镜。

【例 8-6】利用“风格化”滤镜组中的滤镜制作融化字效果。

完成效果：效果文件\第 8 章\融化字.psd

Step 1：新建一个名为“融化字”，大小为默认的图像文件，将背景图填充为黑色。

Step 2：在工具箱中选择“横排文字工具” T，然后在其中输入“融化字”文字，设置字体为“楷体”、颜色为白色，大小为 80，如图 8-24 所示。

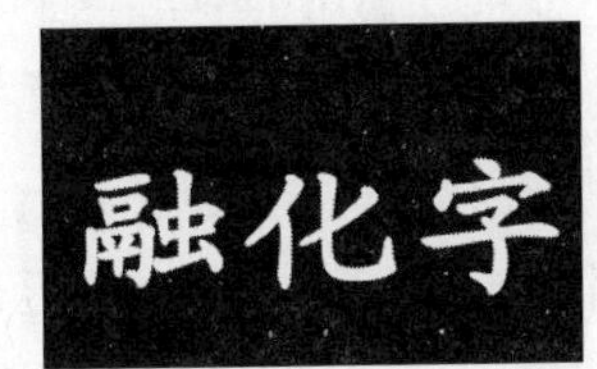

图 8-24 输入文字

Step 3：选择【图像】\【旋转画布】\【90 度（顺时针）】命令，将图像顺时针旋转。

Step 4：选择【滤镜】\【风格化】\【风】命令，在打开的“风”对话框中按照如图 8-25 所示进行设置，然后单击 确定 按钮。

Step 5：连续按两次“Ctrl+F”键重复应用“风”滤镜操作。

Step 6：选择【图像】\【旋转画布】\【90 度（逆时针）】命令，将图像旋转为正常状态。

Step 7：选择【滤镜】\【风格化】\【扩散】命令，在打开的“扩散”对话框中按照如图 8-26 所示进行设置，然后单击 确定 按钮，最终效果如图 8-27 所示。

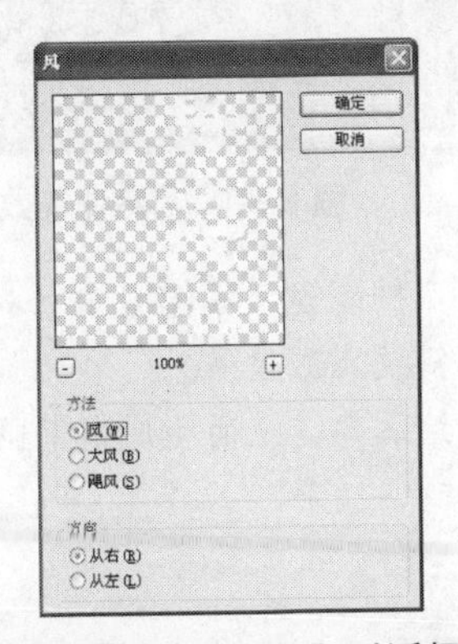

图 8-25 打开“风”对话框

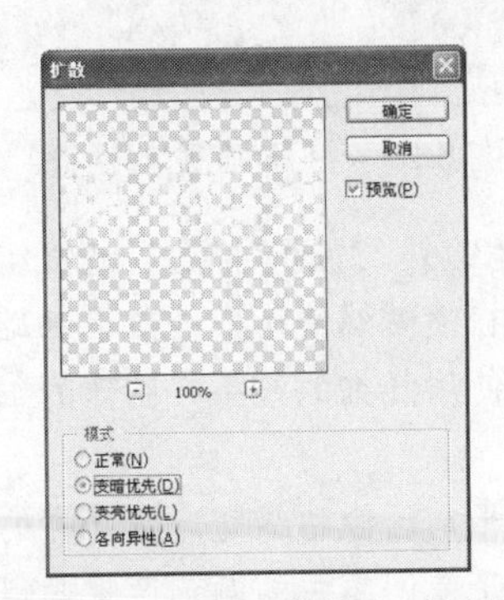

图 8-26 打开“扩散”对话框

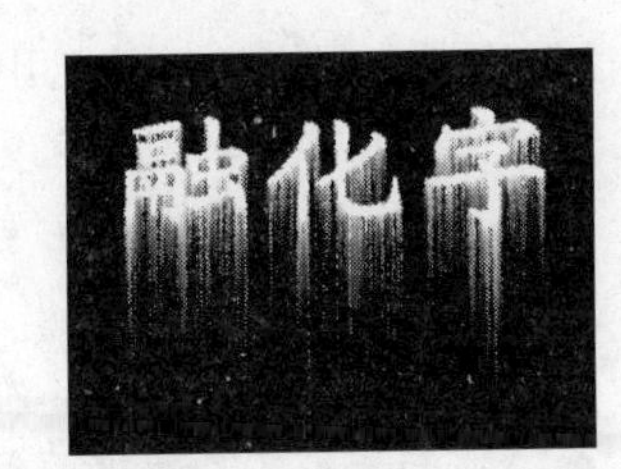

图 8-27 “融化字”效果

【知识补充】除了上面应用到的滤镜外，风格化滤镜组中还有 7 种滤镜，其作用如下。

- “照亮边缘”滤镜：主要用于加重图像边缘轮廓的发光效果。

- “凸出”滤镜：主要用于使图像表面产生有机叠放的立方体，从而扭曲图像，或创建特殊的三维背景。
- “拼贴”滤镜：主要用于在图像表面产生瓷砖拼贴组合效果。
- “曝光过度”滤镜：主要用于使图像产生类似于摄影中增加光线强度产生的曝光过度效果。
- “查找边缘”滤镜：主要用于对图像中相邻颜色之间产生用铅笔勾划过的轮廓效果。
- “浮雕效果”滤镜：主要用于从图像中颜色较亮的图像分离出其他颜色，从而使周围的颜色降低生成浮雕效果。
- “等高线”滤镜：主要用于沿图像的亮区和暗区的边界绘出线条较细、颜色较浅的线条效果。

8.2.2 “画笔描边”滤镜组

“画笔描边”滤镜组用于模拟不同的画笔或油墨笔刷来勾画图像，从而产生绘画效果。该组滤镜提供了 8 种滤镜。

【例 8-7】利用“画笔描边”滤镜组中的滤镜，制作边缘锯齿效果。

所用素材：素材文件\第 8 章\素材 2.jpg　**完成效果**：效果文件\第 8 章\喷溅滤镜.psd

Step 1：打开“素材 2.jpg”图像文件，如图 8-28 所示。

Step 2：选择【滤镜】\【画笔描边】\【喷溅】命令，在打开的“喷溅”对话框中按照如图 8-29 所示进行设置，然后单击 确定 按钮，最终效果如图 8-30 所示。

图 8-28　素材图像

图 8-29　打开“喷溅”对话框

图 8-30　喷溅滤镜效果

【知识补充】除了上面应用到的滤镜外，“画笔描边”滤镜组中还有 7 种滤镜，其作用如下。

- “喷色描边”滤镜：主要用于在喷溅滤镜生成的效果基础上增加斜纹飞溅效果。
- “墨水轮廓”滤镜：主要用于使用纤细的线条在图像的细节上重绘图像，从而生成钢笔画效果的图像。
- “强化的边缘”滤镜：主要用于在图像边缘处产生高亮的边缘效果。
- “成角的线条”滤镜：主要用于使图像中的颜色产生倾斜划痕效果。
- “深色线条”滤镜：主要用于通过用短而密的线条来绘制图像中的深色区域，用长而白的线条来绘制图像中颜色较浅的区域，从而产生一种很强的黑色阴影效果。
- “烟灰墨”滤镜：主要用于模拟饱含墨汁的湿画笔在宣纸上进行绘制的效果。

● “阴影线”滤镜：主要用于在图像表面生成交叉状倾斜划痕效果，跟成角“线条”滤镜相似。

8.2.3 “模糊”滤镜组

“模糊”滤镜组主要是通过削弱图像中相邻像素的对比度，使相邻像素间过渡平滑，从而产生边缘柔和、模糊的效果。

【例 8-8】利用“模糊”滤镜组中的滤镜，制作骏马奔腾的效果。

所用素材：素材文件\第 8 章\骏马.jpg　　**完成效果**：效果文件\第 8 章\骏马奔腾.psd

Step 1：打开“骏马.jpg”图像文件，如图 8-31 所示。

Step 2：在工具箱中选择“快速选择工具”，在图像中为骏马图像创建选区，然后按“Ctrl+J”键拷贝图层。

Step 3：选择背景图层，然后选择【滤镜】\【模糊】\【动感模糊】命令，在打开的“动感模糊”对话框中按照如图 8-32 所示进行设置，然后单击 确定 按钮，最终效果如图 8-33 所示。

图 8-31　素材图像

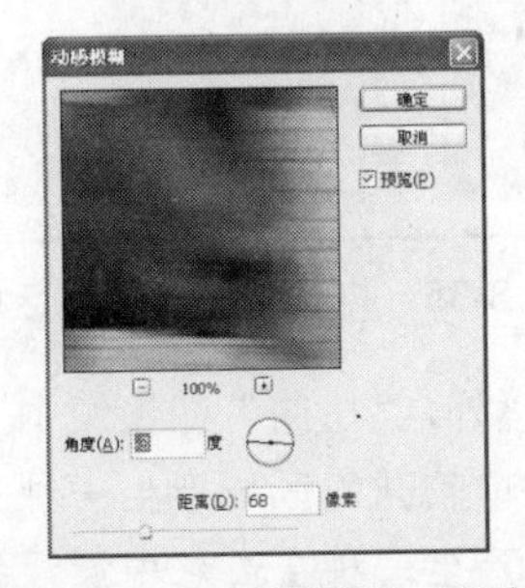

图 8-32　“动感模糊”对话框

图 8-33　“动感模糊”滤镜效果

【知识补充】除了上面应用到的滤镜外，“模糊”滤镜组中还有 10 种滤镜，其作用如下。

- “平均”滤镜：主要用于对图像的平均颜色值进行柔化处理，从而产生模糊的效果。
- “形状模糊”滤镜：主要用于使图像按照某一形状进行模糊处理。
- “径向模糊”滤镜：主要用于使图像产生旋转或放射状模糊效果。
- “方框模糊”滤镜：主要用于在图像中以邻近像素颜色平均值为基准进行模糊。
- “模糊”滤镜：主要用于对图像边缘进行模糊处理。
- “特殊模糊”滤镜：主要通过找出图像的边缘以及模糊边缘内的区域，从而产生一种清晰边界的模糊效果。
- “表面模糊”滤镜：主要用于在图像中模糊除边缘外的所有区域。
- “进一步模糊”滤镜：该滤镜的模糊效果与“模糊”滤镜的效果相似，但比模糊滤镜的效果强 3～4 倍。
- “镜头模糊”滤镜：该滤镜可使图像产生模拟摄像时镜头抖动的模糊效果。
- “高斯模糊”滤镜：主要用于对图像总体进行模糊处理。

8.2.4 “扭曲”滤镜组

“扭曲”滤镜组主要用于对图像进行扭曲变形，该组滤镜提供了 13 种滤镜效果。

【例 8-9】利用“扭曲”滤镜组中的滤镜，制作玻璃效果。

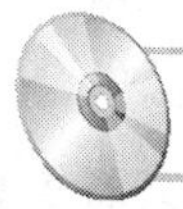

所用素材：素材文件\第 8 章\素材 3.jpg　　**完成效果**：效果文件\第 8 章\玻璃滤镜.psd

Step 1：打开“素材 3.jpg”图像文件，如图 8-34 所示。

Step 2：选择【滤镜】\【扭曲】\【玻璃】命令，在打开的“玻璃”对话框中按照如图 8-35 所示进行设置。

Step 3：设置完成后单击 确定 按钮，最终效果如图 8-36 所示。

图 8-34　素材图像

图 8-35　打开“玻璃”对话框

图 8-36　“玻璃”滤镜效果

【知识补充】除了上面应用到的滤镜外，“扭曲”滤镜组中还有 12 种滤镜，其作用如下。

- “扩散亮光”滤镜：主要使图像中较亮的区域产生一种光照效果。
- “海洋波纹”滤镜：主要使图像产生一种在海水中漂浮的效果。
- “切变”滤镜：主要使图像在竖直方向产生弯曲效果。
- “挤压”滤镜：主要使图像产生向内或向外挤压变形效果。
- “旋转扭曲”滤镜：主要使图像沿中心产生顺时针或逆时针的旋转风轮效果。
- “极坐标”滤镜：主要将图像从直角坐标系转化成极坐标系，或从极坐标系转化为直角坐标系，产生一种图像极端变形效果。
- “水波”滤镜：可模仿水面上产生起伏状的波纹效果。
- “波浪”滤镜：主要是根据设定的波长产生波浪效果。
- “波纹”滤镜：使图像产生水波荡漾的涟漪效果。
- “球面化”滤镜：模拟将图像包在球上的效果，从而产生球面化效果。
- “置换”滤镜：使图像产生位移效果，其移位方向和对话框中的参数设置及位移图密切相关，该滤镜需要两个文件来完成，一是要编辑的图像文件，二是位移图文件，位移图文件充当移位模板，用来控制位移的方向。
- “镜头校正”滤镜：可修复常见的镜头缺陷，如桶形和枕形失真、晕影以及色差。

8.2.5 “锐化”滤镜组

“锐化”滤镜组主要是通过增强相邻像素间的对比度来减弱甚至消除图像的模糊，使图像轮廓分明，效果清晰。锐化滤镜组提供了 5 种滤镜。

【例 8-10】利用“锐化”滤镜组中的滤镜，制作岩石的纹理效果。

所用素材：素材文件\第 8 章\素材 4.jpg　　**完成效果**：效果文件\第 8 章\锐化滤镜.psd

Step 1：打开“素材 4.jpg”图像文件，如图 8-37 所示。

Step 2：选择【滤镜】\【锐化】\【智能锐化】命令，在打开的“智能锐化”对话框中按照如图 8-38 所示设置。

Step 3：设置完成后单击 确定 按钮，最终效果如图 8-39 所示。

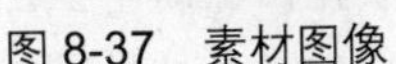

图 8-37　素材图像

图 8-38　打开“智能锐化”对话框

图 8-39　“智能锐化”滤镜效果

【知识补充】除了上面应用到的滤镜外，“锐化”滤镜组中还有 4 种滤镜，其作用如下。

- “USM 锐化”滤镜：可在图像中相邻像素之间增大对比度，使图像边缘清晰。
- “进一步锐化”滤镜：和“锐化”滤镜功效相似，只是锐化效果更加强烈。
- “锐化”滤镜：可增强图像像素间的对比度，使图像更加清晰。
- “锐化边缘”滤镜：主要用于锐化图像的轮廓，使不同颜色之间的分界更明显。

8.2.6 “素描”滤镜组

“素描”滤镜组用于在图像中添加纹理，使图像产生素描、速写和三维的艺术效果。该组滤镜提供了 14 种滤镜效果。

【例 8-11】利用“素描”滤镜组中的滤镜，制作水彩画纸效果。

所用素材：素材文件\第 8 章\素材 5.jpg　**完成效果**：效果文件\第 8 章\水彩画纸滤镜.psd

Step 1：打开“素材 5.jpg”图像文件，如图 8-40 所示。

Step 2：选择【滤镜】\【素描】\【水彩画纸】命令，在打开的“水彩画纸”对话框中按照如图 8-41 所示进行设置。

Step 3：设置完成后单击 确定 按钮，最终效果如图 8-42 所示。

图 8-40 素材图像

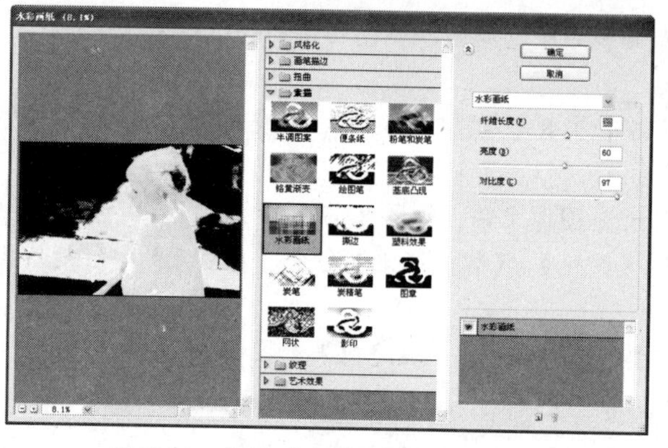

图 8-41 打开“水彩画纸”对话框

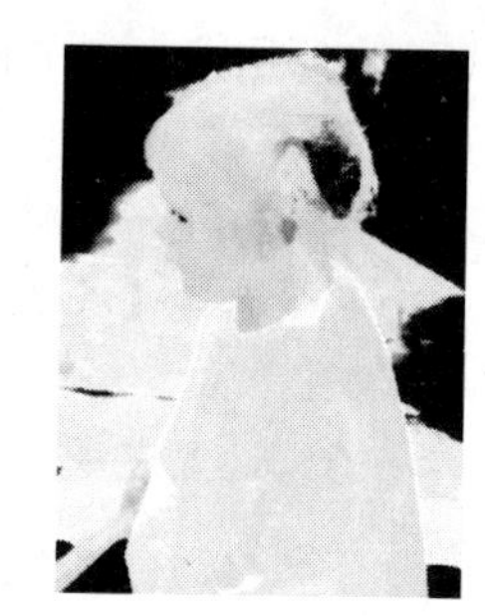

图 8-42 “水彩画纸”滤镜效果

【知识补充】除了上面应用到的滤镜外，“素描”滤镜组中还有 13 种滤镜，其作用如下。

- “便条纸”滤镜：可以模拟凹陷压印图案，产生草纸画效果。
- “半调图案”滤镜：可使用前景色或背景色在图像中产生网板图案效果。
- “图章”滤镜：可使前景色或背景色在图像中产生图章效果。
- “基底凸现”滤镜：可使图像产生粗糙的浮雕效果。
- “塑料效果”滤镜：与“基底凸现”滤镜使用的参数一样，可使图像产生塑料效果。
- “影印效果”滤镜：主要是用前景色来填充图像的高亮度区，用背景色来填充图像的暗区。
- “撕边”滤镜：主要是用前景色来填充图像的暗部区，用背景色来填充图像的高亮度区，并且在颜色相交处产生粗糙及撕破的纸片形状效果。
- “炭笔”滤镜：主要使图像产生用炭笔绘画的效果。
- “炭精笔”滤镜：使用前景色和背景色在图像上模拟浓黑和纯白的炭精笔纹理。
- “粉笔和炭笔”滤镜：可使图像产生被粉笔和炭笔涂抹的草图效果，在应用时，粉笔使用背景色，用来处理图像较亮的区域，而炭笔使用前景色，用来处理图像较暗的区域。
- “绘图笔”滤镜：可使图像产生钢笔绘制后的效果。
- “网状”滤镜：主要是用前景色或背景色填充图像，在图像中产生一种网眼覆盖效果。
- “铬黄”滤镜：可使图像产生液态金属效果。

8.2.7 “纹理”滤镜组

“纹理”滤镜组与“素描”滤镜组的作用相同，都是在图像中添加纹理，以表现出纹理化的图像效果。该组滤镜提供了 6 种滤镜效果。

【例 8-12】利用“纹理”滤镜组中的滤镜，制作毛玻璃效果。

所用素材：素材文件\第 8 章\素材 6.jpg **完成效果**：效果文件\第 8 章\染色玻璃滤镜.psd

Step 1：打开“素材 6.jpg”图像文件，如图 8-43 所示。

Step 2：选择【滤镜】\【纹理】\【染色玻璃】命令，在打开的“染色玻璃”对话框中按照如图 8-44 所示进行设置。

Step 3：设置完成后单击 确定 按钮，最终效果如图 8-45 所示。

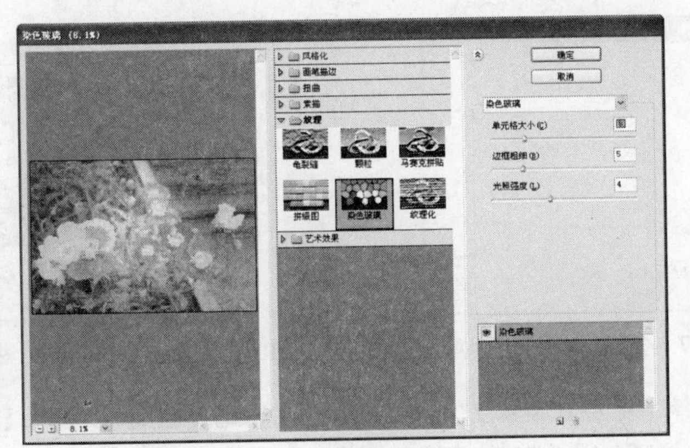

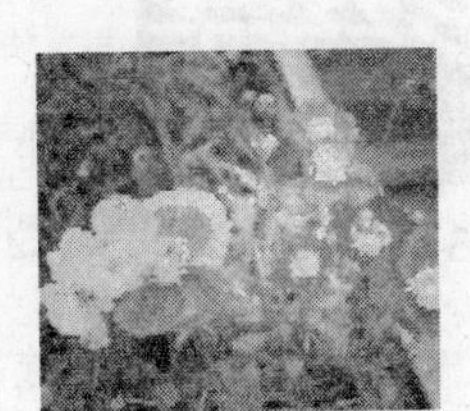

图 8-43　素材图像　　　图 8-44　打开“水彩画纸”对话框　　　图 8-45　“水彩画纸”滤镜效果

【知识补充】除了上面应用到的滤镜外，纹理滤镜组中还有 5 种滤镜，其作用如下。

- “拼缀图”滤镜：可将图像分割成多个规则的矩形块，每个矩形块内填充单一的颜色，从而模拟出瓷砖拼贴效果。
- “纹理化”滤镜：为图像添加设定的纹理效果。
- “颗粒”滤镜：可以在图像中随机加入不规则的颗粒来产生颗粒纹理效果。
- “马赛克拼贴”滤镜：可以在图像表面产生类似马赛克的拼贴效果。
- “龟裂缝”滤镜：可以在图像中随机生成龟裂纹理，并使图像产生浮雕效果。

8.2.8　“像素化”滤镜组

“像素化”滤镜组主要通过将图像中相似颜色值的像素转化成单元格的方法，使图像分块或平面化。“像素化”类滤镜包括 7 种滤镜。

【例 8-13】利用“像素化”滤镜组中的滤镜，制作彩丝字效果。

完成效果：效果文件\第 8 章\彩丝字效果.psd

Step 1：新建一个名称为“彩丝字效果”，大小为默认的图像文件，然后将其填充为黑色。

Step 2：在其中输入文字“彩丝字”，文字颜色为白色，然后栅格化文字图层，如图 8-46 所示。

Step 3：选择【滤镜】\【模糊】\【高斯模糊】命令，在打开的“高斯模糊”对话框中按照如图 8-47 所示进行设置，完成后单击 确定 按钮，然后将文字图层复制一层。

Step 4：合并文字图层和背景图层，然后复制 2 次合并后的背景图层。

Step 5：隐藏“图层 0 副本 2”图层，如图 8-48 所示，然后选择“图层 0 副本”图层。

Step 6：选择【滤镜】\【像素化】\【晶格化】命令，在打开的“晶格化”对话框中按照如图 8-49 所示进行设置，完成后单击 确定 按钮。

Step 7：选择【滤镜】\【风格化】\【照亮边缘】命令，在打开的“照亮边缘”对话框中设置参数如图 8-50 所示，完成后单击 确定 按钮，效果如图 8-51 所示。

Step 8：切换到“通道”面板，按“Ctrl”键的同时单击蓝通道，将通道载入选区，返回“图层”面板，按 2 次“Ctrl+J”键复制图层，然后设置“图层 1”的混合模式为“滤色”，并隐藏“图层 0 副本”，如图 8-52 所示。

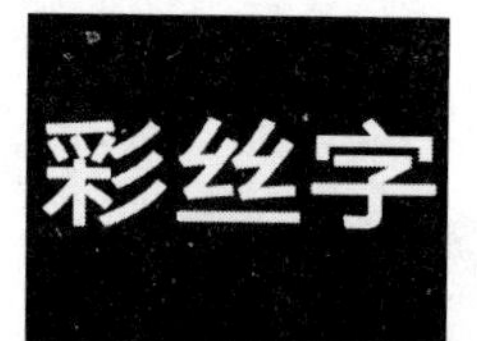

图 8-46 输入文字

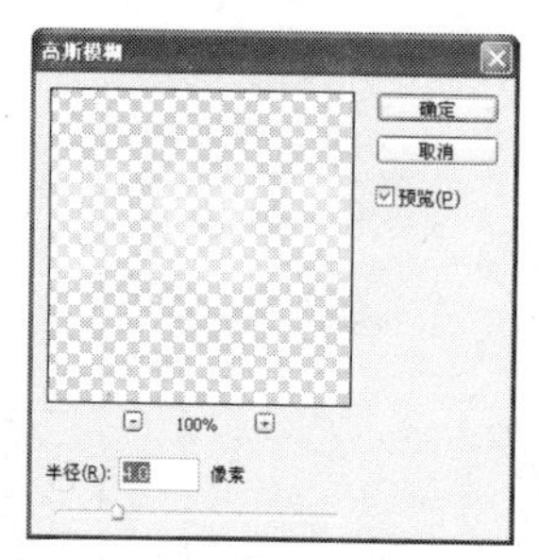

图 8-47 打开“高斯模糊”对话框

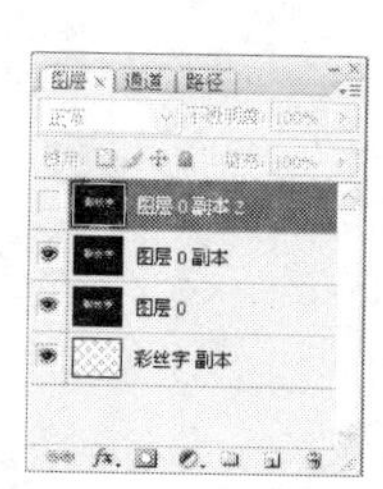

图 8-48 隐藏图层

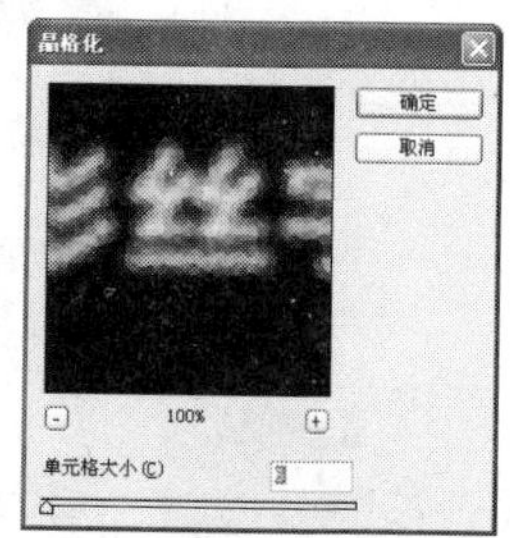

图 8-49 打开“晶格化”对话框

Step 9：显示并选择“图层 0 副本 2”，然后选择【滤镜】\【像素化】\【晶格化】命令，在打开的“晶格化”对话框中按照如图 8-53 所示进行设置，完成后单击 确定 按钮即可。

Step 10：选择【滤镜】\【风格化】\【照亮边缘】命令，在打开的“照亮边缘”对话框中设置参数如图 8-54 所示，完成后单击 确定 按钮。

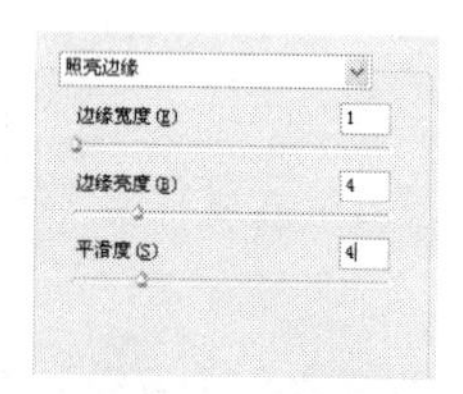

图 8-50 设置参数

图 8-51 应用效果

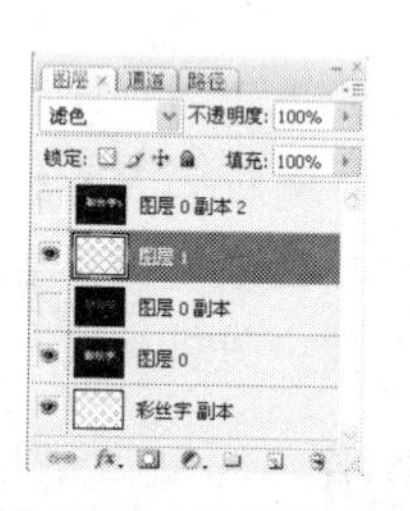

图 8-52 编辑图层

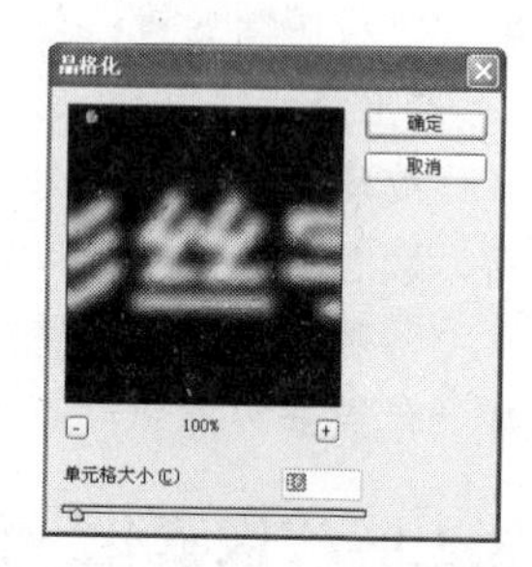

图 8-53 打开“晶格化”对话框

Step 11：为“图层 0 副本 2”图层添加“渐变叠加”的图层样式，参数设置如图 8-55 所示。

Step 12：设置“图层 0 副本 2”图层混合模式为“滤色”，完成后的最终效果如图 8-56 所示。

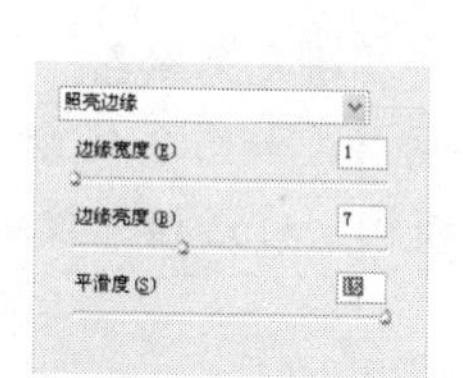

图 8-54 设置参数

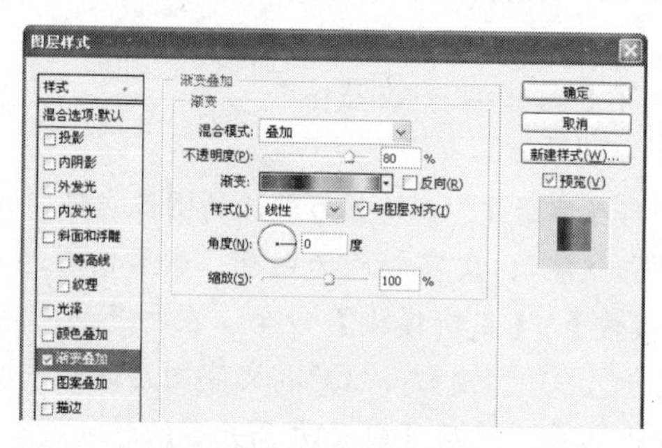

图 8-55 添加图层样式

图 8-56 完成效果

【知识补充】除了上面应用到的滤镜外，像素化滤镜组中还有 6 种滤镜，其作用如下。

- “彩块化”滤镜：可使图像中纯色或相似颜色的像素结为彩色像素块而使图像产生类似宝石刻画的效果。
- “彩色半调”滤镜：可将图像分成矩形栅格，并向栅格内填充像素，模拟在图像的每个通道中使用放大的半调网屏的效果。
- “点状化”滤镜：可在图像中随机产生彩色斑点效果，点与点间的空隙将用当前背景色填充。
- “碎片”滤镜：可将图像的像素复制 4 倍，然后将它们平均移位，并降低不透明度，从而产生模糊效果。

- “铜版雕刻”滤镜：可在图像中随机分布各种不规则的线条和斑点，以产生镂刻的版画效果。
- “马赛克”滤镜：可在图像中把具有相似色彩的像素合成更大的方块，产生马赛克效果。

8.2.9　“渲染”滤镜组

“渲染”滤镜组主要用于模拟不同的光源照明效果，该滤镜组提供了5种滤镜。

【例8-14】利用“渲染”滤镜组中的滤镜，制作一个逼真的玉镯。

完成效果：效果文件\第8章\玉镯.psd

Step 1：新建一个名称为“玉镯”，大小为默认的图像文件，然后设置前景色为绿色（R：16，G：243，B：128），背景色为浅绿色（R：243，G：253，B：247），并用前景色到背景色的方法渐变填充背景。

Step 2：按“Ctrl+R”键显示标尺，然后在标尺上拖出水平和垂直方向上的参考线，如图8-57所示。

Step 3：在工具箱中选择“椭圆选框工具”，在工具选项栏中设置样式为“固定比例”，然后在参考线中心按“Alt”键拖动绘制正圆，再将选区填充为灰色（R：149，G：150，B：149）。

Step 4：取消选区，然后利用相同的方法绘制一个正灰色圆，按“Delete”键删除，效果如图8-58所示。

Step 5：新建一个图层，复位前景色和背景色，然后选择【滤镜】\【渲染】\【云彩】命令，效果如图8-59所示。

Step 6：选择【选择】\【色彩范围】命令，在打开的“色彩范围”对话框中按照如图8-60所示进行设置，完成后单击 确定 按钮。

图8-57　创建参考线

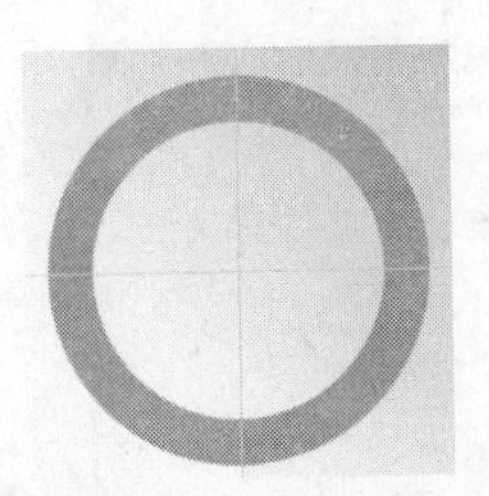

图8-58　填充选区

图8-59　云彩效果

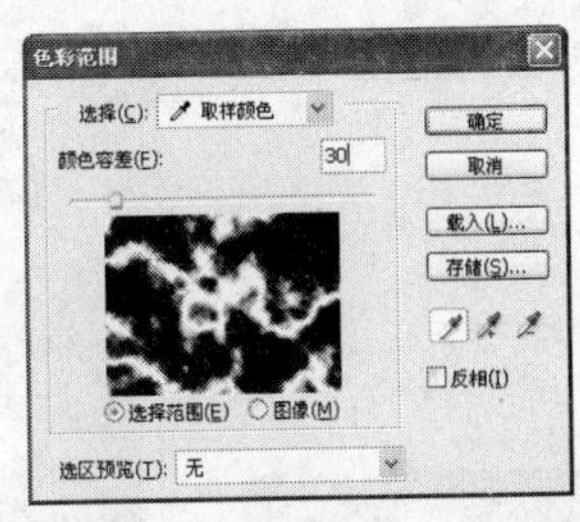

图8-60　打开“色彩范围”对话框

Step 7：新建图层，将选区填充为嫩绿色（R：30，G：249，B：61），效果如图8-61所示。

Step 8：选择“图层2”，将其以前景到背景的方式渐变填充，效果如图8-62所示。

Step 9：合并“图层2”和“图层3”，然后按住“Ctrl”键的同时单击“图层1”，将“图层1”载入选区，再选择【选择】/【反向】命令，反选选区，按“Delete”键删除，效果如图8-63所示。

Step 10：为图层添加投影（大小为20、距离为20），内阴影（大小为30、距离为8），外发光（发光颜色为绿色、扩展为11、大小为49），斜面和浮雕（“大小”为95、“软化”为7、“光泽等高线”为“起伏斜面-下降”）图层样式，完成后的效果如图8-64所示。

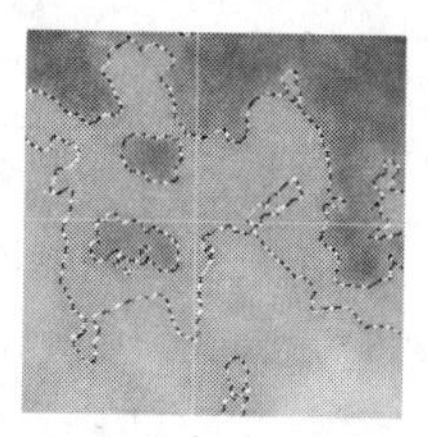
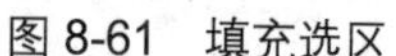

图 8-61 填充选区

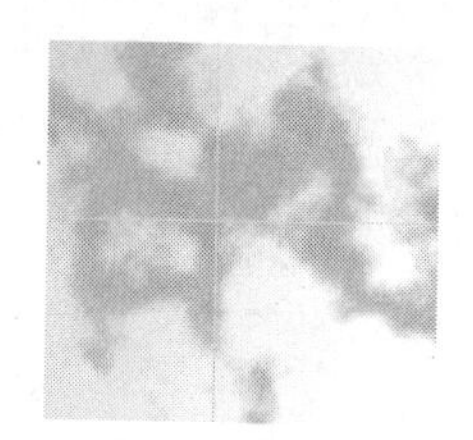

图 8-62 渐变填充

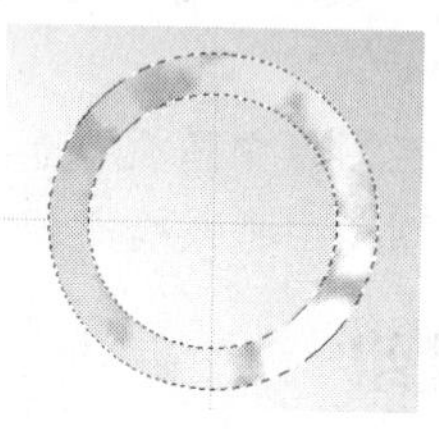

图 8-63 删除多余图像

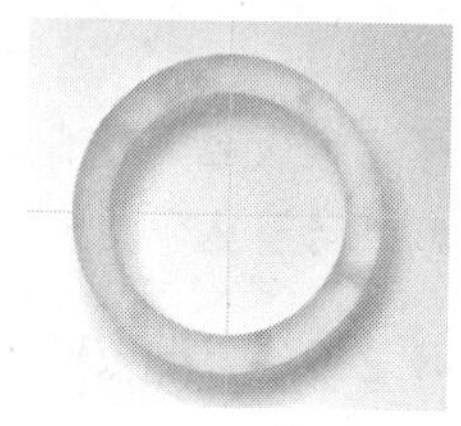

图 8-64 添加图层样式

【知识补充】除了上面应用到的滤镜外，渲染滤镜组中还有 4 种滤镜，其作用如下。

- “分层云彩”滤镜：其效果与原图像的颜色有关，主要用于在图像中添加一个分层云彩效果。
- “光照效果”滤镜：可对平面图像产生类似三维光照的效果。
- “镜头光晕”滤镜：可在图像中模拟镜头产生的眩光效果。
- “纤维”滤镜：可将前景色和背景色混合生成一种纤维效果。

8.2.10 “艺术效果”滤镜组

“艺术效果”类滤镜组主要是为用户提供模仿传统绘画手法的途径，可以为图像添加天然或传统的艺术图像效果，该组滤镜提供了 15 种滤镜效果。

【例 8-15】利用“艺术效果”滤镜组中的滤镜，制作壁画效果。

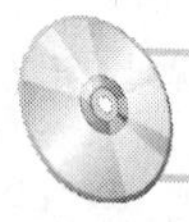

所用素材：素材文件\第 8 章\素材 7.jpg　　完成效果：效果文件\第 8 章\壁画.jpg

Step 1：打开“素材 7.jpg”图像文件，如图 8-65 所示。

Step 2：选择【滤镜】\【艺术效果】\【壁画】命令，在打开的“壁画”对话框中按照如图 8-66 所示进行设置。

Step 3：设置完成后单击 确定 按钮，最终效果如图 8-67 所示。

图 8-65 素材图像

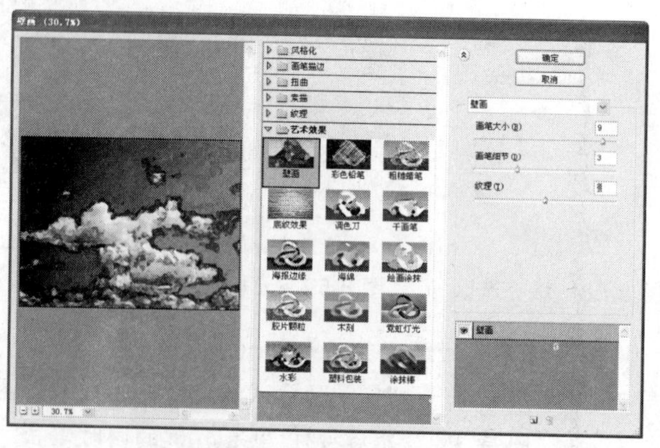

图 8-66 打开“壁画”对话框

图 8-67 “壁画滤镜”效果

【知识补充】除了上面应用到的滤镜外，“艺术效果”滤镜组中还有 14 种滤镜，其作用如下。

- “塑料包装”滤镜：可使图像表面产生类似透明塑料袋包裹物体时的效果。
- “干画笔”滤镜：可使图像产生一种不饱和的、干燥的油画效果。
- “底纹效果”滤镜：可使图像产生喷绘效果。

- “彩色铅笔”滤镜：可使图像产生彩色铅笔在纸上绘图的效果。
- “木刻”滤镜：可使图像产生木雕画效果。
- “水彩”滤镜：可使图像产生水彩笔绘图时的效果。
- “海报边缘”滤镜：可减少图像中的颜色复杂度，在颜色变化区域边界填上黑色，使图像产生海报画的效果。
- “海绵”滤镜：可使图像产生海绵吸水后的效果。
- “涂抹棒”滤镜：可模拟使用粉笔或蜡笔在纸上涂抹的效果。
- “粗糙蜡笔”滤镜：可模拟蜡笔在纹理背景上绘图，产生一种纹理浮雕效果。
- “绘画涂抹”滤镜：可使图像产生类似于用手在湿画上涂抹的模糊效果。
- “胶片颗粒”滤镜：可在图像表面产生胶片颗粒状纹理效果。
- “调色刀”滤镜：可使图像中相近的颜色融合以减少细节，产生类似写意画效果。
- “霓虹灯光”滤镜：可使图像产生类似霓虹灯发光效果。

8.2.11　“杂色”滤镜组

“杂色”滤镜组主要用于向图像中添加杂点或去除图像中的杂点，通过混合干扰，制作出着色像素图案的纹理。另外，“杂色”滤镜组还可以创建一些具有特点的纹理效果，或去掉图像中有缺陷的区域，该组滤镜提供了 5 种滤镜效果。

【例 8-16】利用“杂色”滤镜组中的滤镜，美化人物形象。

所用素材：素材文件\第 8 章\素材 8.jpg　　**完成效果**：效果文件\第 8 章\杂色滤镜.psd

Step 1：打开“素材 8.jpg”图像文件，选择【滤镜】\【杂色】\【去斑】命令，连续按多次“Ctrl+F”键，反复应用“祛斑”滤镜，应用滤镜前后的效果如图 8-68 所示。

Step 2：选择【滤镜】\【杂色】\【蒙尘与划痕】命令，在打开的“蒙尘与划痕”对话框中按照如图 8-69 所示进行设置。

Step 3：设置完成后单击 确定 按钮，最终效果如图 8-70 所示。

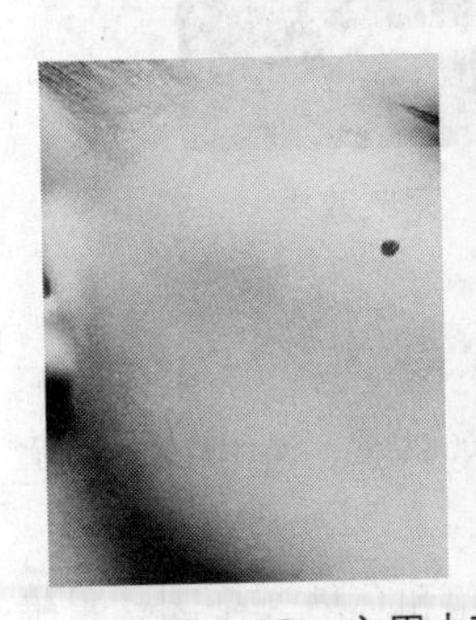

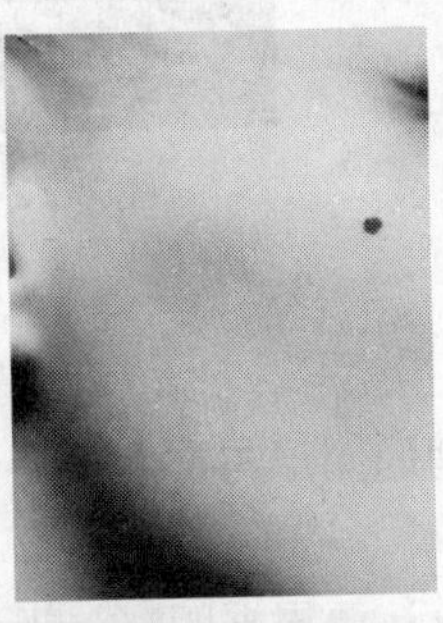

图 8-68　应用去斑滤镜前后的效果

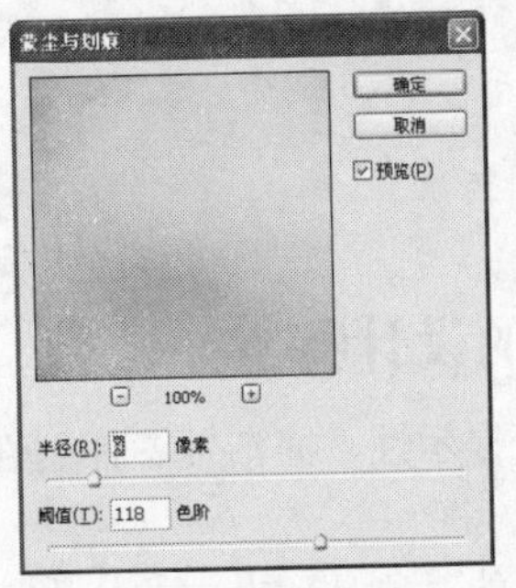

图 8-69　打开“蒙尘与划痕”对话框

图 8-70　最终效果

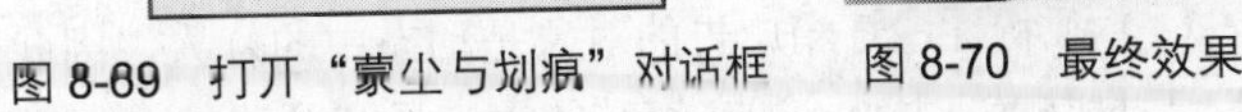

【知识补充】除了上面应用到的滤镜外，“杂色”滤镜组中还有 3 种滤镜，其作用如下。

- “中间值”滤镜：可通过混合选区中像素的亮度来减少图像中的杂色。
- “减少杂色”滤镜：可消除非图像本身的、随机产生的外来像素。

● “添加杂色”滤镜：可向图像随机地混合彩色或单色杂点。

8.3 应用实践——制作公益灯箱广告

灯箱广告又称为“灯箱海报”或“夜明宣传画”。主要应用于道路、街道两旁、影（剧）院、展览（销）会、商业闹市区、车站、机场、码头和公园等公共场所。如图 8-71 所示为站台灯箱广告和路牌灯箱广告样品。

图 8-71 站台灯箱广告和路牌灯箱广告样品

本例根据“吸烟有害健康”这一宣传语，制作如图 8-72 所示的公益灯箱广告的效果。相关要求如下。

- 名称：请不要吸烟。
- 制作要求：突出吸烟有害健康的主题。
- 广告尺寸：10cm × 12cm。
- 分辨率：300 像素/英寸。
- 色彩模式：RGB。

完成效果：效果文件\第 8 章\公益灯箱广告.psd

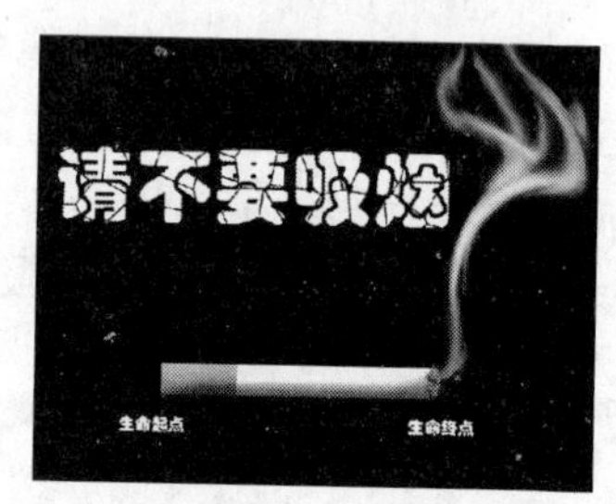

图 8-72 完成效果

8.3.1 灯箱广告的设计特点

灯箱广告具有独特性、提示性、简洁性、计划性和合理的图形与文案设计的特点，在设计时应遵循以下特点。

（1）独特性：灯箱广告的对象是动态中的行人，因此设计要根据距离、视角和环境 3 个因素来确定广告的位置、大小，如在空旷的大广场和马路的人行道上，受众在 10 米以外的距离，在高于头部 5 米的物体比较方便。

（2）提示性：设计要注重提示性，并且图文并茂，以图像为主、文字为辅进行设计，使用的文字更要简单明快，不能冗长。

（3）简洁性：设计时要坚持在少而精的原则下思考，力图给受众留有充分的想象空间。

（4）计划性：在进行广告创意时，要对其进行市场调查、分析和预测，然后在此基础上制定出广告的图形、语言、色彩、对象、宣传层面和营销战略。

8.3.2　灯箱广告的创意分析与设计思路

灯箱广告采用了辅助光和透射稿的技术，使其无论是白天黑夜，都能起到宣传作用。因此在设计时颜色对比要强烈，这样在远处的人们也能很直观地看到广告内容。由于灯箱广告常用于室外，设计时相对一般平面广告，画面要更加宽广，文字也要加大。本例在设计时使用黑色和白色两种对比鲜明的颜色为主色调，文字大小也设计得相对较大。

本例的设计思路如图 8-73 所示，首先利用“画笔工具”和滤镜特效制作出烟雾的效果，然后利用“选框工具”和“图层样式”命令制作香烟燃烧的形状，最后制作特殊文字效果，完成公益灯箱广告的制作。

图 8-73　公益灯箱广告的制作思路

8.3.3　制作过程

1. 制作烟雾效果

Step 1：启动 Photoshop CS3，新建一个宽度为 12 厘米，高度为 10 厘米，分辨率为 300 像素/英寸，颜色模式为 RGB 模式的图像文件，并将其保存为“公益灯箱广告”图像文件。

Step 2：设置前景色为白色，背景色为黑色，然后以背景色填充图像，在“通道”面板中单击“新建通道”按钮，新建一个 Alpha1 通道。

Step 3：在工具箱中选择“画笔工具”，然后在图像区域绘制烟雾的大致形状，如图 8-74 所示。

Step 4：选择【滤镜】\【模糊】\【高斯模糊】命令，打开“高斯模糊”对话框，在其中设置“羽化半径”为 15.8 像素，如图 8-75 所示，完成后单击 确定 按钮即可。

Step 5：在工具箱中选择“涂抹工具”，设置画笔大小为“柔角 70 像素”，然后在图像上涂抹，效果如图 8-76 所示。

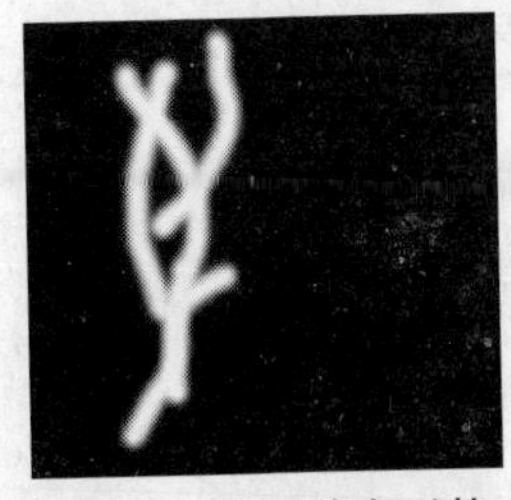

图 8-74　绘制基本形状

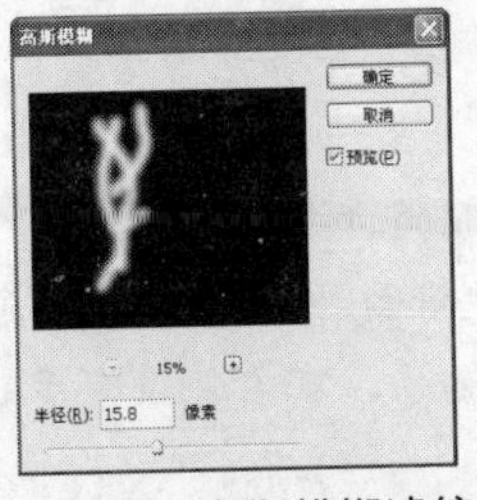

图 8-75　高斯模糊滤镜

图 8-76　涂抹图像

Step 6：选择【滤镜】\【扭曲】\【波浪】命令，打开“波浪”对话框，其中的参数设置如图 8-77 所示，完成后单击 确定 按钮即可。

Step 7：选择【滤镜】\【扭曲】\【旋转扭曲】命令，打开“旋转扭曲”对话框，其中的参数设置如图 8-78 所示，完成后单击 确定 按钮即可，效果如图 8-79 所示。

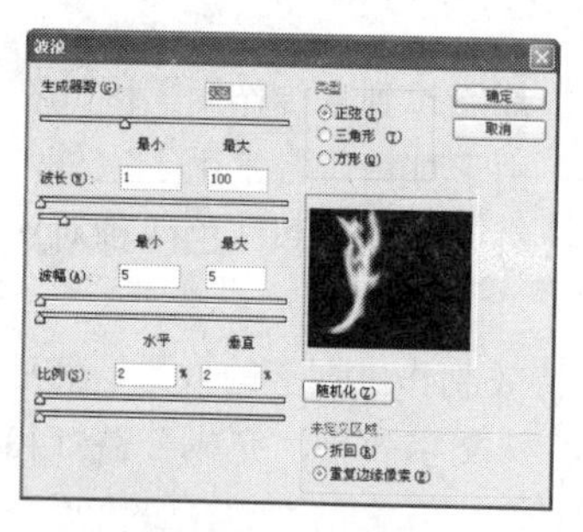

图 8-77 波浪滤镜

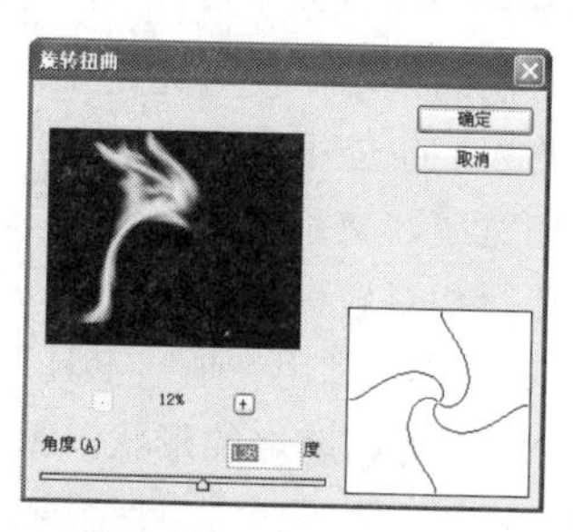

图 8-78 旋转扭曲滤镜

图 8-79 扭曲后的效果

Step 8：选择【滤镜】\【其他】\【最小值】命令，打开“最小值”对话框，其中的参数设置如图 8-80 所示，完成后单击 确定 按钮即可。

Step 9：按住“Ctrl”键的同时，单击 Alpha1 通道缩略图，将通道载入选区，如图 8-81 所示。

Step 10：返回“图层”面板，在其中新建一个图层，设置前景色为白色，并填充到选区，然后取消选区，效果如图 8-82 所示。

Step 11：按“Ctrl+T”快捷组合键对图像进行变换操作，然后将图像移动到图像窗口右侧，效果如图 8-83 所示，完成烟雾效果的制作。

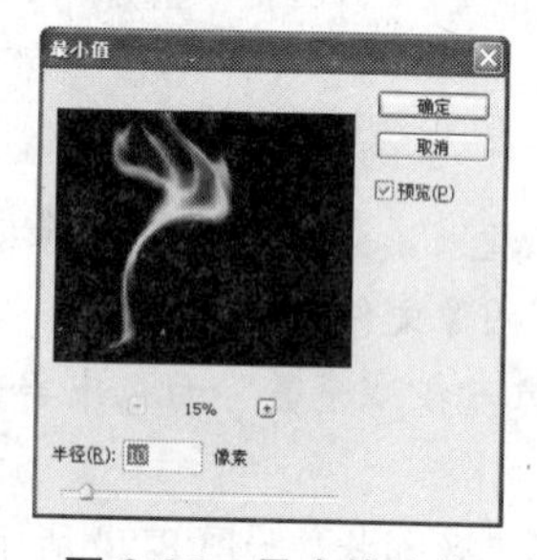

图 8-80 最小值滤镜

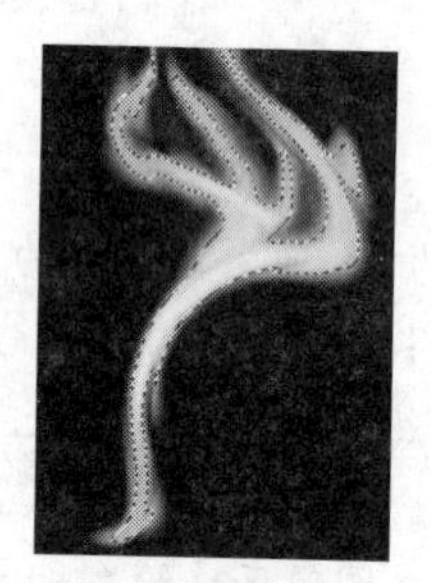

图 8-81 载入选区

图 8-82 填充颜色

图 8-83 移动并变换图像

2. 制作燃烧的香烟

Step 1：新建一个透明图层，在工具箱中选择“矩形选框工具”，然后在图像窗口中绘制一个矩形，并填充为白色，如图 8-84 所示。

Step 2：再在左侧绘制一个矩形，并填充为暗黄色（R：207，G：169，B：114），然后取消选区，效果如图 8-85 所示。

Step 3：单击“图层”面板底部的“添加图层样式”按钮 fx，打开“图层样式”对话框，在其中选中“投影”复选项，然后选中“斜面和浮雕”复选项，其中参数设置如图 8-86 所示。

Step 4：单击选中“纹理”复选项，在右侧设置参数如图 8-87 所示。

图 8-84 绘制形状

图 8-85 移动图像

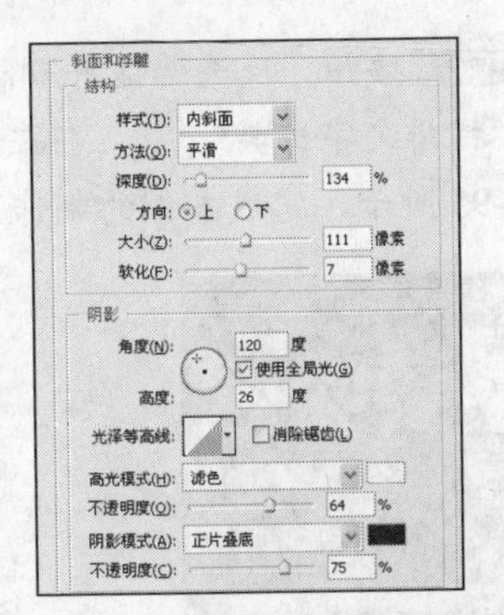

图 8-86 “斜面和浮雕”参数

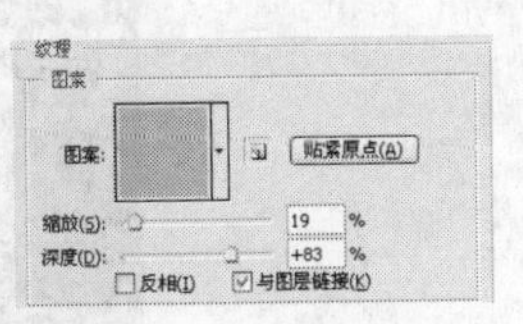

图 8-87 纹理参数

Step 5：完成后单击[确定]按钮即可，效果如图 8-88 所示。

Step 6：新建图层，在图像窗口中绘制一个椭圆，然后设置画笔笔尖为“滴溅 14 像素”，设置颜色为红色，在图像中绘制，再设置颜色为黑色，继续在图像中绘制香烟燃烧效果，效果如图 8-89 所示，完成香烟的制作。

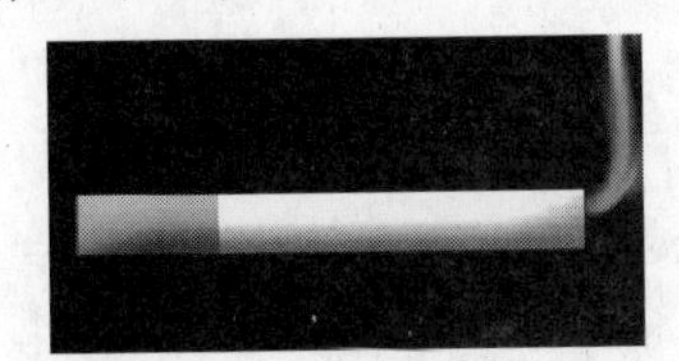

图 8-88 添加图层样式后的效果

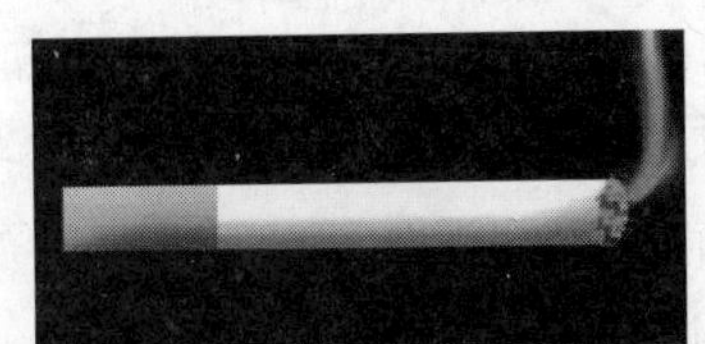

图 8-89 绘制的香烟燃烧效果

3. 添加文本

Step 1：在工具箱中选择“横排文字工具”T，在图像窗口中输入“请不要吸烟”和“NO: 20110506”文本，设置文字颜色为白色，字体为“华文琥珀”，字号为 48 点。

Step 2：选择【图层】/【栅格化】/【文字】命令，栅格化文字图层，选择【滤镜】/【杂色】/【添加杂色】命令，打开“添加杂色”对话框，其中参数设置如图 8-90 所示。

Step 3：单击[确定]按钮，选择【滤镜】/【像素化】/【晶格化】命令，打开“晶格化”对话框，设置参数如图 8-91 所示。

Step 4：单击[确定]按钮，选择【滤镜】/【风格化】/【查找边缘】命令，效果如图 8-92 所示。

Step 5：选择【选择】/【色彩范围】命令，打开“色彩范围”对话框，设置颜色“容差”为 84，再单击图像中文字的黑色部分，如图 8-93 所示。

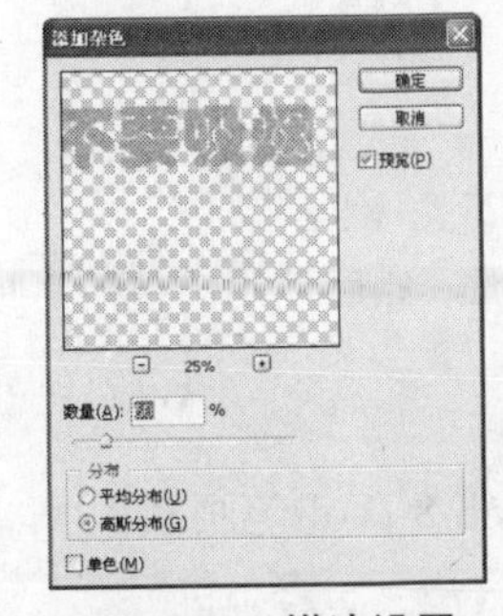

图 8-90 描边设置

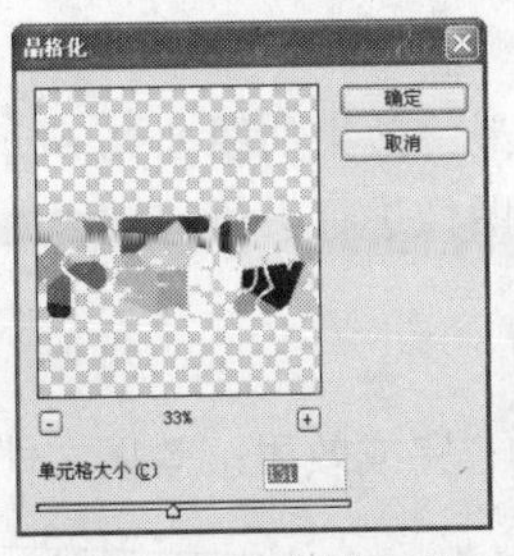

图 8-91 完成制作

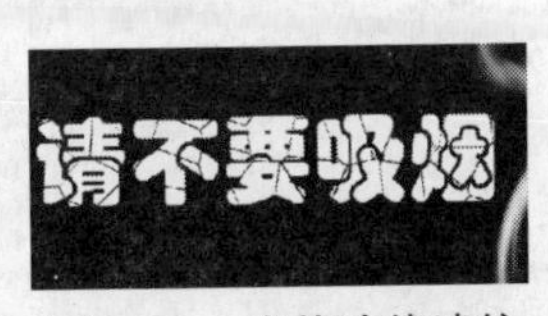

图 8-92 查找边缘滤镜

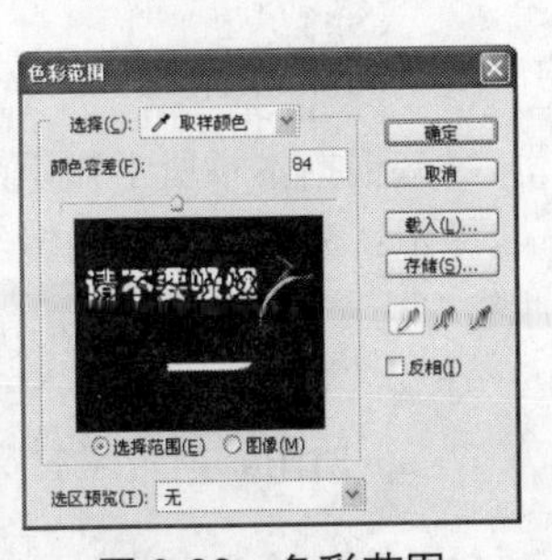

图 8-93 色彩范围

Step 6：单击[确定]按钮，反选选区并删除选区内的图像，效果如图 8-94 所示。

Step 7：再使用“横排文字工具”T，在香烟图像下方添加“生命起点”和“生命终点”文本，字号为 10，效果如图 8-95 所示，完成本例的制作。

图 8-94　删除选区图像

图 8-95　完成制作

8.4 练习与上机

1. 单项选择题

（1）下面可以使图像产生旋转模糊效果的是（　　）滤镜。

A．模糊　　B．高斯模糊　　C．动感模糊　　D．径向模糊

（2）在键盘上按（　　）键可以直接应用上次应用的滤镜效果。

A．Shift　　B．Alt　　C．Ctrl+F　　D．Alt+Shift

（3）下面哪个滤镜可以将一个图像的轮廓应用到另一个图像中（　　）。

A．颗粒　　B．马赛克拼贴　　C．龟裂缝　　D．纹理化

2. 多项选择题

（1）使用滤镜处理图像时，滤镜应用效果与前景色和背景色有关的有（　　）。

A．云彩　　B．基底凸显　　C．玻璃　　D．塑料包装

（2）下列滤镜效果中，包含在“滤镜库”中的滤镜有（　　）。

A．风格化滤镜组

B．模糊滤镜组

C．画笔描边滤镜组

D．纹理滤镜组

3. 简单操作题

（1）根据本章所学知识，制作一幅钢笔画效果，最终效果如图 8-96 所示。

提示：先使用素描滤镜组下的“绘画笔”滤镜对图像进行去色和描边处理，然后使用“色阶”或“曲线”命令对图像进行明暗处理。

所用素材：素材文件\第 8 章\素材 9.jpg　　**完成效果**：效果文件\第 8 章\钢笔画.psd

（2）根据本章所学知识，制作唯美花朵效果，如图 8-97 所示。

提示：先渐变填充背景，然后利用“波浪”、“极坐标”和“洛黄渐变”滤镜，最后新建图层，填充为“彩虹渐变”，设置混合模式为“颜色”即可。

图 8-96　钢笔画

完成效果：效果文件\第 8 章\唯美花朵.psd

图 8-97　唯美花朵

4. 综合操作题

（1）利用本章所学滤镜知识，制作龟裂文字效果，参考效果如图 8-98 所示。

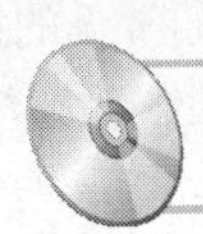

完成效果：效果文件\第 8 章\龟裂文字.psd

图 8-98　龟裂字效果

（2）要求根据提供的 3 幅图像素材制作娱乐海报，要求文件大小为 210mm×280mm，分辨率为 300 像素/英寸，色彩模式为 RGB 模式。所需素材和参考效果如图 8-99 所示。

所用素材：素材文件\第 8 章\矢量人物.jpg、城堡.jpg、背景.jpg

完成效果：效果文件\第 8 章\海报.psd　　**视频演示**：第 8 章\综合练习\制作海报.swf

图 8-99　海报所需素材和参考效果

拓展知识

灯箱广告是新型的广告对象，常常应用于各种公共场所，广告的设计改变传统灯箱白天效果差、没有了图像、文字字形单调的缺憾。除了本章前面所介绍的灯箱广告设计知识外，我们在设计其他灯箱广告时，还需要注意以下几个方面。

一、灯箱广告图案制作的注意事项

要制作出优秀的灯箱广告，需要通过繁复的步骤来实现，无论采用哪一种印刷工艺，原稿的颜色层次和清晰度应尽可能在印刷品中有效地体现出来，因此在制作原稿时要考虑颜色、色调值、结构、色彩饱和度和形态等方面的因素。另外，为了满足印刷工艺的要求，利用网屏、照相加网或电子分色加网的方法，把连续原稿的图像分解成类似于马赛克形状的网点。选择好加网角度，是减少龟纹现象出现的一个重要环节。彩色复制时，不同颜色的分色，必须采用不同的加网角度，对于鲜艳的颜色（如青、品红和黑），其加网角度为 30 度。对于不醒目的颜色（如黄色），其加网角度为 15 度。

二、灯箱广告分类

由于灯箱广告也是广告的一种，因此可根据用途分为商业性灯箱广告和非商业性灯箱广告。商业性灯箱广告是为企业的产品而设计的，其目的是宣传企业产品，觉有商业价值，如常见的楼盘广告等；非商业性灯箱广告是为社会公益事业而设计的，其目的大多是宣传一些社会公德之类，如常见的爱护环境公益广告、节约用水公益广告或低碳生活公益广告等。

三、灯箱广告欣赏

图片来源于昵图网。如图 8-100 所示为具有商业性的灯箱广告，将产品图案和广告词相结合，并放在行人流通较多的车站站台，充分达到了最大化宣传的目的；如图 8-101 所示为非商业性的公益灯箱广告，利用创意的图案设计和简洁的文字描述，表达出绿化环境的社会公德。

图 8-100　车站灯箱广告

图 8-101　公交站台灯箱广告

第 9 章

自动化处理和输出图像

📖 学习目标

在 Photoshop CS3 中使用自动化处理图像可以提高工作效率，输出图像是处理图像后期的重要操作之一，本章主要学习图像的自动化处理和输出图像的操作。

📖 学习重点

掌握动作和批处理图像的基本操作，以及图像的打印输出和印刷输出的操作，且能通过自动化处理图像并输出进行各种图像作品的设计。

📖 主要内容

- 动作批处理图像
- 自动处理图像
- 打印输出图像
- 印刷输出图像
- 应用实践——制作商品画册

9.1 动作批处理图像

动作是Photoshop CS3下的一大特色功能，是将不同的操作、命令及命令参数记录下来，以一个可执行文件的形式存在，通过它可以对不同的图像快速进行相同的图像处理，大大简化了重复性工作的复杂度。

在处理图像过程中，用户的每一步操作都可看作是一个动作，动作组就是由若干步操作所组成。

9.1.1 认识“动作”面板

使用“动作”面板可以记录、播放、编辑和删除动作，还可用于存储和载入动作文件，因此要掌握并灵活运用动作，必须先认识“动作”面板。选择【窗口】/【动作】命令，或在打开的面板中单击“动作”标签，即可打开“动作”面板，如图9-1所示。

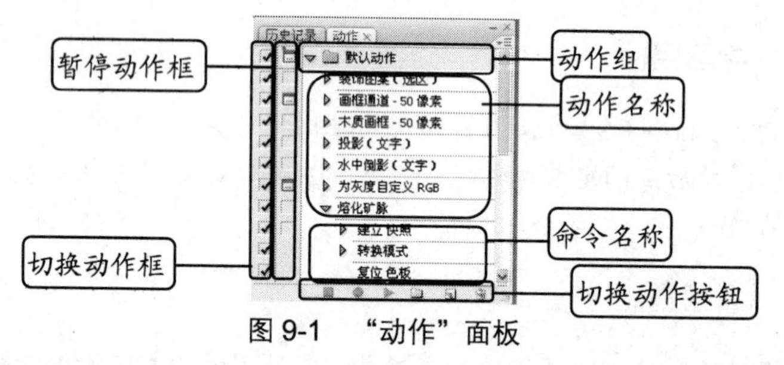

图9-1 “动作”面板

“动作”面板中各部分的作用如下。

- 动作组：用于存储或归类动作组合，单击“动作”面板底部的“创建新组”按钮可创建一个新的动作组，并且在创建过程中，系统会提示为新创建的动作组命名。
- 暂停动作框：若该框中有一个红色的标记，表示该动作中只有部分步骤设置了暂停；若该框中有一个黑色的标记，表示每个步骤在执行过程中都会暂停。
- 动作名称：显示动作的名称，可单击面板底部的“创建新动作”按钮创建一个新动作，并且在创建过程中，系统会提示为新创建的动作命名。
- 动作控制按钮：用于动作的各种控制，从左至右依次是“停止播放记录”按钮、“开始记录动作”按钮、“播放选定的动作”按钮、“创建新组”按钮、“创建新动作”按钮和“删除”按钮。
- 切换动作框：主要用来控制动作是否可播放，若该框是空白的，则表示该动作或动作序列是不能播放的；若该框内有一个红色的“✓”标记，则表示该动作中有部分动作不能播放；若该框内有一个黑色的“✓”标记，则表示该动作组中的所有动作都可以播放。

9.1.2 播放动作

“动作”面板主要用来存储和编辑动作，要将动作包含的图像处理操作应用在图像上，也必须通过该面板来完成。

【例9-1】通过“动作”面板快速为图像添加画框效果。

所用素材：素材文件\第9章\素材1.jpg　**完成效果**：效果文件\第9章\播放动作.psd

Step 1：打开“素材1.jpg”图像文件，如图9-2所示。

Step 2：单击“动作”面板右上角的按钮，在弹出的菜单中选择“画框”命令，载入该动作组，如图9-3所示。

Step 3：单击“画框”动作组前面的按钮，展开“画框”动作组，在其下选择“照片卡角”动作。

Step 4：单击“动作”控制面板底部的“播放选定动作”按钮，此时系统将自动执行当前动作，并将动作中的操作应用到图像中，如图9-4所示。

图9-2　打开素材

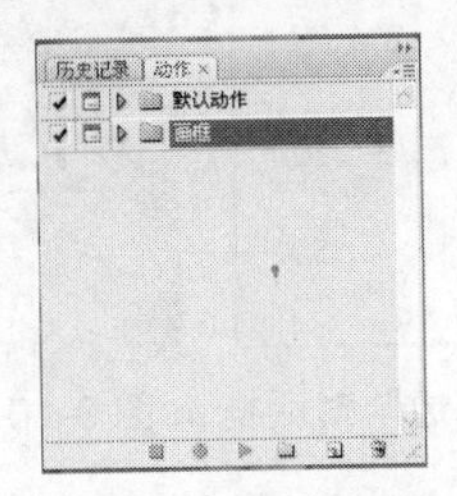

图9-3　“动作”面板

图9-4　播放动作后效果

提示：系统默认“动作”面板只显示“默认动作”动作组，通过快捷菜单可载入“图像效果”、“处理”、“文字效果”、“画框”、“纹理”和“视频动作”等6个动作组，每个组内包含了若干个动作。

9.1.3　录制新动作

虽然系统自带了大量的动作，但在实际工作中常常不能满足需要，此时就要用户录制新的动作，以满足图像处理的需要。

【例9-2】通过录制动作的操作录制一个名为“印章”的新动作。

所用素材：素材文件\第9章\素材2.jpg、素材3.jpg

完成效果：效果文件\第9章\录制动作.psd

Step 1：打开“素材1.jpg”图像文件，如图9-5所示。

Step 2：单击“动作”面板底部的“创建新组”按钮，在打开的“新建组”对话框中的“名称”文本框输入“我的动作”文字，单击确定按钮。

Step 3：单击“动作”面板底部的“创建新动作”按钮，在打开的“新建动作”对话框中输入“印章”文本，然后单击记录按钮，此时“开始记录”按钮呈红色显示，如图9-6所示。

Step 4：在工具箱中选择“横排文字工具”T，设置字体为黑体，字号为48点，颜色为红褐色（R：104，G：21，B：21），然后在图像中单击并输入“印象摄影”文字，效果如图9-7所示。

图9-5　打开素材

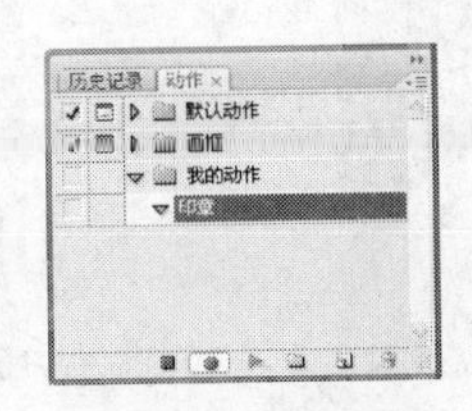

图9-6　新建动作

图9-7　输入文本

Step 5：在“图层”面板中新建一个图层，然后利用“矩形选框工具”绘制一个矩形，如图 9-8 所示。

Step 6：选择【编辑】\【描边】命令，设置“描边宽度”为 8 像素，如图 9-9 所示。

Step 7：完成后单击 确定 按钮，并取消选区，效果如图 9-10 所示。

Step 8：选择文字图像，并将其栅格化，然后合并文字图层和“图层 1”，如图 9-11 所示。

图 9-8　绘制选区

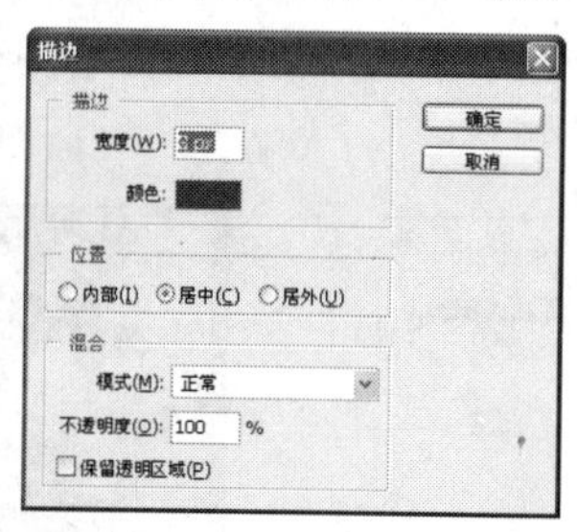

图 9-9　打开“描边”对话框

图 9-10　描边后的效果

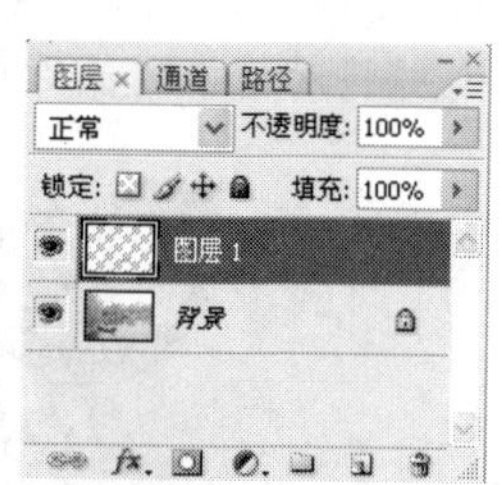

图 9-11　合并图层

Step 9：选择【滤镜】\【风格化】\【扩散】命令，打开“扩散” 对话框，其中参数设置如图 9-12 所示。

Step 10：完成后单击 确定 按钮，效果如图 9-13 所示。

Step 11：按“Ctrl+T”键对图像进行自由变换，在“图层”面板中设置“图层 1”的混合模式为“滤色”，效果如图 9-14 所示。

Step 12：单击“动作”面板底部的“停止播放/记录”按钮完成录制，“动作”面板如图 9-15 所示。

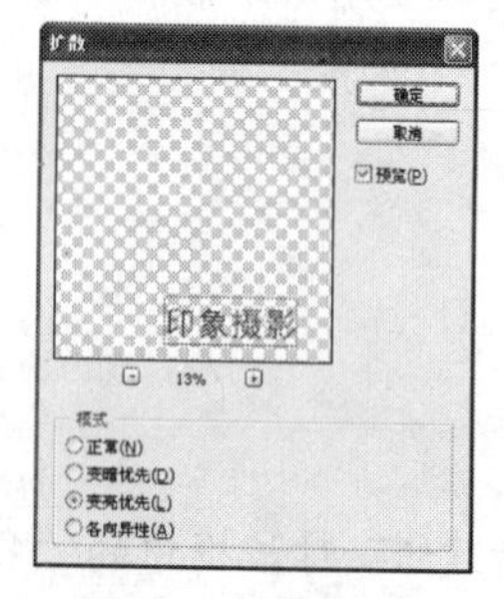

图 9-12　扩散滤镜

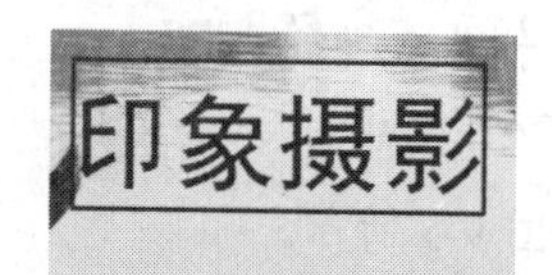

图 9-13　扩散效果

图 9-14　设置图层模式

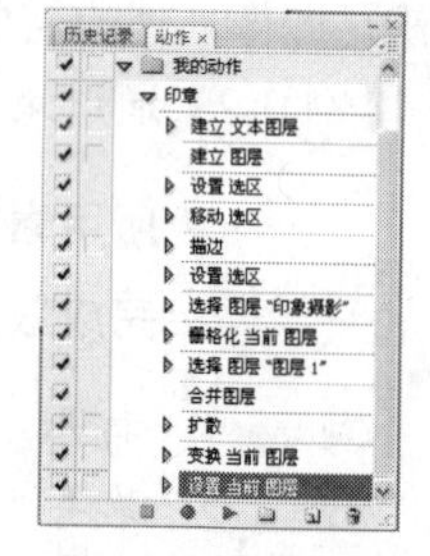

图 9-15　完成录制

Step 13：打开“素材 3.jpg”图像文件，如图 9-16 所示。

Step 14：选择“印章”动作，然后单击“动作”面板底部的“播放选定动作”按钮，即可为“素材 3”图像添加印章，效果如图 9-17 所示。

图 9-16　打开素材

图 9-17　播放录制的新动作

9.1.4　保存和载入动作

除了可以在 Photoshop CS3 中录制和播放动作外，还可以保存录制的动作，或载入从网上下载的动作。

1. 保存动作

对于用户创建的常用动作，可以将其保存到电脑中，以便以后调用。

【例 9-3】将前面创建的“我的动作”动作组保存在电脑中。

完成效果：效果文件\第 9 章\我的动作.atn

Step 1：打开“动作”面板，在其中单击右上角的按钮，在弹出的菜单中选择“存储动作”命令，如图 9-18 所示。

Step 2：在打开的“存储”对话框的“保存在”下拉列表框中设置动作的保存位置，在“文件名”文本框中输入“我的动作”文字，如图 9-19 所示。

Step 3：单击 保存(S) 按钮，即可将动作保存在电脑中。

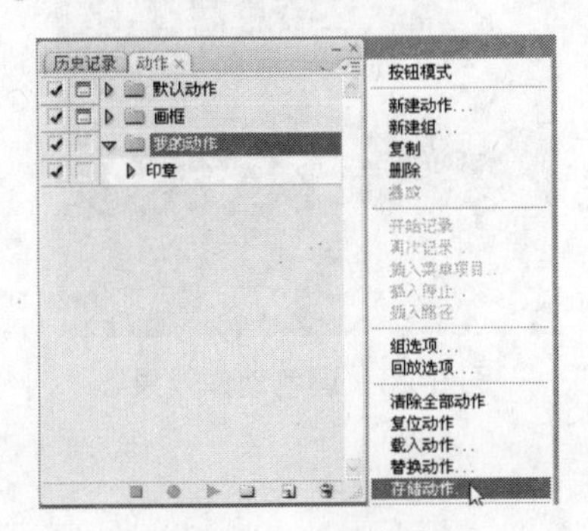

图 9-18　选择命令

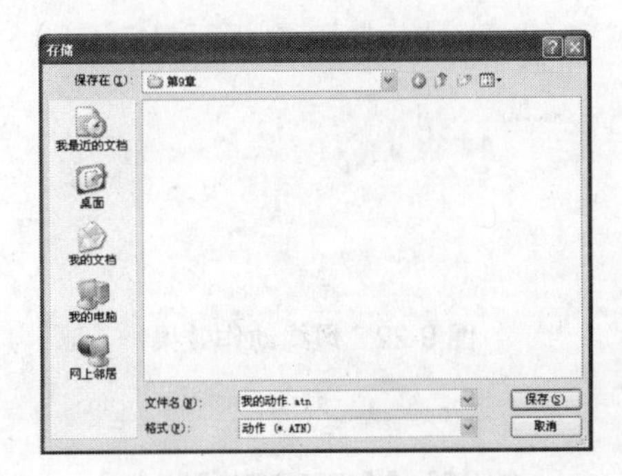

图 9-19　打开“存储”对话框

2. 载入动作

当 Photoshop CS3 中自带的动作不能满足需要时，用户可以通过互联网下载需要的动作，然后载入到 Photoshop CS3 中。

【例 9-4】载入从网上下载的动作，然后播放观看效果。

所用素材：素材文件\第 9 章\素材 4.jpg、素描.atn、调色.atn

完成效果：效果文件\第 9 章\风缘动作.psd、调色动作.psd

Step 1：打开“动作”面板，选择“我的动作”动作组，在其中单击右上角的按钮，在弹出的菜单中选择“载入动作”命令。

Step 2：在打开的“载入”对话框中选择从网上下载的“素描.atn”动作，单击 载入(L) 按钮，如图 9-20 所示。

Step 3：利用相同的方法载入“调色.atn”动作，“动作”面板如图 9-21 所示。

图 9-20　打开“载入”对话框

图 9-21　“动作”面板

Step 4：打开“素材 4.jpg”图像文件，在“动作”面板中选择“风缘动作”选项，在面板底部单击“播放选定动作”按钮▶，效果如图 9-22 所示。

Step 5：利用相同的方法，为“素材 4.jpg”添加“调色”动作组中的动作，效果如图 9-23 所示。

图 9-22　风缘动作效果

图 9-23　调色动作效果

9.2 自动处理图像

Photoshop CS3 提供了一些自动处理图像功能，如“批处理”、“PDF 演示文稿”、“Web 照片画廊”等命令，使用这些功能可以轻松地同时完成对多个图像的处理。

9.2.1　批处理的应用

使用“动作”面板一次只能对一个图像执行动作，若要对一个文件夹下的所有图像同时应用动作，可通过“批处理”命令来实现。

【例 9-5】为“照片”文件夹下的所有图像添加印章。

所用素材：素材文件\第 9 章\照片　　**完成效果**：效果文件\第 9 章\印章动作

Step 1：启动 Photoshop CS3 后，选择【文件】/【自动】/【批处理】命令，在打开的“批处理”对话框中设置要执行的动作为“我的动作组”内的“印章”动作，如图 9-24 所示。

Step 2: 单击[选择(C)...]按钮，在打开的“浏览文件夹”对话框中选择“照片”文件夹，如图 9-25 所示。

Step 3: 单击[确定]按钮，“批处理”文件夹内包含了 6 个图像文件，如图 9-26 所示。

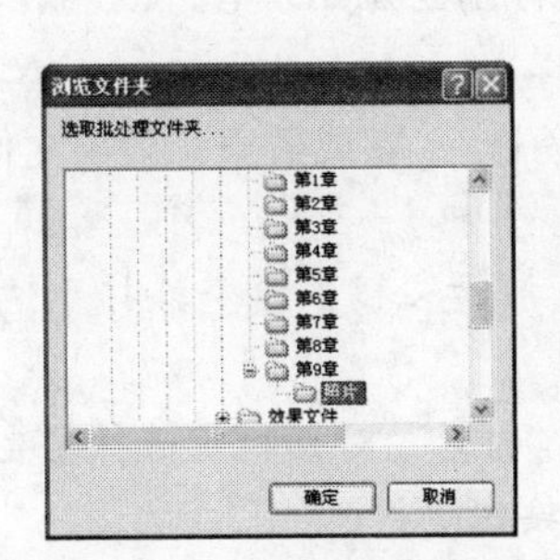

图 9-24　设置批处理的动作　　图 9-25　选择批处理文件夹　　图 9-26　要批处理的图像

Step 4: 在“批处理”对话框中的“目标”下拉列表框中选择“文件夹”选项，并通过单击[选择(C)...]按钮设置处理后的图像，存放在“印章动作”空文件夹下，如图 9-27 所示。

Step 5: 按照文件浏览器批量重命名的方法，在“文件命名”栏下设置起始文件名为“批处理-01”，如图 9-28 所示。

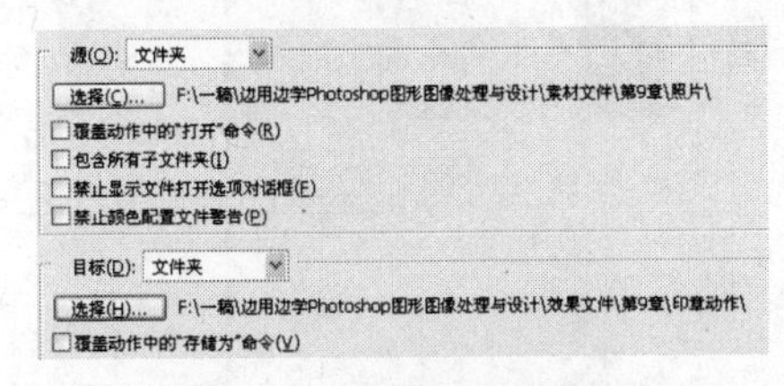

图 9-27　设置目标文件

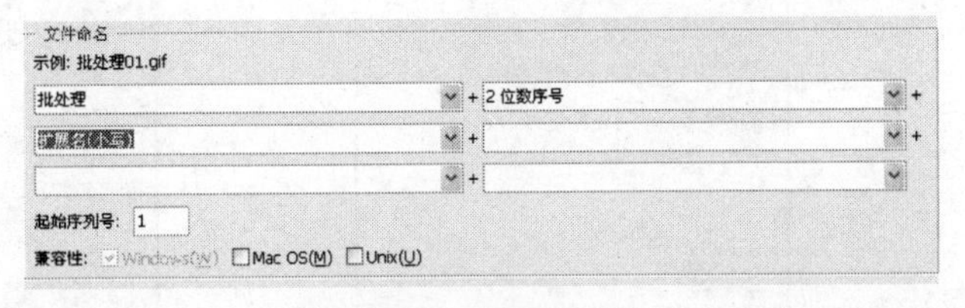

图 9-28　设置文件名

Step 6: 单击[确定]按钮，系统自动对源文件夹下的每个图像添加印章动作，并将处理后的文件存储到目标文件下，处理完成后的效果如图 9-29 所示。

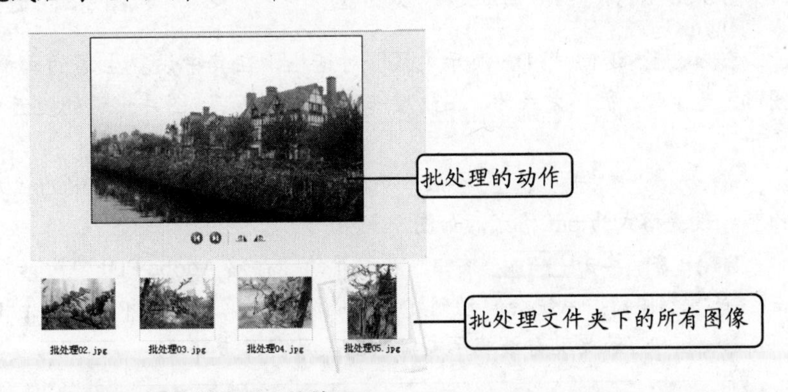

图 9-29　批处理后的效果

注意：批处理时默认的文件输出格式是 PSD 格式，若要修改为图片格式，可在打开的“存储为”对话框中设置保存为“.jpg”格式。

9.2.2 创建 PDF 演示文稿

在图像处理实际工作中，常常需要将处理后的图片样本传送给客户，以供客户浏览，并提出修改意见，此时，使用“PDF 演示文稿”功能可以将多幅图像一次性转换为 PDF 演示文稿，方便查看。

【例 9-6】将上一例中批处理生成的图像文件创建为 PDF 演示文稿，然后观看效果。

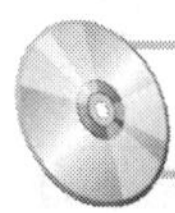

所用素材：素材文件\第 9 章\印章动作　**完成效果**：效果文件\第 4 章\印章动作.pdf

Step 1：选择【文件】/【自动】/【PDF 演示文稿】命令，打开“PDF 演示文稿”对话框，如图 9-30 所示。

Step 2：单击 浏览(B)... 按钮，在打开的“打开”对话框中选择要生成演示文稿的图像文件“印章动作”，如图 9-31 所示，然后单击 打开(O) 按钮。

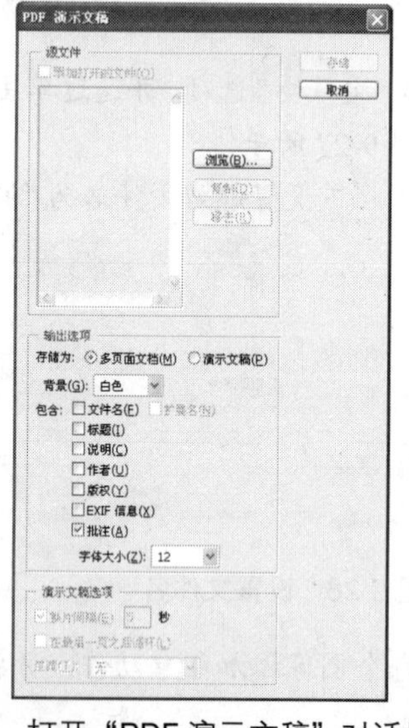

图 9-30　打开“PDF 演示文稿”对话框　　图 9-31　选择图像文件

Step 3：返回“PDF 演示文稿”对话框，在其中设置生成的文稿类型为“演示文稿”、“切片间隔”为 1 秒、循环方式为“在最后一页之后循环”、图片出现的过渡方式为“随机过渡”，如图 9-32 所示。

Step 4：单击 存储 按钮，并在打开的“存储”对话框中的“文件名”文本框中输入“印章动作”，设置格式为.pdf 格式，如图 9-33 所示。

Step 5：单击 保存(S) 按钮，在打开的“存储 Adobe PDF”对话框中保持所有参数不变，然后单击 存储 PDF 按钮，系统会自动创建并生成演示文稿文件“印章动作.pdf”。

Step 6：若要观看该演示文稿效果，只需双击即可。

注意：用户也可以为不同的图片设置不同的过渡方式，先在“源文件”栏下选择一个图像文件，然后在“过渡”下拉列表框中选择一种过渡方式即可。

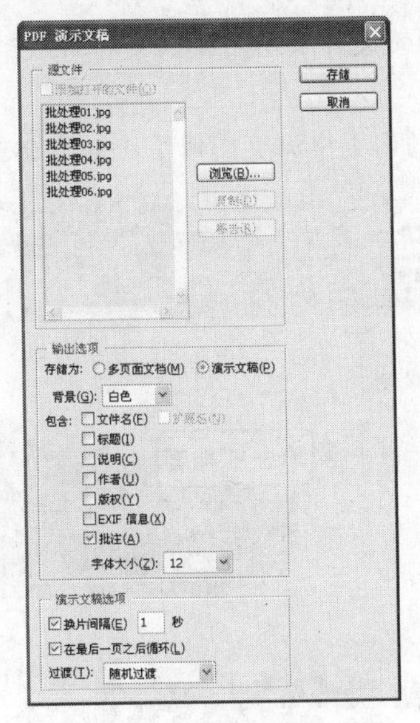

图 9-32　设置图片演示方式

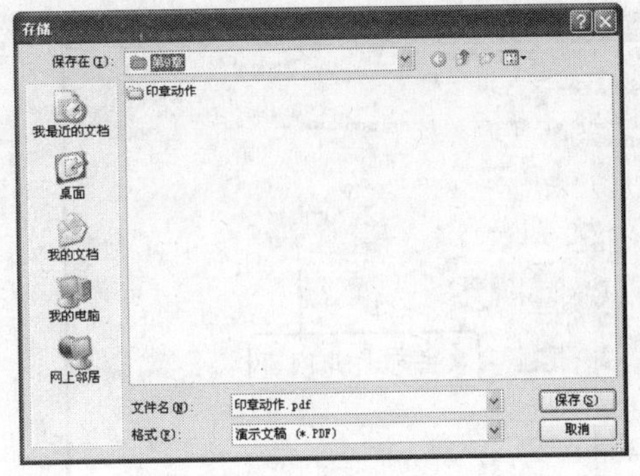

图 9-33　设置演示文件名称

9.2.3　创建 Web 画廊

通过 Photoshop CS3 提供的“Web 画廊”命令，可以快速地将一组图片生成一个用于展示图片的小型网站，便于客户浏览观看。

【例 9-7】利用创建 Web 画廊的方式制作一个小型的图片网站。

所用素材：素材文件\第 9 章\照片　　**完成效果：**效果文件\第 4 章\Web 画廊.pdf

Step 1：选择【文件】/【自动】/【Web 照片画廊】命令，打开“Web 照片画廊”对话框，如图 9-34 所示。

Step 2：设置网页样式为“水平放映幻灯片”，分别单击 浏览(B)... 和 目标(D)... 按钮，在打开的对话框中分别设置图片文件的来源和存储文件夹，如图 9-35 所示。

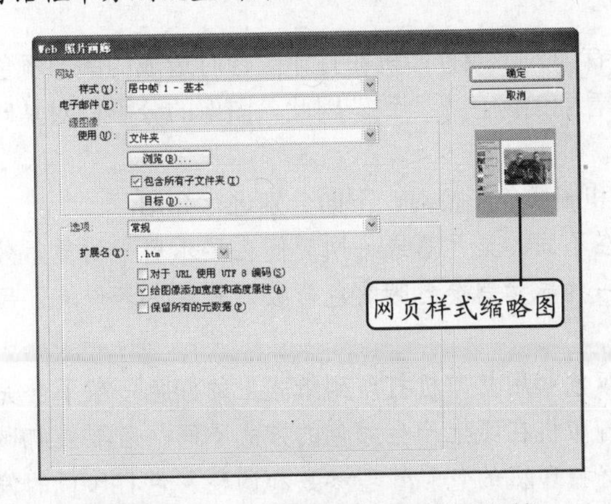

图 9-34　打开“Web 照片画廊”对话框

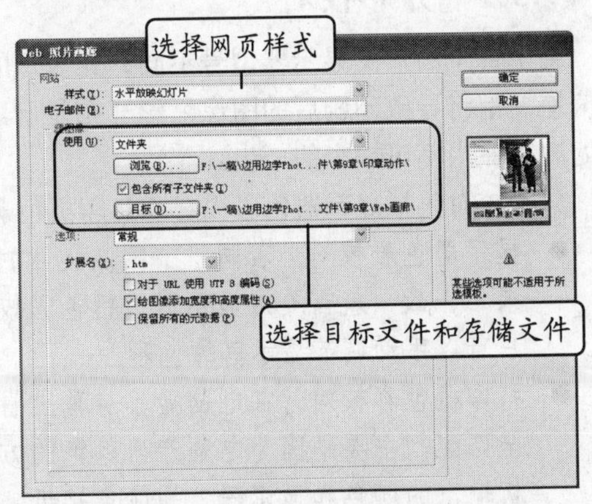

图 9-35　设置照片来源和存储文件夹

Step 3：单击 确定 按钮，系统会自动将生成的网页文件及所用到的素材存放到指定的目标文件夹下，如图 9-36 所示。

Step 4：双击网页索引文件“index..htm”，便可在打开的网页中浏览图像了，如图 9-37 所示。

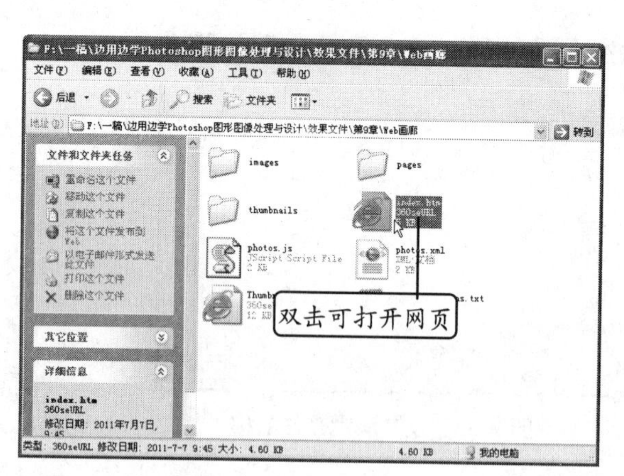

图 9-36　自动生成网页文件

图 9-37　打开网页浏览界面

注意：在创建图片浏览网页过程中，有时可能会打开“Adobe Photoshop”对话框，表示图像文件中包含一些与网页不兼容的字符，此时只需单击相应的按钮继续操作即可。

9.3 打印输出图像

平面作品制作完成后，应根据作品的最终用途对其进行不同的处理，如需要将图像发布到网上，可将处理后的图像存储为 JPG 格式，并放置在网页上。而最常用的处理方法则是将处理后的最终效果图通过打印机输出到纸张上，以便于查看和修改。

9.3.1 分彩校对

由于每个用户的显示器型号不同、其显示的颜色有偏差，或打印机在打印图像时造成的图像颜色有偏差，都将导致印刷后的图像色彩与在显示器中所看到的颜色不一致。因此，图像的分彩校对是印前处理工作中不可缺少的一步。

分彩校对包括显示器色彩校对和打印机色彩校对和图像色彩校对，下面分别进行介绍。

- 显示器色彩校对：若同一个图像文件的颜色在不同的显示器或不同时间在显示器上的显示效果不一致，就需要对显示器进行色彩校对。一些显示器会自带有色彩校对软件，若没有，用户可以手动调节显示器的色彩。
- 打印机色彩校对：在电脑显示屏幕上看到的颜色和用打印机打印到纸张上的颜色一般不会完全匹配，主要是因为电脑产生颜色的方式和打印机在纸上产生颜色的方式不同。若要使打印机输出的颜色和显示器上的颜色接近，设置好打印机的色彩管理参数和调整彩色打印机的偏色规律是一个重要途径。

- 图像色彩校对：图像色彩校对主要是指图像设计人员在制作过程中或制作完成后，对图像的颜色进行校对。当用户指定某种颜色，并进行某些操作后，颜色有可能发生变化，这时就需要检查图像的颜色和当时设置的 CMYK 颜色值是否相同，若有不同，可以通过“拾色器”对话框调整图像颜色。

9.3.2　打印页面设置

打印的常规设置包括选择打印机的名称、设置“打印范围”、“份数”、“纸张尺寸大小”和“送纸方向”等参数，设置完成后即可进行打印。

【例 9-8】通过设置“页面设置”对话框，将图像打印页面设置为常用的页面。

Step 1：选择【文件】/【页面设置】命令，打开“页面设置”对话框。

Step 2：在其中设置纸张“大小”、“来源”和“方向”等参数，如图 9-38 所示。

Step 3：单击 打印机(P)... 按钮，在打开的“页面设置”对话框中的“名称”下拉列表框中，选择与电脑连接的有效的打印机，如图 9-39 所示。

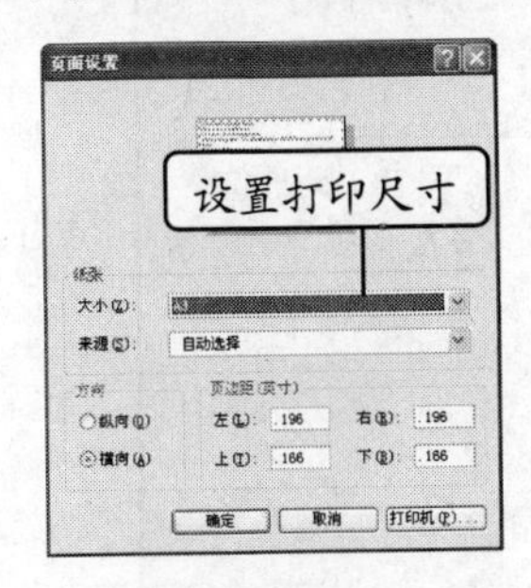

图 9-38　设置打印尺寸

图 9-39　设置打印机

Step 4：单击 属性(P)... 按钮，打开“文档属性”对话框，设置打印纸张和质量，如图 9-40 所示。

Step 5：单击“高级”选项卡，在其中可查看已有的页面设置参数，如图 9-41 所示。

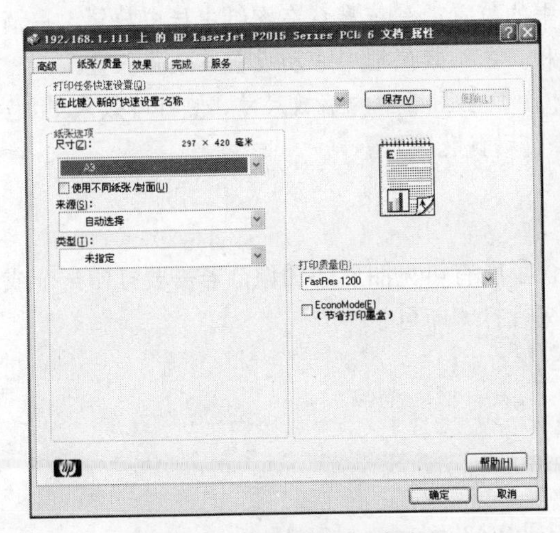

图 9-40　设置纸张和质量

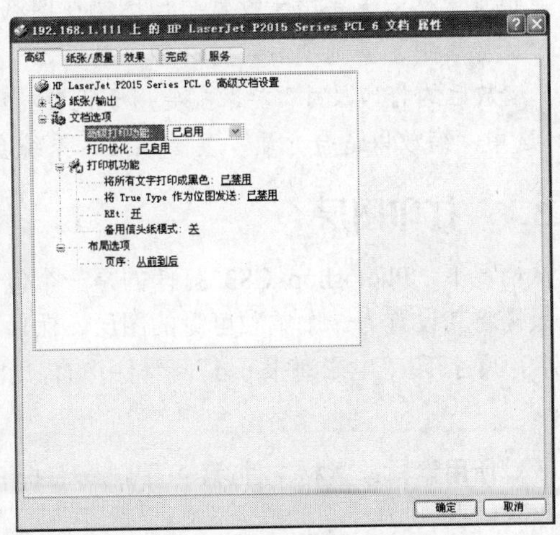

图 9-41　查看已设置的参数

Step 6：依次单击 确定 按钮完成设置。

注意： 当打印的图像区域超出了页边距时，执行打印操作后，将打开一个提示对话框，提示用户图像超出边界，如果要继续，则需要进行裁切操作，单击 取消 按钮取消打印，并重新设置打印图像的大小和位置。另外，对于不能在同一纸张上完成的较大图形的打印，可使用打印拼接功能，将图形平铺打印到几张纸上，再将其拼贴起来，形成完整的图像。

9.3.3 打印预览

在打印图像文件前，为防止打印出错，一般会通过“打印预览”功能来预览打印效果，以便发现问题能及时改正。选择【文件】/【打印】命令，在打开的“打印”对话框中可观看到打印效果，如图 9-42 所示，其中相关参数含义如下。

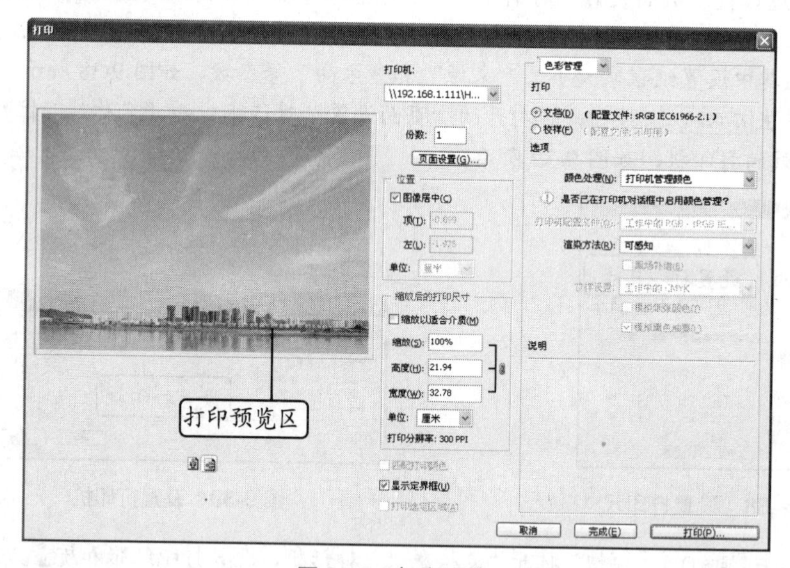

图 9-42 打印预览

- “位置”栏：主要用于设置打印图像在图纸中的位置，系统默认在图纸中居中放置，取消选择“图像居中”复选项后，可在激活的“顶”和“左”数值框中手动设置其放置位置。
- “缩放后的打印尺寸”栏：主要用于设置打印图像在图纸中的缩放尺寸，使打印效果更加美观，选中“缩放以适合介质”复选项后，系统会自动优化缩放。

9.3.4 打印图层

默认情况下，Photoshop CS3 打印的是一个包含了所有可见图层的图像，若需要打印一个或多个图层，只需将其设置为一个单独可见的图层，然后进行打印即可。

【例 9-9】打印“电影海报.psd”素材中的背景图层。

所用素材： 素材文件\第 9 章\电影海报.psd

Step 1： 打开 “电影海报.psd” 图像文件，如图 9-43 所示。

Step 2： 将 “图层” 面板中的所有文字图层隐藏，只显示 “背景” 图层，如图 9-44 所示。

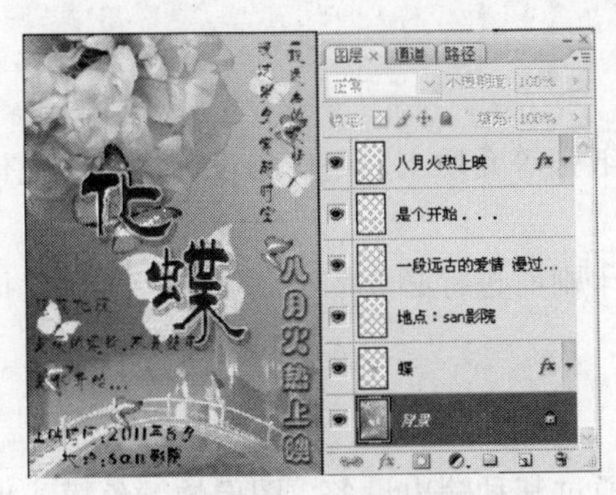

图9-43 打开素材

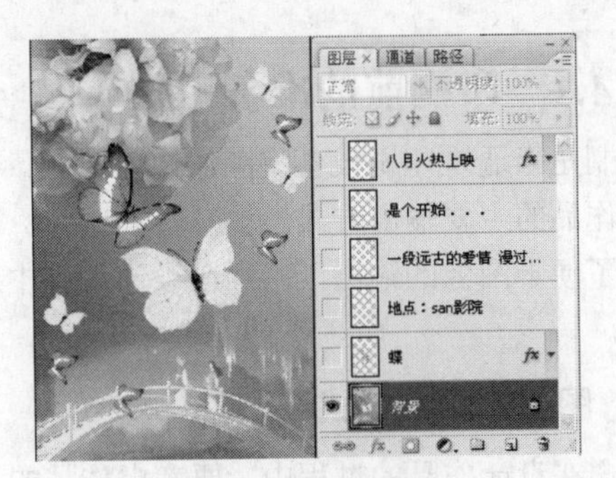

图9-44 隐藏图层

Step 3：选择【文件】/【打印】命令，在打开的"打印"对话框中进行如图9-45所示的设置后，单击 完成(E) 按钮即可打印可见图层（背景）中的图像。

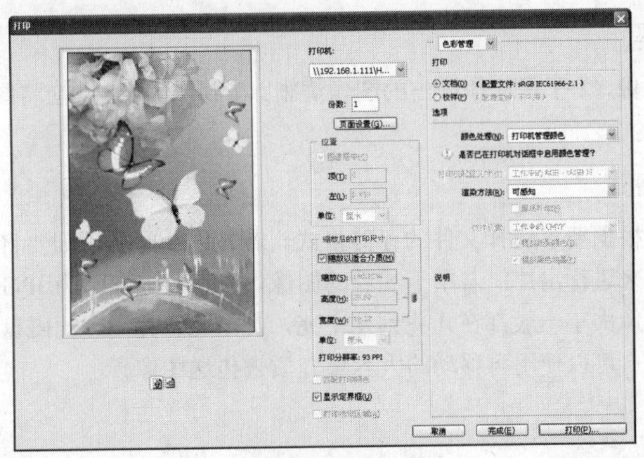

图9-45 打印预览

9.3.5 打印选区

在Photoshop CS3中不仅可以打印单独的图层，还可以打印图像选区，方法是使用工具箱中的"选区工具"在图像中创建所需的图像选区，然后选中需要打印的图像，再在打开的"打印"对话框进行打印即可。

9.3.6 打印图像

系统默认下，当前图像中所有可见图层上的图像都属于打印范围，因此图像处理完成后不必作任何改动，若"图层"面板中有隐藏的图层，则不能被打印输出，如要将其打印输出，只须将"图层"面板中的所有图层全部显示，然后将要打印的图像进行页面设置和打印预览后，就可以将其打印输出。

9.4 印刷输出图像

制作完成后的作品不仅可以通过打印机打印输出，还可以通过印刷进行大批量的输出，如商场促销海报、电影宣传海报和图书等，这些都是通过打印所不能完成的任务。

9.4.1 印刷前的准备工作

印刷是指通过印刷设备将图像快速、大量地输出到纸张等介质上，是广告设计、包装设计或海报设计等作品的主要输出方式。

为了便于图像的输出，用户在设计过程中还需要在印刷前进行必要的准备工作，主要包括以下几个方面。

1. 图像的颜色模式

用户在设计作品的过程中，要考虑作品的用途和要通过某种输出设备，图像的颜色模式也会根据不同的输出路径而有所不同。如要输入到电视设备中播放的图像，必须经过 NTSC 颜色滤镜等颜色校正工具进行校正后，才能在电视中显示；如要输入到网页中进行观看，则可以选择 RGB 颜色模式，而对于需要印刷的作品，必须使用 CMYK 颜色模式。

2. 图像的分辨率

一般用于印刷的图像，为了保证印刷出的图像清晰，在制作图像时，应将图像的分辨率设置在 300 像素/英寸～350 像素/英寸之间。

3. 图像的存储格式

在存储图像时，要根据要求选择文件的存储格式。若是用于印刷，则要将其存储为 TIF 格式，因在出片中心都以此格式来进行出片；若用于观看的图像，则可将其存储为 JPG 或 RGB 格式。

由于高分辨率的图像大小一般都在几兆到几十兆，甚至几百兆，因此磁盘常常不能满足其储存需要。对于此种情况，用户可以使用可移动的大容量介质来传送图像。

4. 图像的字体

当作品中运用了某种特殊字体时，应准备好该字体的字体安装文件，在制作分色胶片时提供给输出中心，因此一般情况下都不采用特殊的字体进行图像设计。

5. 图像的文件操作

在提交文件输出中心时，应将所有与设计有关的图片文件、字体文件，以及设计软件中使用的素材文件准备齐全，一起提交。

6. 选择输出中心与印刷商

输出中心主要制作分色胶片，价格和质量不等，在选择输出中心时应进行相应的调查。印刷商则根据分色胶片制作印版、印刷和装订。

9.4.2 印刷处理工作流程

一幅图像作品从开始制作到印刷输出的过程中，其印前处理工作流程大致包括以下几个基本步骤。

- 理解用户的要求，收集图像素材，开始构思、创作。
- 对图像作品进行色彩校对、打印图像进行校稿。
- 再次打印校稿后的样稿，修改、定稿。
- 将无误的正稿送到输出中心进行出片、打样。
- 校正打样稿，若颜色、文字都正确，再送到印刷厂进行制版、印刷。

注意：在分色后进行打样，可以更为精确地了解设计作品的印刷效果，但费用较高。

9.4.3　将RGB颜色模式转换为CMYK颜色模式

在Photoshop CS3中制作的图像都是PSD格式，在印刷之前，必须先将其转换为CMYK格式，出片中心将以CMYK模式对图像进行四色分色，即将图像中的颜色分解为C（青色）、M（品红）Y（黄色）、K（黑色）四张胶片。因此，必须用于印刷的作品使用CMYK颜色模式，否则印刷出的颜色将有很大差别。

转换为CMYK颜色模式的方法是选择【图像】/【模式】/【CMYK颜色】命令。

9.4.4　分色和打样

图像在印刷之前，要进行分色和打样，二者也是印前处理的重要步骤，下面将分别进行讲解。

- 分色：是指在输出中心将原稿上的各种颜色分解为黄、品红、青和黑4种原色颜色。在计算机印刷设计或平面设计软件中，分色工作就是将扫描图像或其他来源图像的色彩模式转换为CMYK模式。
- 打样：是指印刷厂在印刷之前，必须将所交付印刷的作品交给出片中心进行出片。输出中心先将CMYK模式的图像进行青色、品红、黄色和黑色4种胶片分色，再进行打样，从而检验制版阶调与色调能否获得良好的再现，并将复制再现的误差及应达到的数据标准提供给制版部门，作为修正或再次制版的依据，打样校正无误后再交付印刷中心进行制版、印刷。

注意：若要深入了解印刷知识，可查阅相关专业书刊。

9.5　应用实践——制作商品画册

画册是一个展现企业、个人或商品的平台。在现代商务追求快速、高效的活动中，画册在推广企业自身形象和产品营销中起着举足轻重的作用，是企业之间的沟通桥梁。企业的名称、服务范围、商品、优势和经营过的经验等，都可以通过精美的画册静态地展现在人们面前。如图9-46所示分别为画册的封面和内页样品。

本例将根据企业提供的资料和要求，制作如图9-47所示的商品画册。相关要求如下。

- 商品名称：君天下茶庄。
- 制作要求：突出产品，画面美观，能体现视觉、味觉等特点。
- 画册尺寸：15cm × 27cm。
- 分辨率：200像素/英寸。
- 色彩模式：RGB。

图 9-46　画册封面和内页样品

所用素材： 素材文件\第 9 章\茶壶.jpg、茶杯.jpg、茶具.jpg、背景.jpg、背景 2.jpg、荷叶.jpg

完成效果： 效果文件\第 9 章\画册 1.psd、画册 2.psd

图 9-47　完成效果

9.5.1　商品画册设计要求

商品画册主要是展现企业商品的宣传平台，因此设计要遵循统一且富有变化的视觉语言、高质量插图和资深策划文字的原则，全方位地展现出商品的文化、理念和品牌形象。

在设计前期要对企业和商品进行市场调查，收集一些优秀的图文资料，然后在该资料上进行优势整合，统筹规划，并创意设计。

在设计过程中，画册内的标志、Logo 等图形应该与企业标志和 Logo 相匹配，颜色选择也不能与企业的整体色系冲突，画面设计时还应考虑商品的属性，如本例中茶给人的感觉是淡泊名利或品位人生等哲理，因此在设计图像时都采用较为高雅的图像，如荷和山等。

9.5.2　商品画册的创意分析和设计思路

商品画册也是宣传商品的一种方式，相对于宣传单有更高层次的要求。因此在设计商品画册时，要整体把握企业商品的文化理念，结合商品性质来创意设计。商品画册策划制作过程是一个企业理念的提炼和实质的展现过程，而非简单的图片文字叠加，因此设计出的画册一定要给人以艺术的感染、实力的展现和精神的呈现等感觉。本例主要制作的是商品画册的封面和封底两页，图像选用高山为背景，茶具和荷叶等图像有机结合，辅助以简洁的文字，凸显淡泊又不失高雅的气质，不仅是对商品茶的描述，更是体现企业理念的精华所在。

本例的设计思路如图 9-48 所示，首先使用图层的基本操作来制作背景，然后利用画笔、图层蒙版、图层样式和文字工具制作画册内容，再通过文字的播放动作来快速添加 Logo 图像，最后通过“打印”对话框预览打印效果，并进行打印。

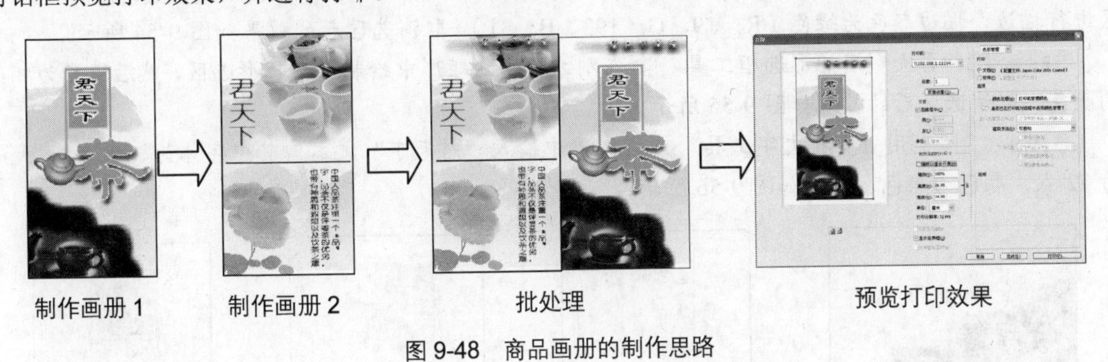

图 9-48　商品画册的制作思路

9.5.3　制作过程

1. 制作画册第一张

Step 1：新建一个宽度为 15cm，高度为 27cm，分辨率为 200 像素/英寸，颜色模式为 RGB 模式的图像文件，并将其保存为“画册 1”。

Step 2：打开“背景.jpg”图像文件，将背景全选，利用“移动工具”将其移动到“画册 1”图像窗口中，然后利用自由变换操作对背景素材进行变换，得到如图 9-49 所示效果。

Step 3：在“图层”面板中新建一个图层，然后设置前景色为绿色（R：123，G：198，B：168），背景色为白色，再使用“渐变工具”将“图层 1”渐变填充，其中渐变方式为“从前景到背景”。

Step 4：在“图层”面板中设置“图层 1”的混合模式为“滤色”，效果如图 9-50 所示。

Step 5：新建一个图层，在工具箱中选择“画笔工具”，设置画笔笔尖为“旋转画笔 60 像素”，然后设置前景色为黑色，再在图像窗口左下角涂抹，效果如图 9-51 所示。

Step 6：打开“茶杯.jpg”图像文件，并将其移到“画册 1”图像窗口中，对图像进行自由变化。

Step 7：选择【编辑】/【变换】/【水平翻转】命令，将图像水平翻转，如图 9-52 所示。

图 9-49　变换背景

图 9-50　设置混合模式

图 9-51　绘制图像

图 9-52　变换图像

Step 8：选择茶壶所在的图层，单击“图层”面板底部的“添加图层蒙版”按钮，为图层添加一个图层蒙版。

Step 9：分别设置画笔颜色为黑色和灰色，然后在图像中涂抹，设置图像显示效果，完成后的效果如图 9-53 所示。

Step 10：新建一个图层，在工具箱中选择“矩形选框工具”，在图像中绘制一个矩形，然后选择【编辑】/【描边】命令，在打开的对话框中设置描边参数为 8 像素，单击 确定 按钮，对选区进行描边，描边颜色为绿色（R：19，G：193，B：31）。取消选区后的效果如图 9-54 所示。

Step 11：再次利用矩形选框工具，在刚才绘制的矩形中绘制一个矩形选区，然后填充为相同的颜色，取消选区后的效果如图 9-55 所示。

Step 12：利用“直排文字工具”在图像中输入“君天下”文本，其中字体为“隶书”，大小为 72 点，颜色为黑色，效果如图 9-56 所示。

图 9-53　添加图层蒙版

图 9-54　描边选区

图 9-55　填充选区

图 9-56　添加文字

Step 13：选择文字图层，为图像添加“外发光”样式，其中参数设置如图 9-57 所示。完成后单击 确定 按钮，效果如图 9-58 所示

Step 14：再次利用“横排文字工具”输入“茶”文本，设置字体为“汉仪柏青体简”，“大小”为“200 点”，颜色为绿色（R：19，G：193，B：31），效果如图 9-59 所示。

Step 15：为文字图层添加“投影”样式，其中参数设置如图 9-60 所示。

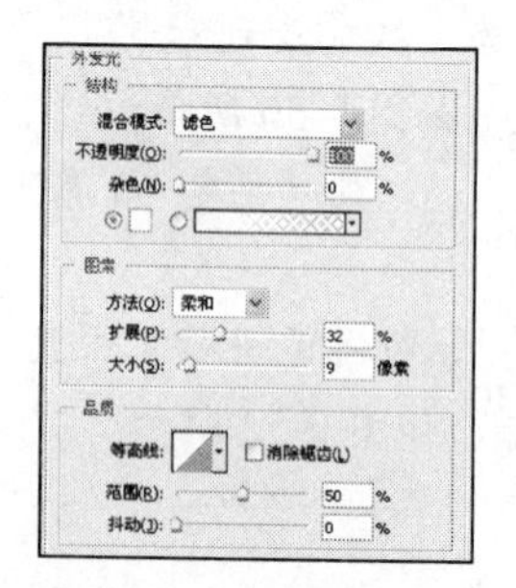

图 9-57　添加图层样式

图 9-58　完成效果

图 9-59　添加文字

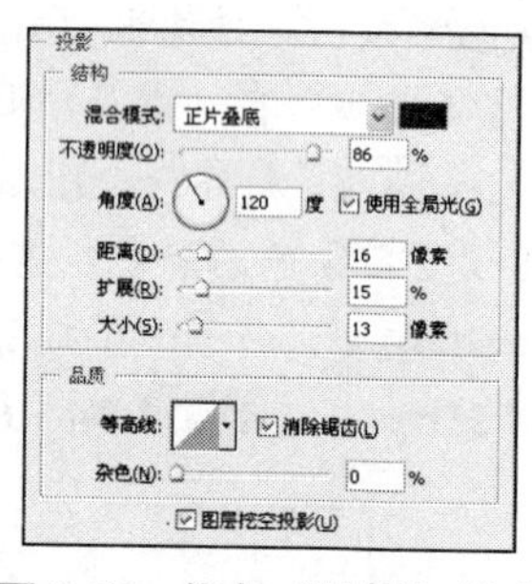

图 9-60　添加“投影”样式

Step 16：为文字图层添加“描边”样式，其中参数设置如图 9-61 所示，完成后单击 确定 按钮，效果如图 9-62 所示。

Step 17：打开“茶壶.jpg”图像文件，将其中的茶壶图像选取并移动到“画册 1”图像窗口中，然后对其进行水平翻转，再缩放到合适的大小，效果如图 9-63 所示，完成“画册 1”的制作。

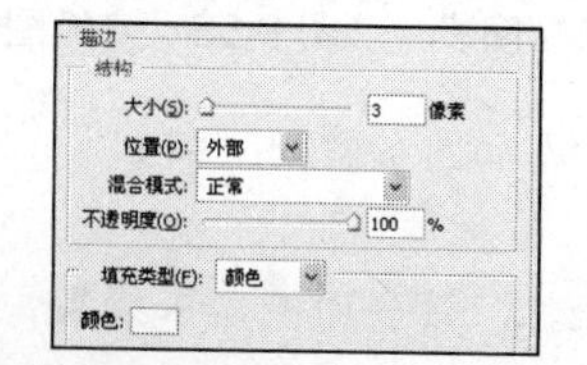

图 9-61　添加“描边”样式

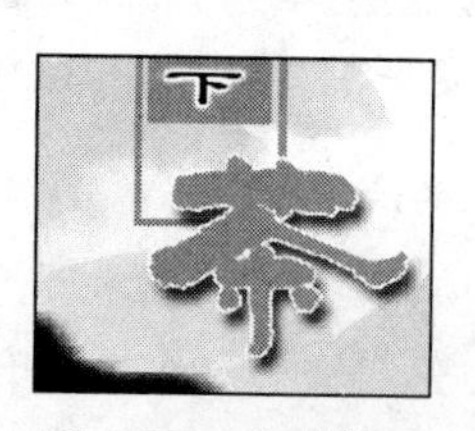

图 9-62　完成效果

图 9-63　添加茶壶素材

2. 制作画册第二张

Step 1：新建一个宽度为 15cm，高度为 27cm，分辨率为 200 像素/英寸，颜色模式为 RGB 模式的图像文件，并将其保存为“画册 2”，然后将“背景 2.jpg”图像移动到图像窗口中，如图 9-64 所示。

Step 2：打开“茶具.jpg”图像文件，并将其中的图像移动到“画册 2”窗口中。

Step 3：为茶具所在的图层添加一个图层蒙版，然后，设置画笔颜色为灰色和黑色，并在图像窗口中进行涂抹，效果如图 9-65 所示。

Step 4：打开“荷叶.jpg”图像文件，并选取荷叶图像，然后移动到“画册 2”窗口中。

Step 5：为荷叶所在的图层添加一个图层蒙版，然后设置画笔颜色为灰色和黑色，并在图像窗口中进行涂抹，效果如图 9-66 所示。

Step 6：新建一个图层，然后在其中绘制一个矩形选区，并填充为黑色，效果如图 9-67 所示。

图 9-64　制作背景

图 9-65　处理茶具图像

图 9-66　处理荷叶图像

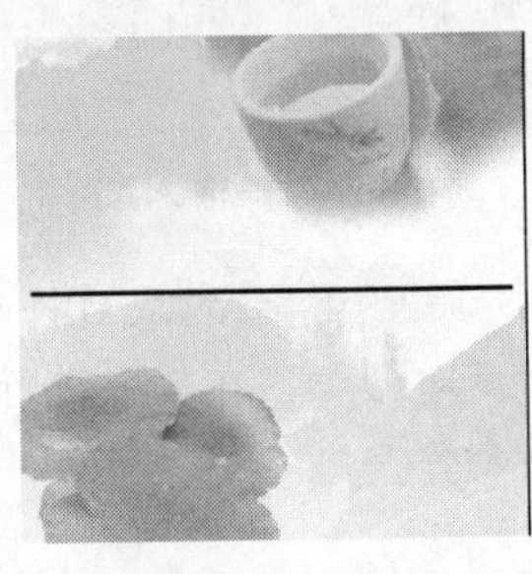

图 9-67　填充选区

Step 7：利用“直排文字工具” 在图像窗口右下角绘制一个文本框，然后输入段落文字，其中字体为“幼圆”，字号为 24 点，颜色为黑色，效果如图 9-68 所示。

Step 8：再在图像窗口的左上角输入直排文本“君天下”，其中字体为“幼圆”，字号为 60 点，颜色为黑色，效果如图 9-69 所示。

Step 9：为文字图层添加“内发光”图层样式，其中发光颜色为白色，其他为默认参数，单击 确定 按钮，效果如图 9-70 所示。

图 9-68　输入段落文字

图 9-69　输入单行文字

图 9-70　添加“内发光”样式

3. 批处理文字

Step 1：在“画册 2”图像文件窗口中输入“君天下茶庄”，其中字体为“方正流型体简”，字号为 30 点，颜色为黑色，如图 9-71 所示。

Step 2：在“动作”面板中载入“金属字”动作，然后播放其中的“Glide”动作，完成效果如图 9-72 所示。

Step 3：将“画册 1”设置为当前操作图像文件，在其中输入“君天下茶庄”，然后播放“Glide”动作，完成效果如图 9-73 所示。

图 9-71　输入文字

图 9-72　播放动作

图 9-73　添加文字并播放动作

Step 4：完成后将两个图像窗口进行保存，然后选择【文件】\【打印】命令，打开如图 9-74 所示对话框，在其中进行设置，并预览打印效果，最后单击 完成(E) 按钮即可开始打印，完成本例的制作。

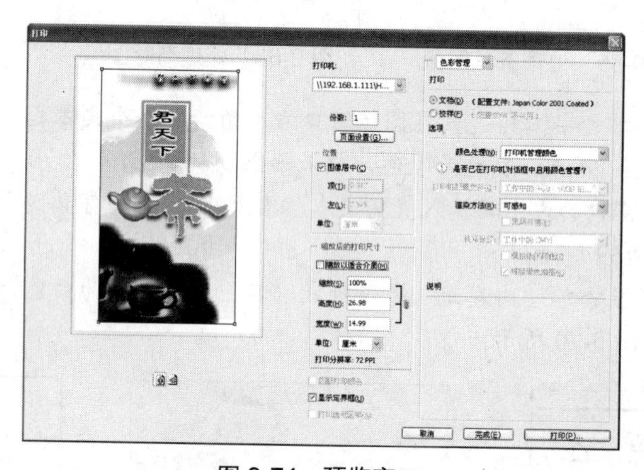

图 9-74　预览窗口

9.6 练习与上机

1. 单项选择题

（1）如果将图像印刷输出，图像必须使用（　　）颜色模式。

A．CMYK　　B．RGB　　C．Lab　　D．索引

（2）下列不属于色彩校对的是（　　）。

A．显示器色彩校对　　B．打印机色彩校对　　C．图像色彩校对　　D．出片色彩校对

2. 多项选择题

（1）在打印图像时，下列选项中可以被打印出来的有（　　）。

A．图像图层　　B．选区　　C．所有图像　　D．文字图层

（2）下面关于动作的叙述正确的是（　　）。

A．所谓动作就是对单个或一批文件回放一系列命令

B．单击“动作”面板的“停止播放/记录”按钮■，可以执行无法记录的任务（如使用“绘画工具”等）

C．所有的操作都可以记录在“动作”面板中

D．在播放动作过程中，可在对话框中输入数值

（3）若要打印图像中的部分区域，应使用（　　）选框工具创建图像选区。

A．矩形　　B．多边形　　C．椭圆　　D．魔棒

3. 简单操作题

（1）根据本章所学知识，快速对一幅照片进行调色，参考效果如图 9-75 所示。

提示：将从网上下载的调色动作载入到 Photoshop CS3 中，然后播放动作即可。

所用素材：素材文件\第 9 章\照片 1.jpg

完成效果：效果文件\第 9 章\偏黄照片.psd

图 9-75　偏黄照片

（2）打开提供的图像素材，利用前面所学的知识对一组照片进行调色批处理，参考效果如图 9-76 所示。

提示：设置批处理的源文件和目标文件夹，然后选择要执行的动作即可。

所用素材：素材文件\第 9 章\风景

完成效果：效果文件\第 9 章\艺术风景

图 9-76　批处理后的图像

4. 综合操作题

（1）制作“金属字”效果，要求大小为默认，分辨率为 72 像素/英寸，色彩模式为 RGB 模式，背景图层为透明，接下来录制为动作，然后播放。参考效果如图 9-77 所示。

完成效果：效果文件\第 9 章\金属字.psd

金属制　经典制作

图 9-77　录制动作

（2）要求根据批处理等操作，制作商品画册，并将画册打印输出，画册主要突出公司产品以及企业名称。所需素材和参考效果如图 9-78 所示。

所用素材：素材文件\第 9 章\花纹.jpg、水墨.jpg、工笔.jpg
完成效果：效果文件\第 9 章\白酒画册.psd　**视频演示：**第 9 章\综合练习\制作白酒画册.swf

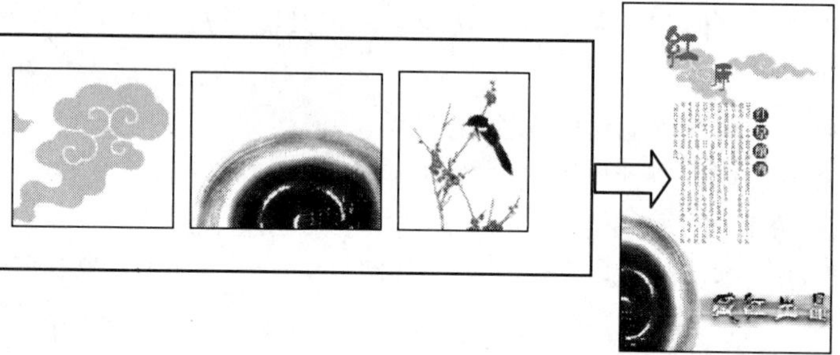

图 9-78　制作白酒画册所需素材和效果

拓展知识

画册设计根据对象的不同，可分为企业形象画册和企业商品画册。除了本章前面所介绍的商品画册设计知识外，在设计其他画册时，还需要注意以下几个方面。

一、画册的基本结构

画册和书籍相似，也是由封面、内页和封底组成，封面和封底具有装饰和保护内页的作用，内页是将画册印刷品裁切后，经过折叠的书帖进行订书成本，即是在封面里添加本画册的文字、图表部分，是画册的主要组成部分。

二、画册设计要点

在进行画册设计时，精选与商品密切相关的素材，即在大量的素材中精选出能够体现商品理念的素材，再对这些素材进行整理使用。另外要重视产品的摄影、设计和印刷，很多广告常以图片为主吸引观众的注意力，文字起辅助作用。而画册主要以用流畅的线条、和谐的图片和优美的文字，来组成一本富有创意，又具有可读、可赏性的精美画册，从而全面立体地展示商业产品。

三、画册欣赏

来源于设计前沿网站。如图 9-79 所示为企业形象画册，其内容主要为企业经营理念以及涉及项目等；图 9-80 所示为房地产画册，内容主要以楼盘信息为主。

图 9-79　企业形象画册

图 9-80　房地产画册

第 10 章 综合实例

📖 学习目标

学习在 Photoshop CS3 中利用各种操作进行三折页宣传册设计和包装设计。通过本章的学习，熟练掌握利用 Photoshop CS3 进行各种设计的操作方法。

📖 学习重点

掌握书籍装帧和包装设计的相关知识，并能运用 Photoshop CS3 来制作各种图像作品。

📖 主要内容

- "公司简介"三折页宣传册设计
- "苹果醋"饮料包装设计

10.1 “公司简介”三折页宣传册设计

折页宣传册在设计上讲求整体感，从宣传册的开本、字体选择、目录和版式的变化，从图片的排列到色彩的设定，以及从材质的挑选到印刷工艺的求新，都需要进行整体规划，然后合理调动一切设计要素，将它们有机地融合在一起。如图 10-1 所示为常见的三折页宣传册样品。

图 10-1　三折页宣传册样品

根据客户提供的一些素材图像和内容上的要求，制作如图 10-2 所示的宣传册效果。相关要求如下。

- 企业名称：恒久广告
- 制作要求：突出个性，整体设计上简洁大方
- 店招尺寸：285mm × 210mm
- 分辨率：300 像素/英寸
- 色彩模式：CMYK

所用素材：素材文件\第 10 章\纹理.jpg、照片.jpg

完成效果：效果文件\第 10 章\宣传册 正面.psd、宣传册 背面.psd

视频演示：第 10 章\制作三折页宣传册.swf

图 10-2　宣传册的正面和背面效果

10.1.1　折页宣传册设计要素

宣传册又称为企业的大名片，是企业的自荐书。可以起到有效宣传企业或产品的作用，能够提高企业的品牌形象和产品的认知度等，折页宣传册设计包括文字、图像、色彩和排版方面，下面分别进行介绍。

（1）文字：文字具有可读性，在进行折页宣传册设计时，不同字体和大小的文字呈现出来的效果也不同，但都以便于识别为目标。

（2）图形：图形是一种用形象和色彩来直观地传播信息、观念及交流思想的视觉语言。折页宣传册的图形具有引人注目效果、看读效果和诱导效果。因此在图形设计时，要根据创意选择不同的表现形式。

（3）色彩：色彩也是折页宣传册设计的一个重要组成部分，色彩设计应从整体出发，重视色彩关系的整体统一，以形成能充分体现主题内容的基本色调，并善于运用商品的象征色及色彩的联想、象征等规律，增强商品的表达效果。总地来说，宣传册的色彩设计既要从产品内容和特点出发，有一定的共性，又要在同类设计中独树一帜，有独特的个性，避免千篇一律。

（4）排版：由于折页宣传册的形式和开本变化较多，设计时应具体问题具体分析。

10.1.2　折页宣传册设计注意事项

由于折页宣传册在制作完成后，大多需要进行打印输出，派发宣传，因此在设计时应注意以下几方面。

（1）在折页宣传册中所应用的图像最好保存为 TIFF 格式，便于清晰地印刷输出。

（2）折页宣传册的大小尺寸应在设计前计划好，可以根据客户提出的要求，参考相应其他公司宣传册的大小，再与客户进行沟通，最后确定开本大小。

（3）折页宣传册中图片的颜色模式最好为 CMYK 模式，使印刷输出时不至于色彩失真。

（4）在进行图文的创意设计排版时，最好在折页宣传册边缘预留 3mm 的印刷出血区域。

10.1.3　三折页宣传册创意分析与设计思路

本例是为一广告公司设计的三折页宣传册，一般广告公司要体现的即是创意的企业理念，因此在折页宣传册的设计上更要求标新立异，以简单的图形加上各种形态的文字，来体现创意的企业理念，这是本例的设计亮点。

本例的设计思路如图 10-3 所示，首先拖出参考线，确定折页画册的大小和折叠方式，然后使用“矩形工具”等绘制装饰图形，并添加上图层样式，最后输入相应的文字，并设置文字格式，完成正面的制作。将装饰图像进行变换，添加上文字和素材图像，即可完成宣传册背面的制作。

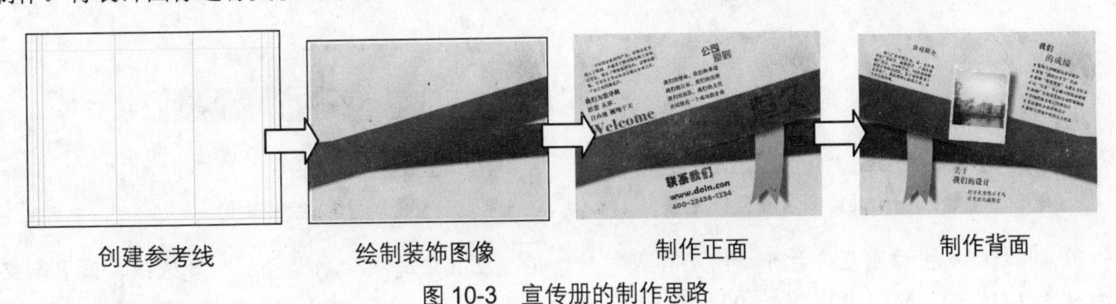

图 10-3　宣传册的制作思路

10.1.4　制作过程

1. 创建参考线

Step 1：新建一个“宣传册 正面”图像文件，设置宽度和高度为 285mm×210mm，分辨率为 300 像素/英寸，颜色模式为 CMYK 模式。

Step 2：按“Ctrl+R”键显示标尺，将标尺的单位设置为英寸，拉出参考线到画布的边缘，然后选择【图像】/【画布大小】命令，在打开的对话框中设置宽度和高度分别为 12 英寸和 8 英寸，扩大画布，如图 10-4 所示。

提示：宣传册的一般大小尺寸为 210mm×285mm（A4），常见的还有 12 开和 16 开大小的。

Step 3：在标尺上继续为四周拖出一个 1/4 英寸的边框，如图 10-5 所示。

Step 4：继续为四周添加 1/4 英寸的参考线，即添加安全界限，如图 10-6 所示。

Step 5：计算好每个折页的大小，然后拖出参考线，如图 10-7 所示。

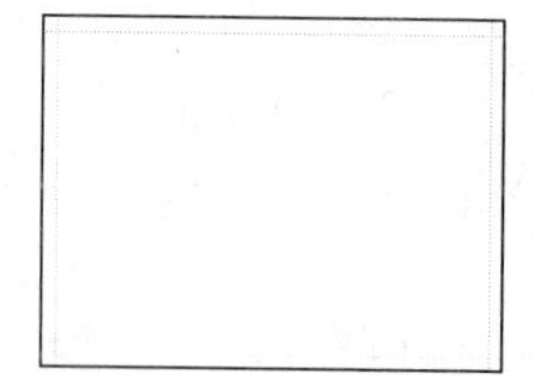
图 10-4　设置画布大小

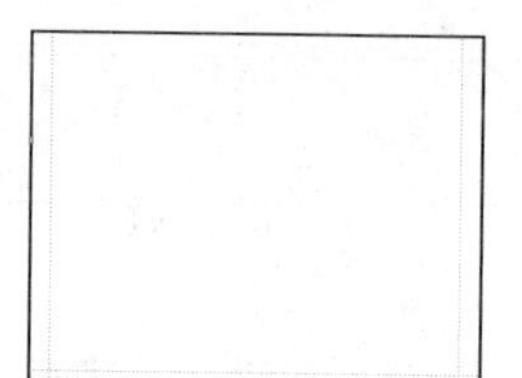
图 10-5　填充选区图

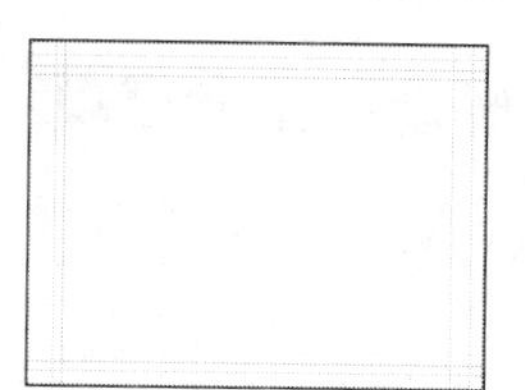
图 10-6　创建安全参考线

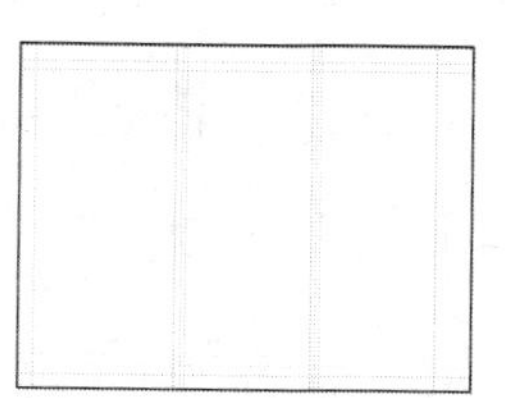
图 10-7　创建折页参考线

Step 6：选择工具箱中的"矩形工具"，绘制矩形，并填充颜色为淡黄色（C：0，M：0，Y：15，K：10），然后选择工具箱中的"直线工具"，按住"Shift"键绘制直线，来确定应该修剪和对折的位置，然后使用黑色描边，隐藏参考线后的效果如图 10-8 所示。

图 10-8　填充折页背景

2. 制作背景

Step 1：打开"纹理.jpg"图像文件，将其拖入到编辑的图像窗口中，设置图层的混合模式为"正片叠底"，图层的"不透明度"为"40%"，如图 10-9 所示。

Step 2：新建图层，选择工具箱中的"矩形选框工具"，在图像中绘制矩形，并填充为红色（C：17，M：99，Y：100，K：0），按"Ctrl+D"键取消选区后的效果如图 10-10 所示。

图 10-9　设置图层混合模式

图 10-10　绘制矩形

Step 3：双击该图层，打开"图层样式"对话框，在其中选中"渐变叠加"复选项，设置渐变色为红色（C：30，M：100，Y：100，K：35）和红色（C：15，M：100，Y：100，K：5），"角度"为"100 度"，如图 10-11 所示。

Step 4：选中"描边"复选项，设置颜色为红色（C：20，M：100，Y：100，K：15），"大小"为"10 像素"，如图 10-12 所示。

Step 5：选中"投影"复选项，设置"距离"为"15 像素"，"大小"为"45 像素"，如图 10-13 所示，单击 确定 按钮后的效果如图 10-14 所示。

Step 6：复制素材图像所在的图层，按"Ctrl+T"键进行自由变换，设置复制后的图层"不透明度"为"100%"，然后清除多余的图像，合并这两个图层，如图 10-15 所示。

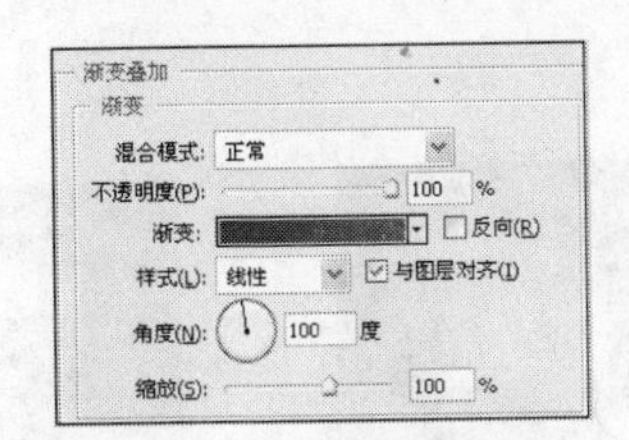

图 10-11　设置渐变叠加

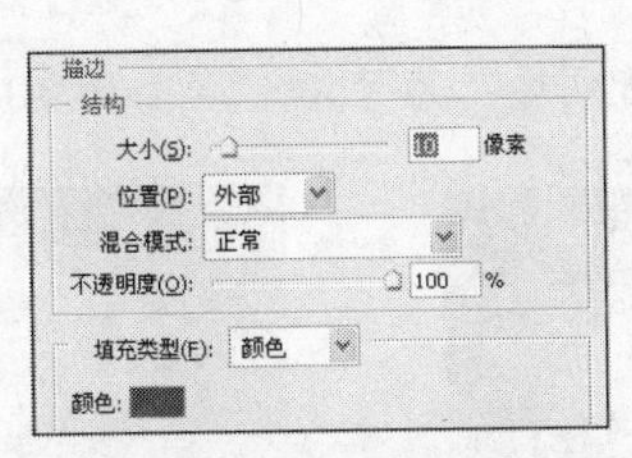

图 10-12　设置描边

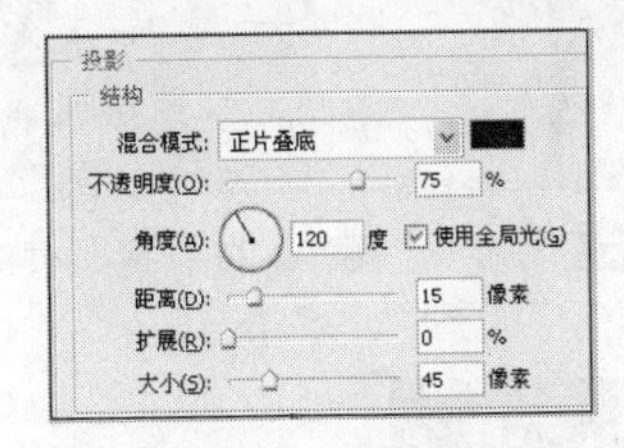

图 10-13　设置“投影”

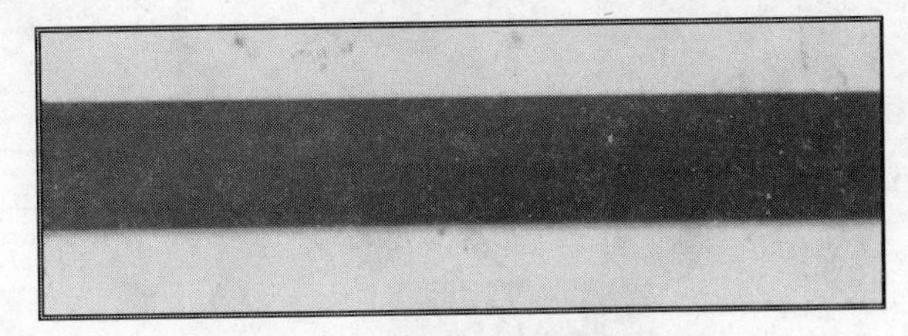

图 10-14　添加“投影”后的效果

Step 7：按“Ctrl+T”键变换图像，然后复制变换后的图像，调整其位置，按“Ctrl+M”键打开“曲线”对话框，在其中设置输出与输入分别为 45 和 35，效果如图 10-16 所示。

Step 8：对两个条形图像分别进行调整，效果如图 10-17 所示。

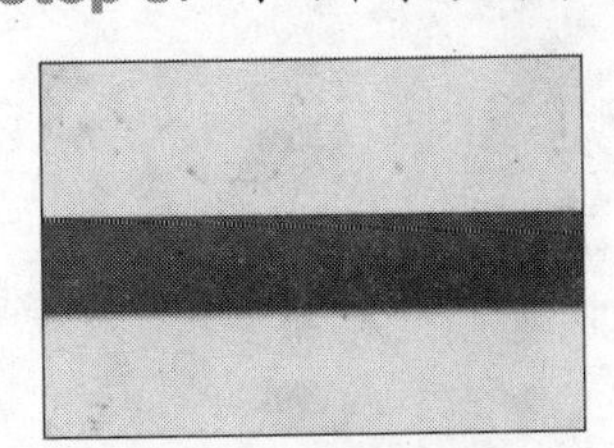

图 10-15　添加纹理

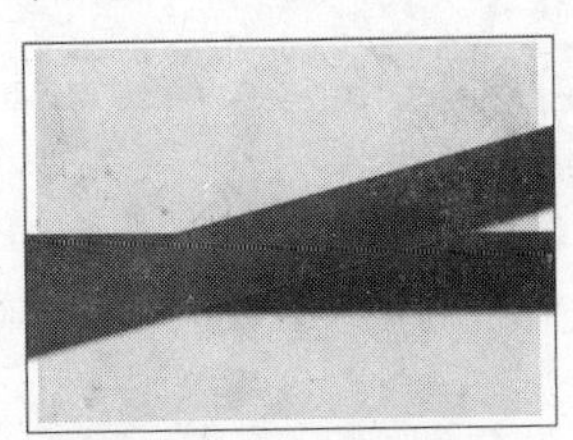

图 10-16　调整亮度

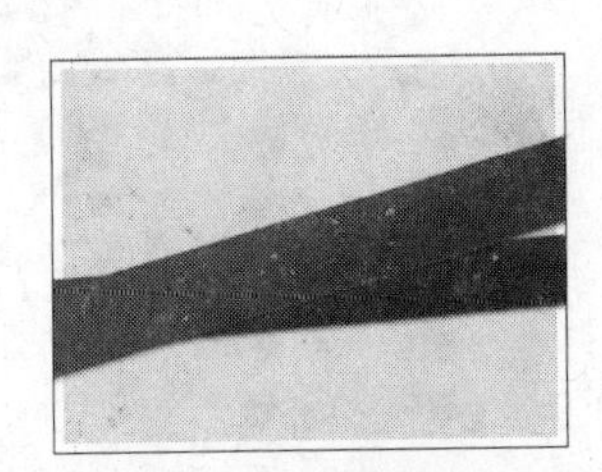

图 10-17　调整图像

3. 添加装饰图像

Step 1：在两个条形图像的中间新建图层，选择工具箱中的“矩形工具”，绘制一个矩形路径，使用“添加锚点工具”在下方添加一个描点，然后将其转化为角点，使用“直接选择工具”拖动锚点，并填充为黄色，效果如图 10-18 所示。

Step 2：双击该图层，在打开的“图层样式”对话框中选中“渐变叠加”复选项，设置渐变颜色分别为黄色（C：0，M：35，Y：100，K：35）和黄色（C：0，M：35，Y：100，K：0），再选中“描边”复选项，设置描边颜色为黄色（C：0，M：35，Y：100，K：35），“大小”为“5 像素”，如图 10-19 所示。

Step 3：复制该图层，在复制后的图层下方新建图层，然后合并这两个图层，打开“图层样式”对话框，选中“颜色叠加”复选项，使用黑色进行叠加，如图 10-20 所示。

Step 4：选择【滤镜】/【模糊】/【高斯模糊】命令，设置“半径”为“15 像素”，并将该图层的“不透明度”设置为“60%”，如图 10-21 所示。

Step 5：选择上面的丝带图像，按“Ctrl+T”键，然后单击鼠标右键，在弹出的快捷菜单中选择“变形”命令，对图像进行如图 10-22 所示的变换。

Step 6：复制纹理素材所在的图层，为丝带添加纹理效果，首先将丝带载入选区，并进行反选，然后选择复制的纹理图层，按“Delete”键即可删除多余的图像，设置复制后的图层混合模式为“正片叠底”，“不透明度”为“50%”，如图 10-23 所示。

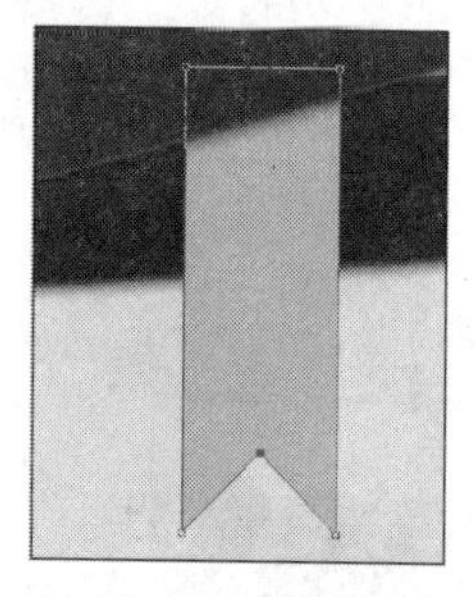
图 10-18　绘制图形

图 10-19　添加图层样式

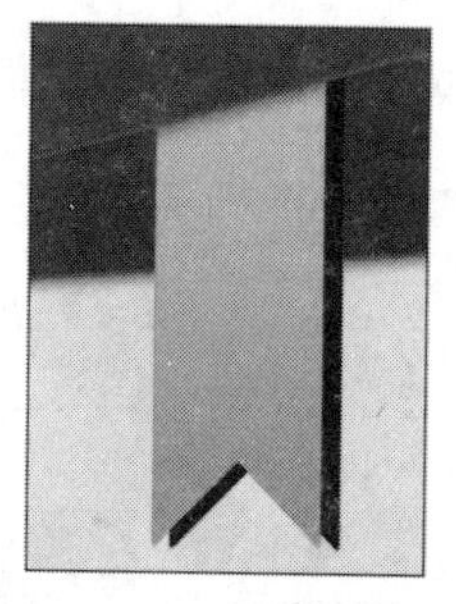
图 10-20　设置阴影

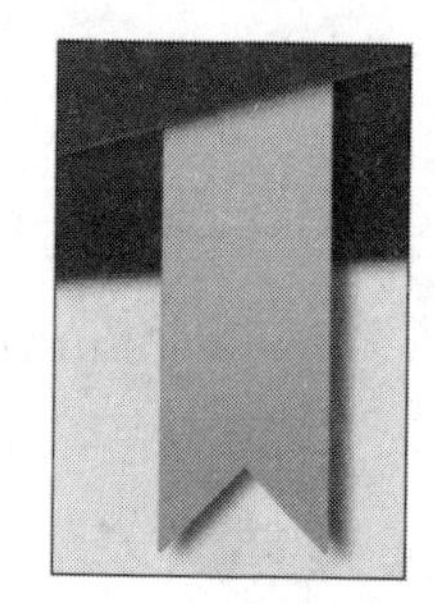
图 10-21　高斯模糊图像

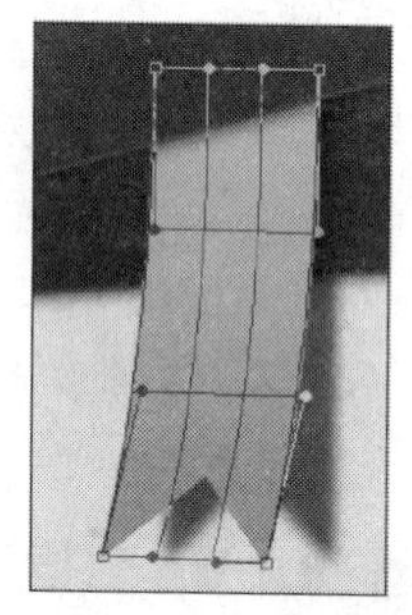
图 10-22　变形图像

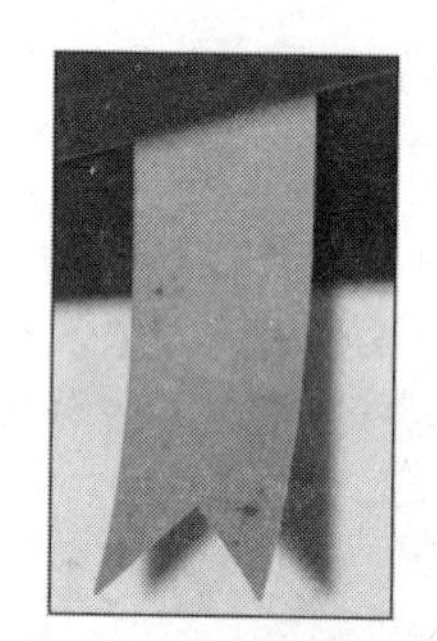
图 10-23　添加纹理

4. 添加标题

Step 1：选择工具箱中的“横排文字工具” T，在图像中的合适位置输入文字，设置字体为“汉仪综艺体简”，然后变换文字的大小和角度，如图 10-24 所示。

Step 2：双击文字图层，在打开的“图层样式”对话框中选中“颜色叠加”复选项，设置颜色为红色（C: 45，M: 90，Y: 80，K: 60），继续选中“外发光”复选项，设置发光颜色为红色（C: 35，M:100，Y:100，K:25），再选中“内阴影”复选项，设置“大小”和“距离”都为 10 像素，然后移动并调整文字，完成后的效果如图 10-25 所示。

提示：下方文字的叠加颜色设置得要深一些。文字的位置不要超过参考线，可以显示参考线来调整文字的位置。

Step 3：在条形图像下新建一个图层，绘制椭圆并填充为黑色，选择【滤镜】/【模糊】/【高斯模糊】命令，在打开的对话框中设置“半径”为“30 像素”，完成后设置该图层的混合模式为“正片叠底”，“不透明度”为“50%”，然后旋转图像，添加更逼真的阴影效果，如图 10-26 所示。

图 10-24　输入文本

图 10-25　添加图层样式

图 10-26　添加阴影后的效果

5. 添加宣传文字

Step 1：显示参考线，选择工具箱中的"横排文字工具" T，在图像的合适位置输入文字，设置题目的字体为"汉仪综艺体简"，正文字体为"方正大标宋简体"，字体的颜色为深红色（C：45，M：80，Y：90，K：65）和红色（C：25，M：100，Y：100，K：15），按"Alt+↓"键可调整行之间的间距，然后选择输入的文字，将其旋转一定的角度，如图10-27所示。

Step 2：使用相同的方法在其他位置继续输入文字，中文字体和颜色都相同，英文和数字字体为Berlin Sans FB Demi，隐藏参考线后的效果如图10-28所示。

6. 制作宣传册背面

Step 1：保存文件后，再将其以"宣传册 背面"进行保存，删除其他图层，只保留背景、条纹和丝带，然后将条纹和丝带图像调整为如图10-29所示的效果。

Step 2：选择工具箱中的"横排文字工具" T，并显示参考线，然后输入相关文字，文字的字体颜色与前面的设置相同，其中的符号是通过"自定形状工具"绘制的，如图10-30所示。

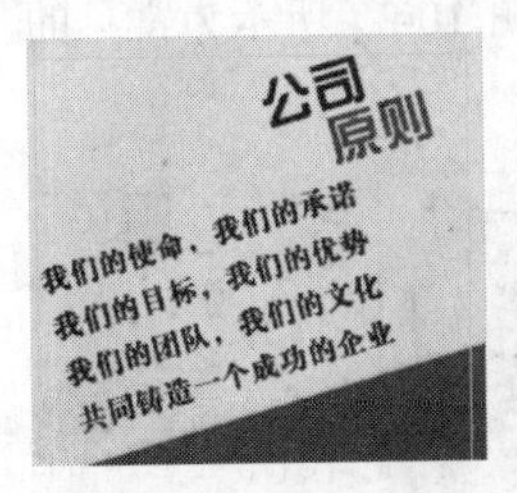

图10-27 输入文本

图10-28 完成正面制作

图10-29 调整图像

图10-30 输入文字

Step 3：新建图层，选择工具箱中的"矩形工具"绘制矩形，并填充为白色，复制纹理图层，将其移动到最上方，设置图层的混合模式为"正片叠底"，"不透明度"为"60%"，如图10-31所示。

Step 4：打开"照片.jpg"图像文件，将其拖入到编辑窗口中，并调整其大小，按"Ctrl+U"键打开"色相/饱和度"对话框，选中"着色"复选项，依次设置色相、饱和度和明度为40，30，-5，效果如图10-32所示。

Step 5：在图像的下方新建图层，绘制一个矩形，并填充为黑色，设置"高斯模糊"的"半径"为"30像素"，完成后设置图层的"不透明度"为"60%"，效果如图10-33所示。

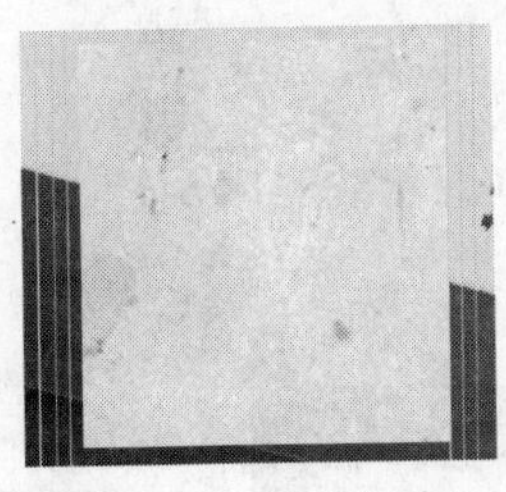

图10-31 绘制矩形

图10-32 自由变化图像

图10-33 高斯模糊

Step 6：对阴影图像进行斜切变换，然后选择这几个相关的图层，对其进行旋转，如图10-34所示。

Step 7：选择照片所在的图层，选择工具箱中的"加深工具"，在照片的4个角处进行涂抹，并为照片使用4像素的白色进行描边，如图10-35所示。

Step 8：至此，完成宣传册的设计，对其进行适当调整后的效果如图 10-36 所示。

图 10-34　旋转图像

图 10-35　添加颜色

图 10-36　变换宣传册

10.2 "苹果醋"饮料包装设计

包装设计是平面设计的重要组成部分，它是根据产品的内容进行内外包装的总体设计，是一项具有艺术性和商业性的平面设计。因此在进行包装设计时，要考虑诸多因素。如图 10-37 所示为常见的几种包装设计样品。

图 10-37　常见的包装设计样品

在 Photoshop 中利用相关操作，制作如图 10-38 所示的饮料包装盒。客户提出的相关要求如下。

- 产品名称：苹果醋。
- 制作要求：突出该饮料酸甜可口的味道。
- 包装尺寸：110mm × 80mm。
- 分辨率：300 像素/英寸。
- 色彩模式：RGB。

所用素材：素材文件\第 10 章\苹果.psd、水果.psd
完成效果：效果文件\第 10 章\饮料盒包装平面.psd、饮料盒包装立体.psd
视频演示：第 10 章\制作饮料包转盒.swf

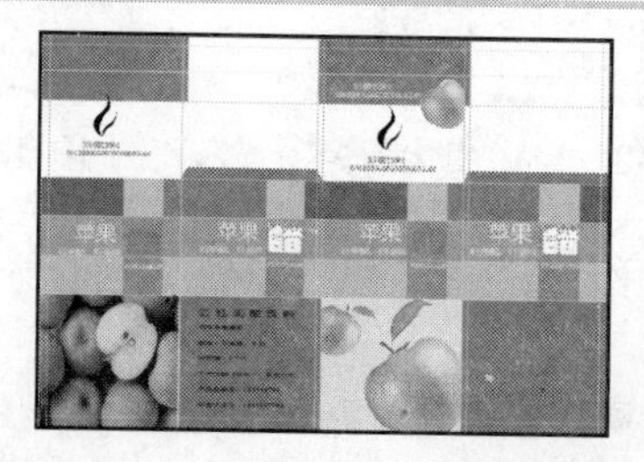

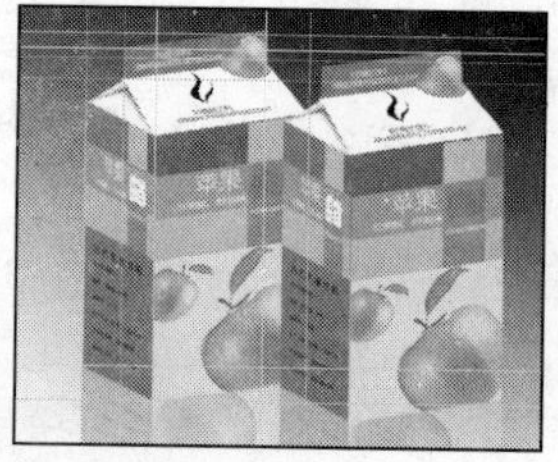

图 10-38　饮料包装平面和立体效果

10.2.1　包装设计的构图要素

构图指的是将商品包装展示面的商标、图形、色彩和文字组合排列在一起的一个完整的画面。这 4 方面的组合构成了包装的整体效果，下面分别介绍。

（1）商标：商标是企业、机构、商品和各项设施的象征形象，其特点由功能和形式决定，一般可分为文字商标、图形商标和文字图形相结合的商标 3 种形式。在包装设计中，商标是包装上必不可少的部分。

（2）图形：图形指产品的形象和其他辅助装饰图形，图形设计的定位准确是关键因素之一。定位的过程就是熟悉产品全部内容的过程，包括商品的个性、商标、品名的含义和同类产品的现状等，因此要根据图形内容的需要，选择相应的图形表现技法，使图形设计达到形式和内容上的统一，是包装设计的基本要求。

（3）色彩：色彩在包装设计中也占据重要的位置，包装设计中的色彩要求醒目，对比强烈，有较强的吸引力和竞争力，以引起消费者的购买欲望，促进销售。

（4）文字：包括商品包装上的牌号、品名、说明文字、广告文字、生产厂家、公司和经销单位等，反映包装的本质内容。设计包装时，必须将这些文字作为包装整体设计的一部分统一考虑。并且在文字的内容上要简明、真实、生动、易读和易记；文字的排版与包装的整体设计风格要和谐。

10.2.2　包装设计流程

完整的包装设计流程是：立项与调研→包装与生产工艺方式的总体策划定位→创意构思→包装材料的选择与设计→包装造型、结构和视觉传达设计→商品包装附加物设计→包装的防护技术应用处理→编制设计说明书。本例只进行包装造型、结构和视觉传达设计。

10.2.3　“苹果醋”包装的创意分析与设计思路

该包装设计主要根据商品特点来选择颜色，并利用颜色间的对比效果和相应的图形创意组合来进行设计。然后将商标、说明文字和谐的添加在图像中，形成一个生动且有创意的产品包装。

本例的设计思路如图 10-39 所示，首先是创建参考线，并填充图形来制作背景，然后通过“钢笔工具”来制作标志效果，再使用“文字工具”添加需要的说明文本，最后对图像进行变换，完成立体包装盒的制作。

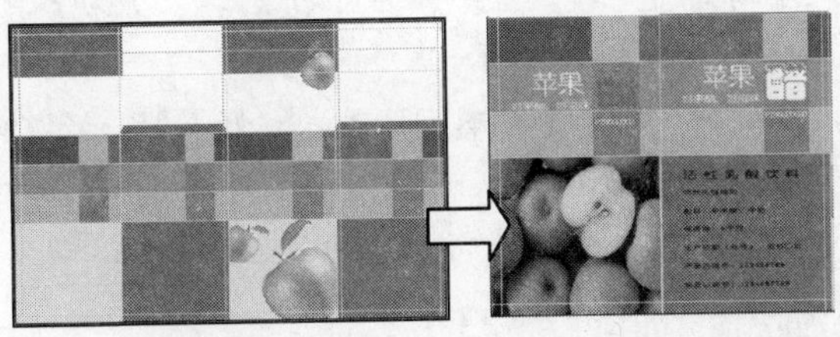

制作包装盒背景　　添加文本

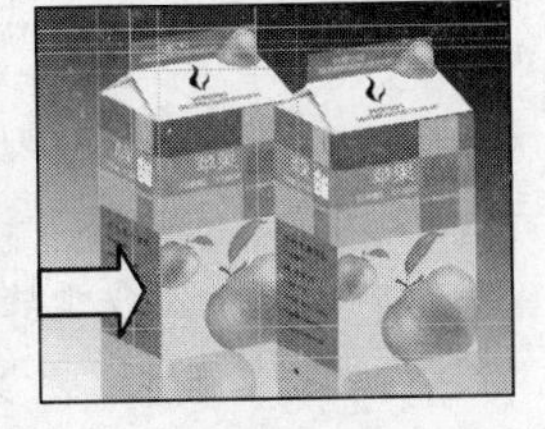

制作立体包装盒

图 10-39　饮料盒包装设计的操作思路

10.2.4　制作过程

1. 制作饮料盒包装平面

Step 1：新建一个图像文档，宽度、高度、分辨率、颜色模式和背景内容分别为 110 毫米、80

毫米、300像素/英寸、RGB颜色、白色，并将其以“包装盒平面”命名保存。

Step 2：按“Ctrl+R”键显示标尺，将鼠标指针分别放置到水平和垂直标尺上后，向图像内部拖动，创建多条水平和垂直参考线，划分出包装各个平面所在的区域，如图10-40所示。

Step 3：新建“图层1”，利用“矩形选区工具”和“多边形套索工具”在图像中创建一个选区，然后设置前景色为深绿色（R：30，G：140，B：9），按“Alt+Delete”键以前景色填充选区，再分别设置前景色为绿色（R：57，G：178，B：41）和浅绿色（R：145，G：204，B：124），分别填充到相应的选区中，效果如图10-41所示。

图10-40　创建参考线

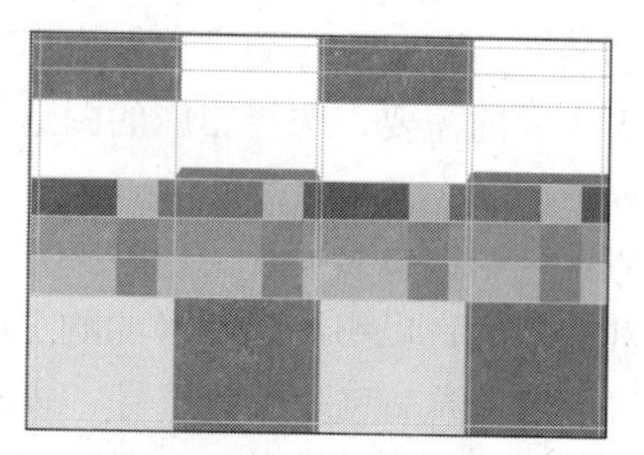
图10-41　填充选区

Step 4：打开“苹果.jpg”图像文件，将图像中的苹果图像区域添加到包装盒平面图像窗口中，并对其进行旋转和缩放大小，效果如图10-42所示。

Step 5：将苹果图像所在的图层复制两层，然后进行自由变换，并调整位置，效果如图10-43所示。

图10-42　编辑素材图像

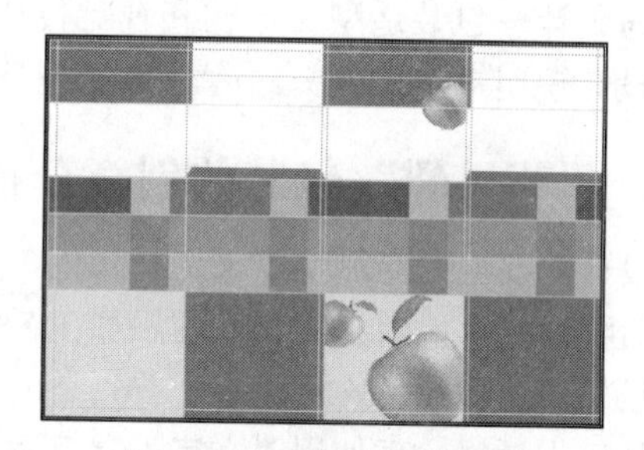
图10-43　移动素材图像

Step 6：在工具箱中选择“横排文字工具”，设置字体为“幼圆”，大小为8点，颜色为白色，然后在图像窗口中输入“苹果”文本，效果如图10-44所示。

Step 7：设置文本大小为3.5点，然后在“苹果”文本下侧输入“好果醋，好滋味”文本，效果如图10-45所示。

Step 8：设置字体为“汉仪雪峰体简”，大小为13点，颜色为黑色（R：8，G：11，B：8），然后在图像窗口中输入“醋”文本，效果如图10-46所示。

图10-44　输入“苹果”

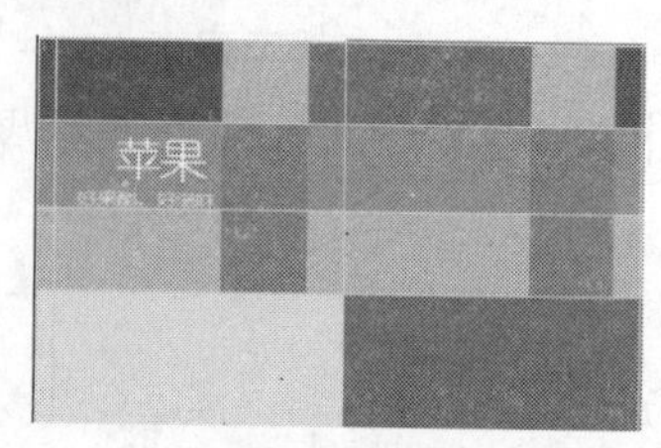

图10-45　输入广告词

图10-46　输入“醋”

Step 9：设置文本大小为 3 点，颜色为白色，然后在“苹果”文本下侧输入“pingguocu”文本，效果如图 10-47 所示。

Step 10：在“图层”面板中选择新创建的所有文字图层，然后单击“图层”面板底部的“链接图层”按钮，为图层创建链接，如图 4-48 所示。

Step 11：将创建了链接的图层选中，并拖动到“图层”面板底部的“创建新图层”按钮上，快速复制文字图层，如图 10-49 所示。

图 10-47　输入“pingguocu”

图 10-48　链接图层

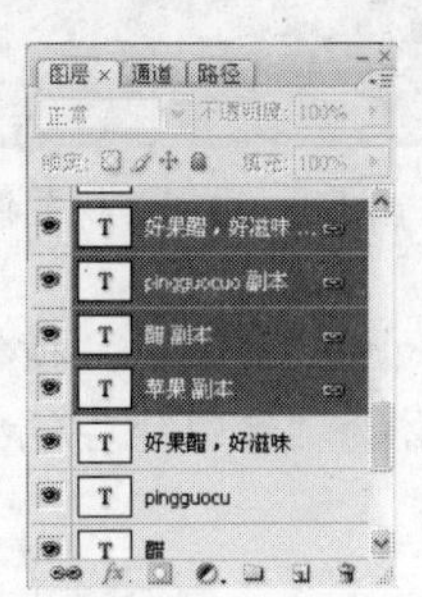

图 10-49　复制图层

Step 12：将复制的文字图层移动到包装盒第 3 面的位置，如图 10-50 所示。

Step 13：继续复制链接的文字图层，然后移动到包装盒第 2 面的位置，在“图层”面板中选择“醋”文字图层，然后在工具箱中选择“横排文字工具”，在图像窗口中选择“醋”文本，然后在工具选项栏中设置字体颜色为白色，更改文字颜色，效果如图 10-51 所示。

Step 14：在“图层”面板中选择更改颜色后的链接文字图层，然后进行复制，并将其移动到包装盒的第 4 面位置，效果如图 10-52 所示。

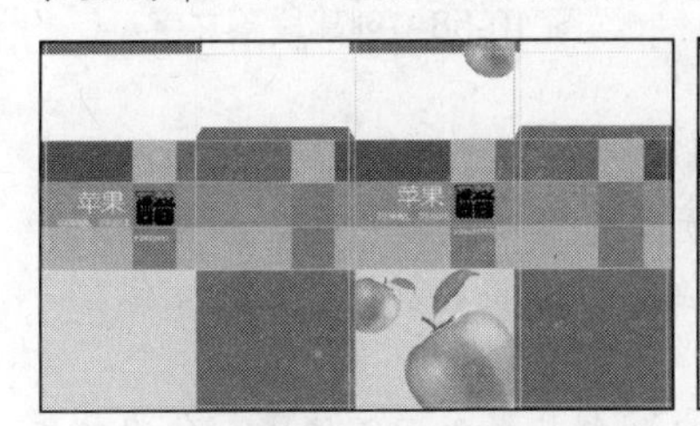

图 10-50　复制图层

图 10-51　更改文字颜色

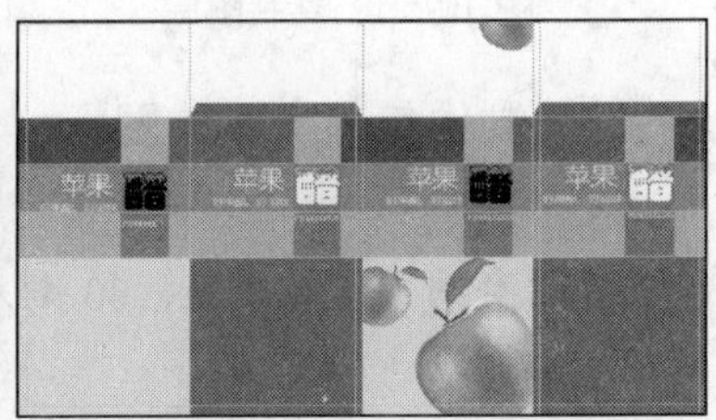

图 10-52　复制链接图层

Step 15：打开“水果.jpg”图像文件，按“Ctrl+A”键全选图像，然后利用“移动工具”将其拖动到包装盒平面图像窗口中，再对其进行自由变换，效果如图 10-53 所示。

Step 16：在工具箱中选择“钢笔工具”，然后在图像中绘制如图 10-54 所示的标志路径，将其填充为黑色。

Step 17：利用“横排文字工具”在标志图形下输入“好瘦饮料”文本和“haoshoushiyeyouxiang-ongsi”文本，在工具选项栏中设置字体分别为“幼圆、3.5 点、白色”和“幼圆、3.5 点、绿色”，效果如图 10-55 所示。

Step 18：为文字图层和标志所在的图层创建一个链接，然后两个副本图层，并移动到相应位置，效果如图 10-56 所示。

Step 19：复制标志中的文字图层，然后更改其颜色为白色，再将其移动到合适的位置即可，如图 10-57 所示。

图 10-53　添加素材图像

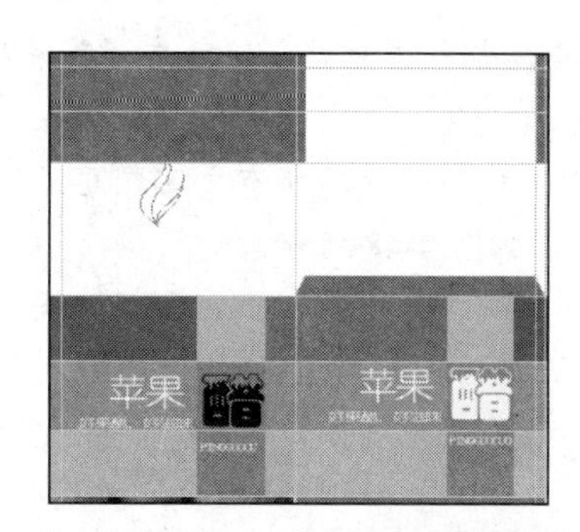

图 10-54　绘制标志图像

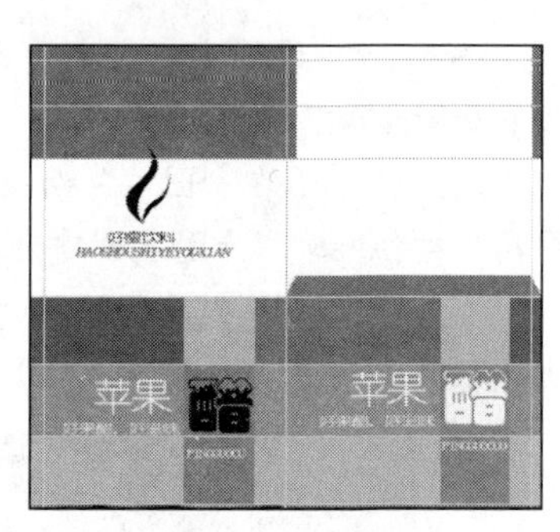

图 10-55　添加标志文字

Step 20：利用“横排文字工具”T在图像窗口中绘制一个文本框，然后在其中输入段落文字，其中字体为“幼圆”，字号分别为 3.5 点和 2 点，颜色为黑色，效果如图 10-58 所示，完成包装平面图的制作。

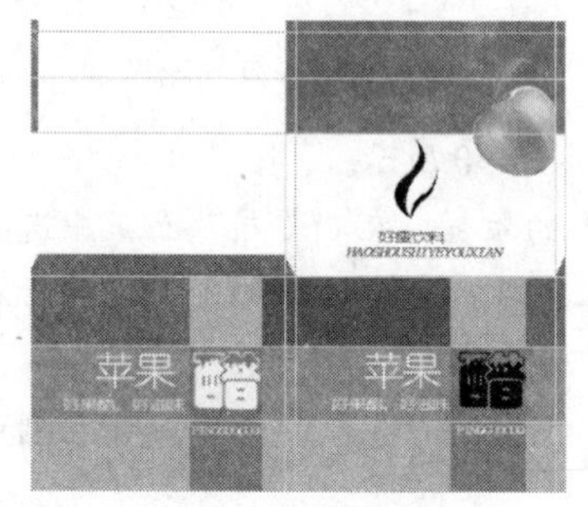

图 10-56　复制图层

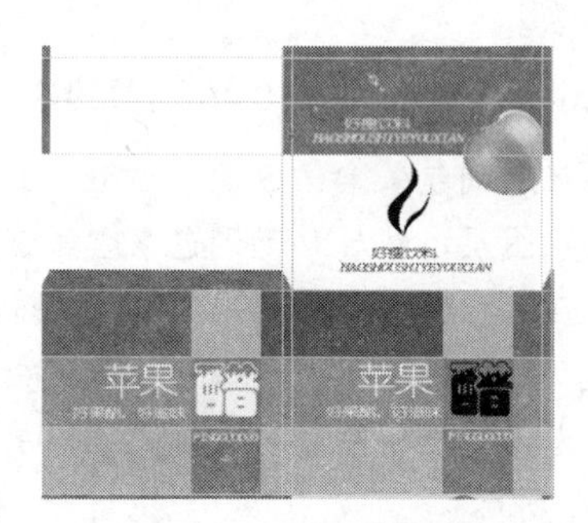

图 10-57　更改文字颜色

图 10-58　创建段落文字

2. 制作包装盒立体图

Step 1：合并所有可见图层，然后新建一个图像文档，设置宽度、高度、分辨率、颜色模式和背景内容分别为 110 毫米、80 毫米、300 像素/英寸、RGB 颜色和白色，并将其以“包装盒立体”命名保存。

Step 2：将背景用黑色到白色的方式进行渐变填充，然后切换到包装盒平面图像中，使用“矩形选框工具”沿参考线绘制出包装盒封面所在的区域，按“Ctrl+C”键复制选区内的图像。

Step 3：切换到新建图像中，创建 3 条参考线，然后按“Ctrl+V”键复制生成“图层 1”，按“Ctrl+T”键显示变换框，按住“Ctrl”键的同时分别拖动各个变换控制点，将图像进行透视变换至如图 10-59 所示效果，再按“Enter”键确认变换。

Step 4：将“图层 1”复制一层，然后对其进行水平翻转和垂直翻转，再设置其“不透明度”为“40%”，移动位置，效果如图 10-60 所示。

Step 5：在图像窗口中创建参考线，如图 10-61 所示，然后切换到包装盒平面图像中。

Step 6：利用“矩形选框工具”将包装盒的另一面复制到新建图像窗口中，生成“图层 2”，然后对其进行透视变换，效果如图 10-62 所示。

Step 7：将“图层 2”复制一层，然后对其进行水平翻转和垂直翻转，再设置其“不透明度”为“40%”，移动位置，效果如图 10-63 所示。

Step 8：在图像窗口中创建参考线，如图 10-64 所示，然后切换到包装盒平面图像中。

图 10-59　自由变化封面

图 10-60　创建倒影

图 10-61　创建参考线

图 10-62　自由变化侧面

图 10-63　创建倒影

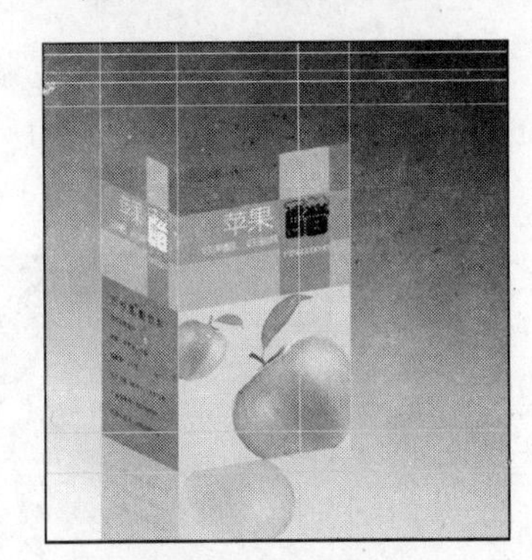

图 10-64　创建参考线

Step 9：利用“矩形选框工具”将包装盒的上方图像复制到新建图像窗口中，生成“图层 3”，然后对其进行透视变换，效果如图 10-65 所示。

Step 10：在图像窗口中创建参考线，如图 10-66 所示，然后切换到包装盒平面图像中。

Step 11：利用“矩形选框工具”将包装盒的盒边图形复制到新建图像窗口中，生成“图层 4”，然后对其进行透视变换，效果如图 10-67 所示。

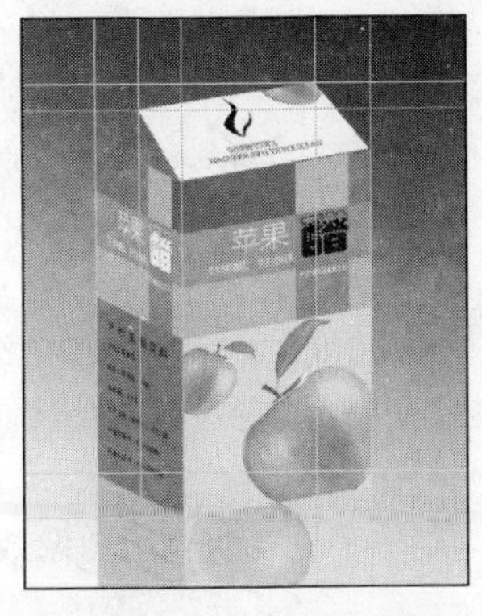

图 10-65　自由变化顶面

图 10-66　创建参考线

图 10-67　自由变换盒边

Step 12：设置前景色为灰色（R：224，G：224，B：224），新建“图层 5”。

Step 13：使用“多边形套索工具”绘制三角形选区，并用前景色填充，然后取消选区，效果如图 10-68 所示。

Step 14：使用“加深工具”和“减淡工具”在图像中的相应区域进行涂抹，得到如图 10-69 所示的阴影效果。

图 10-68 填充选区

图 10-69 制作阴影效果

Step 15：利用相同的方法，制作另一个阴影效果，如图 10-70 所示。

Step 16：将除背景图层外的所有图层合并，然后复制合并后的图层，对其进行移动，得到如图所示的最终效果，如图 10-71 所示。

图 10-70 制作另一面阴影效果

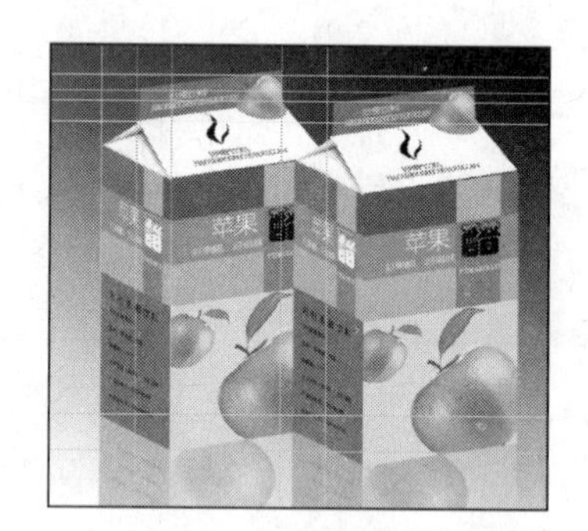

图 10-71 复制图像并调整

10.3 练习与上机

（1）根据前面所学知识，制作一幅比赛海报，参考效果如图 10-72 所示。

提示：利用“钢笔工具”绘制路径，然后对绘制的路径进行填充，最后添加海报文字即可。

完成效果：效果文件\第 10 章\比赛海报.psd

（2）对上面的例子进行修改，并结合前面章节所学知识，制作一个购物手提袋，参考效果如图 10-73 所示。

提示：删除图像中多余的图层图像，然后对剩下的图像进行处理，制作手提袋的平面图像效果，再制作手提袋的立体效果。

完成效果：效果文件\第 10 章\手提袋平面.psd、手提袋平面效果.psd

图 10-72　比赛海报　　　　图 10-73　手提袋平面和立体效果

（3）利用 Photoshop CS3 制作书籍效果，要求大小为 289mm×266mm，分辨率为 200 像素/英寸，色彩模式为 RGB 模式，背景图层为透明，进行自由变换，文字编辑，图像色彩调整，然后添加图层样式等操作。参考效果如图 10-74 所示。

所用素材：素材文件\第 10 章\花草 1.psd、花草 2.psd

完成效果：效果文件\第 10 章\书籍装帧.psd

视频演示：第 10 章\综合练习\制作书籍装帧效果.swf

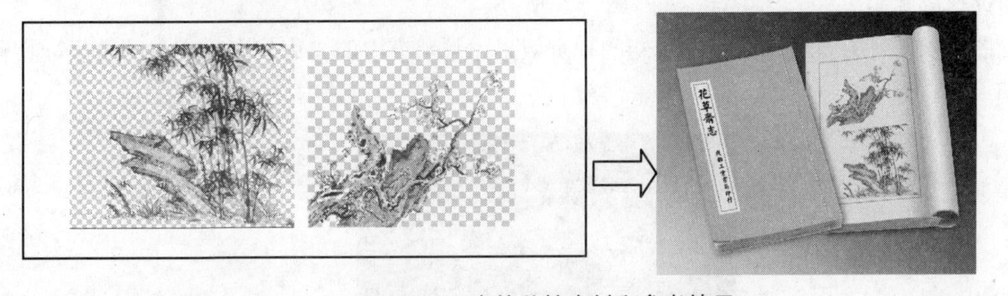

图 10-74　书籍装帧素材和参考效果

（4）要求利用 Photoshop 等相关操作，进行护肤品包装盒设计制作，包装盒主要突出护肤参评的特效和作用。参考效果如图 10-75 所示。

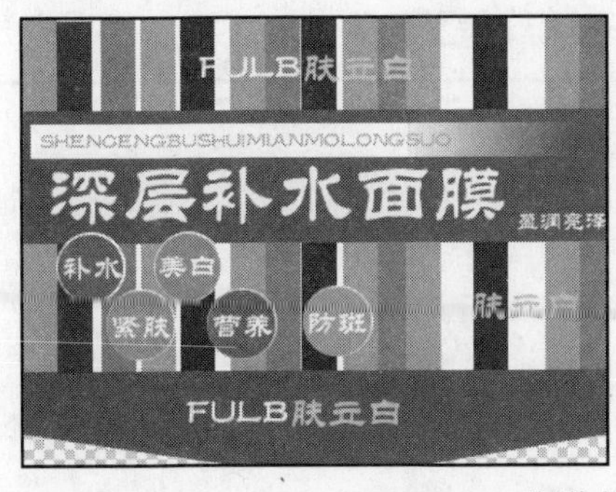

图 10-75　制作护肤品包装立体参考效果

完成效果：效果文件\第 10 章\护肤品包装盒平面.psd、护肤品包装盒立体.psd

视频演示：第 10 章\综合练习\制作护肤品包装盒立体效果.swf

拓展知识

通过前面章节的学习，知道 Photoshop 主要是用于图形处理和平面设计。除了前面介绍的图像处理和设计知识外，在实际工作中进行设计时，还需注意以下几个方面。

一、具有创意的设计理念

要制作出出色、完美的平面设计作品，不只要熟练应用软件，更要具有创新的思想。首先要掌握平面构成、色彩构成和立体构成 3 个领域的和谐应用，其次是需要有较好的美术功底。

二、善于发现

提高自身的修养，培养并提高审美观，也是作为平面设计人员不可缺少的素养。在设计过程中，素材的收集，可以通过摄影来获取。设计来源于生活，因此，设计人员在生活中应学会观察，培养对美好事物的敏感性，善于抓住一闪而过的灵感。

三、设计欣赏

下面图例以黑色为背景，增强了梦幻的视觉效果，且黑夜中的光束代表着新生的希望，具有很强的抽象性。

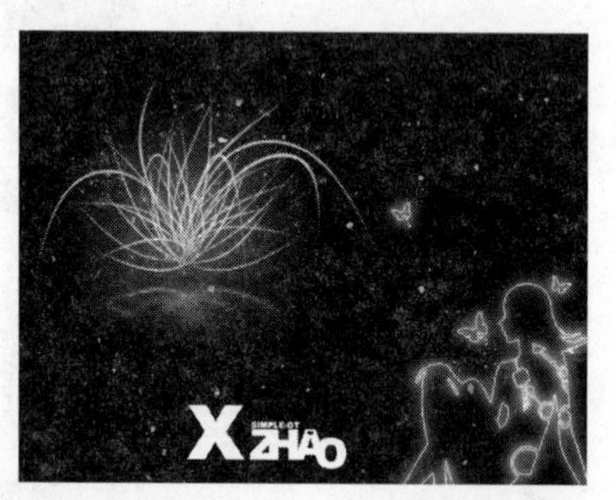

来自：火星时代网　　名称：黑色幻想

附录　练习题参考答案

第 1 章　Photoshop CS3 基础知识

【单项选择题】

（1）B

（2）B

（3）D

【多项选择题】

（1）AB

（2）ABCD

（3）ACD

（4）ABCDEF

第 2 章　选区的编辑与创建

【单项选择题】

（1）A

（2）A

（3）C

（4）D

（5）A

【多项选择题】

（1）ABC

（2）ABC

（3）ABC

（4）ABCD

第 3 章　图像的绘制与修饰

【单项选择题】

（1）A

（2）A

（3）D

（4）B

【多项选择题】

（1）AB

（2）ABCD

（3）ABC

第 4 章　图层的应用

【单项选择题】

（1）B

（2）B

（3）D

【多项选择题】

（1）ABD

（2）ACD

第 5 章　图像色彩的调整

【单项选择题】

（1）A

（2）D

（3）B

（4）D

【多项选择题】

（1）ABC

（2）ABCD

第 6 章　通道与蒙版的应用

【单项选择题】

（1）B

（2）A

（3）B

（4）B

【多项选择题】

（1）BD

（2）ABC

（3）AB

第 7 章　文本与路径的应用

【单项选择题】

（1）B

（2）A

（3）D

【多项选择题】

（1）AB

（2）ABC

（3）ABC

第 8 章　滤镜的使用

【单项选择题】

（1）D

（2）C

（3）D

【多项选择题】

（1）AC

（2）AD

第 9 章　自动化处理和输出图像

【单项选择题】

（1）A

（2）D

【多项选择题】

（1）AB

（2）AB

（3）ABCD